SOCIAL NETWORKS ALIGNMENT

社交网络对齐

张忠宝◎著

人 民 邮 电 出 版 社
北 京

图书在版编目（CIP）数据

社交网络对齐 / 张忠宝著. -- 北京 : 人民邮电出版社, 2024.2
ISBN 978-7-115-62215-0

Ⅰ. ①社… Ⅱ. ①张… Ⅲ. ①互联网络 Ⅳ. ①TP393.4

中国国家版本馆CIP数据核字(2023)第147569号

内容提要

本书分为基础知识、社交网络表示和社交网络对齐方法三部分内容，针对社交网络对齐中的用户对齐与社区对齐场景，系统介绍了社交网络对齐关键技术体系及其应用。

第一部分“基础知识”定义了社交网络并进行建模，介绍了后续各种对齐方法中所涉及的图神经网络、图表示学习等。第二部分“社交网络表示”分别从微分方程和狄利克雷分布两个角度，介绍了基于微分方程的动态图表示学习算法和基于狄利克雷分布的知识图谱表示方法。第三部分“社交网络对齐方法”以模型建立、算法介绍、实验分析的逻辑，重点分析了5种社交网络对齐方法：静态的社交网络用户对齐方法、动态的社交网络用户对齐方法、基于无监督学习的社交网络用户对齐方法、基于迁移学习的社交网络用户对齐方法和基于双曲空间的社交网络社区对齐方法。

本书既可以作为对社交网络、数据挖掘、图神经网络感兴趣的高年级本科生和研究生的入门书，也可以作为人工智能领域开发者和研究者的技术参考书。

◆ 著　张忠宝
责任编辑　杨　凌
责任印制　焦志炜

◆ 人民邮电出版社出版发行　北京市丰台区成寿寺路 11 号
邮编　100164　电子邮件　315@ptpress.com.cn
网址　https://www.ptpress.com.cn
固安县铭成印刷有限公司印刷

◆ 开本：787×1092　1/16
印张：15　2024 年 2 月第 1 版
字数：310 千字　2024 年 2 月河北第 1 次印刷

定价：99.80 元

读者服务热线：(010)81055410　印装质量热线：(010)81055316
反盗版热线：(010)81055315
广告经营许可证：京东市监广登字 20170147 号

前 言

以人为节点，以人与人之间的关系为边，所组成的网络即为社交网络。近些年来，随着移动互联网的发展，各种社交网络平台不断涌现，用户数持续攀升，用户发布推文数快速增加。据统计，目前全球社交网络平台已经超过4000个，其中主流社交网络平台已经超过200个。在社交网络中，人作为最重要的实体，往往以多重身份存在于多个网络空间。人们习惯在不同的社交网络中开展不同的活动，例如，用微信交流私人情感，用微博发布新闻状态，用领英进行求职，用 ResearchGate 进行学术交流，等等。但是，社交账号彼此之间往往相互独立，缺乏对应关系。如何以人为本，实现多个网络空间中人与人之间身份的相互对应（即社交网络对齐），以供社交网络融合，这一点至关重要。

然而，目前国内外鲜有专门介绍社交网络对齐方面的图书。因此，本书旨在弥补该方面的不足，重点介绍社交网络表示与对齐中的应用与前沿进展，期望能给对社交网络感兴趣的高年级本科生和研究生带来一些启发。

本书主要分为三部分：基础知识、社交网络表示、社交网络对齐方法。第一部分主要为读者介绍阅读本书必备的基础知识；第二部分为读者介绍社交网络表示的相关内容；第三部分为本书的重点，着重介绍社交网络对齐，包含社交网络用户对齐和社交网络社区对齐。各部分内容具体安排如下。

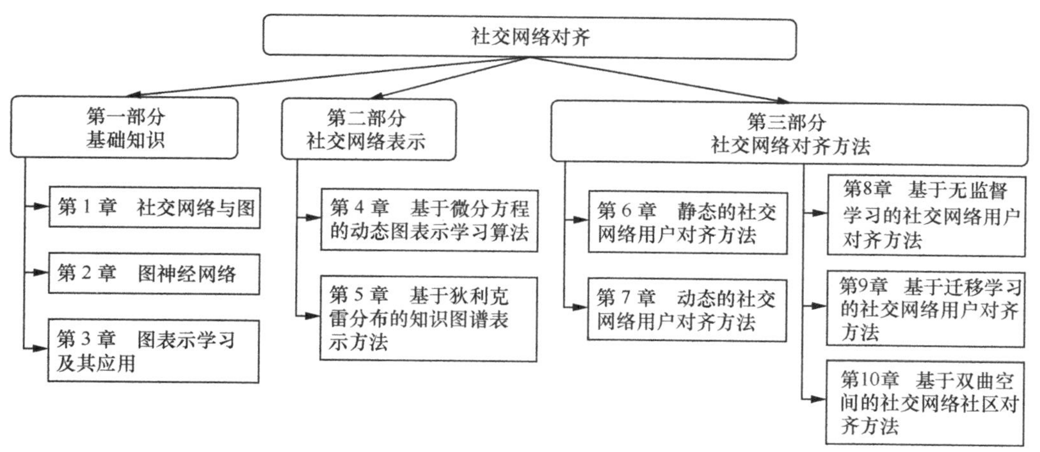

第一部分：基础知识。本部分包括第1～3章，主要介绍社交网络的发展历程、图神经网络的基础知识，以及图表示学习相关内容。

第1章首先介绍社交网络的定义及发展史，并介绍了3种常见的社交网络形式化表示方式；其次介绍图的算法与结构；最后在此基础上介绍了几种经典的社交网络模型。

第2章首先介绍图神经网络相关的基础知识以及图神经网络的发展历程；其次介绍图机器学习中常见的3种神经网络模型：频域图卷积神经网络、空域图卷积神经网络和图注意力网络，为理解下一章图表示学习的相关内容打下基础。

第3章首先介绍图嵌入的概念及其相关理论，其次介绍基于随机游走的3种图表示学习算法，最后介绍基于深度学习的3种图表示学习算法。

第二部分：社交网络表示。本部分包括第4～5章，分别从微分方程和狄利克雷分布的角度介绍了基于微分方程的动态图表示学习算法和基于狄利克雷分布的知识图谱表示方法。

第三部分：社交网络对齐方法。本部分包括第6～10章，主要介绍5种社交网络用户对齐或社区对齐的方法。

第6章与第7章分别从静态社交网络和动态社交网络的角度介绍社交网络用户对齐方法。这两种方法能够通过有监督学习，分别在结构相对稳定的社交网络和具有明显动态性的社交网络中发现用户的关联关系。

第8章与第9章分别介绍基于无监督学习和基于迁移学习的社交网络用户对齐方法。无监督学习社交网络用户对齐方法能够解决对齐问题标注种子节点少的问题，迁移学习社交网络用户对齐方法能够更有效地将对齐模式迁移到目标域，进一步改善目标域的对齐。

第10章介绍基于双曲空间的社交网络社区对齐方法。双曲空间作为表示空间，较欧氏空间能够有效地减少数据失真问题。同时，对于社区这类具有明显层次结构的簇，双曲空间也有其优越性。

在本书成书的过程中，叶均达、王飞扬、孙笠、曹画锋、李根、高帅、高宇航、祝梓毅、罗子霄、陈睿扬等同学为收集素材做了大量的准备工作，在此表示衷心的感谢。由于水平及时间所限，书中如存在疏漏和不足之处，敬请广大读者批评指正。

作者

2023年4月于北京

目　录

第一部分　基础知识......1

第 1 章　社交网络与图......3

1.1　社交网络......3

1.1.1　社交网络概述......4

1.1.2　社交网络的形式化表示......7

1.2　图......11

1.2.1　图的经典算法......11

1.2.2　图的结构分析......15

1.2.3　特殊的图......18

1.3　社交网络模型......20

1.3.1　ER 随机网络模型......21

1.3.2　WS 小世界网络模型......22

1.3.3　BA 无标度网络模型......23

1.4　本章小结......25

参考文献......25

第 2 章　图神经网络......27

2.1　图神经网络基础......27

2.1.1　神经元......27

2.1.2　多层感知机......29

2.1.3　误差反向传播算法......32

2.1.4　图神经网络的发展历程......34

2.2　图卷积神经网络......35

2.2.1　卷积与池化......35

2.2.2　图卷积......36

2.2.3　频域图卷积神经网络......36

2.2.4　空域图卷积神经网络......42

2.3　图注意力网络......44

2.3.1　注意力机制......44

2.3.2　图注意力网络原理......46

2.4 本章小结 47
参考文献 47
第 3 章 图表示学习及其应用 49
3.1 图嵌入相关理论 49
3.1.1 图嵌入 49
3.1.2 编码器与解码器 50
3.2 基于随机游走的图表示学习算法 52
3.2.1 DeepWalk 52
3.2.2 Node2vec 55
3.2.3 Metapath2vec 57
3.3 基于深度学习的图表示学习算法 59
3.3.1 GraphSAGE 59
3.3.2 VGAE 61
3.3.3 GraphCL 65
3.4 本章小结 66
参考文献 67

第二部分 社交网络表示 69

第 4 章 基于微分方程的动态图表示学习算法 71
4.1 问题定义 72
4.1.1 符号与概念 72
4.1.2 问题描述 73
4.2 归纳式动态图表示学习算法 GraphODE 73
4.2.1 算法框架 73
4.2.2 初始化 74
4.2.3 节点邻居采样操作 75
4.2.4 聚合函数操作 76
4.2.5 自定义损失函数与端到端优化 79
4.2.6 性能分析 80
4.3 基于受控微分方程的改进算法 GraghCDE 81
4.3.1 问题引入 81
4.3.2 解决方案与分析 82

4.4 实验与分析 85
4.4.1 数据集 85
4.4.2 评价指标 86
4.4.3 对比方法 87
4.4.4 参数设置 87
4.4.5 主要结果和分析 88
4.4.6 其他结果 91
4.5 本章小结 92
参考文献 93
第 5 章 基于狄利克雷分布的知识图谱表示方法 95
5.1 问题定义 96
5.1.1 符号与概念 96
5.1.2 问题描述 97
5.2 利用狄利克雷分布的知识表示学习 97
5.2.1 模型建立 97
5.2.2 优化目标 99
5.3 DiriE 表现能力理论分析 99
5.3.1 实体与关系的二元嵌入 99
5.3.2 复杂关系的表现能力 100
5.3.3 知识图谱的不确定性 101
5.4 实验与分析 102
5.4.1 数据集 102
5.4.2 相关任务 102
5.4.3 评价指标 102
5.4.4 链接预测结果和分析 103
5.4.5 关系模式与不确定性分析 104
5.5 本章小结 107
参考文献 107

第三部分 社交网络对齐方法 109

第 6 章 静态的社交网络用户对齐方法 111
6.1 问题定义 112

6.1.1 符号与概念 112
6.1.2 问题描述 113
6.2 基于矩阵分解的用户对齐方法 113
6.2.1 方法概述 113
6.2.2 CDE 模型 113
6.2.3 NS-Alternating 算法 115
6.2.4 收敛性分析 118
6.3 基于模糊聚类的并行化对齐框架 123
6.3.1 方法概述 124
6.3.2 增广图辅助表示阶段 124
6.3.3 平衡感知的模糊聚类阶段 125
6.4 实验与分析 126
6.4.1 数据集 126
6.4.2 评价指标 127
6.4.3 对比方法 127
6.4.4 参数设置 128
6.4.5 结果和分析 128
6.5 本章小结 133
参考文献 134
第 7 章 动态的社交网络用户对齐方法 136
7.1 问题定义 137
7.1.1 符号与概念 137
7.1.2 问题描述 137
7.2 基于图神经网络的联合优化模型 137
7.2.1 动态图自编码器 138
7.2.2 本征表示学习 140
7.2.3 联合优化模型 140
7.3 协同图深度学习的交替优化算法 141
7.3.1 算法概述 141
7.3.2 投影矩阵最优化子问题 142
7.3.3 表示矩阵最优化子问题 143
7.3.4 收敛性分析 144
7.4 实验与分析 147
7.4.1 数据集 147

7.4.2 评价指标 148
7.4.3 对比方法 149
7.4.4 参数设置 149
7.4.5 结果和分析 149
7.5 本章小结 156
参考文献 157
第 8 章 基于无监督学习的社交网络用户对齐方法 159
8.1 问题定义 159
8.1.1 符号与概念 159
8.1.2 问题描述 161
8.2 基于结构的无监督学习社交网络用户对齐框架 161
8.2.1 结构公共子空间 162
8.2.2 多网络节点映射 164
8.2.3 用户相似度计算 165
8.3 联合优化算法 166
8.3.1 结构公共子空间基 $\boldsymbol{H}$ 166
8.3.2 对角锥矩阵 $\boldsymbol{B}$ 170
8.3.3 复杂度分析 172
8.4 实验与分析 173
8.4.1 数据集 173
8.4.2 评价指标 175
8.4.3 对比方法 176
8.4.4 参数设置 176
8.4.5 结果和分析 178
8.5 本章小结 181
参考文献 181
第 9 章 基于迁移学习的社交网络用户对齐方法 183
9.1 问题定义 184
9.1.1 符号与概念 184
9.1.2 问题描述 185
9.2 REBORN 框架 185
9.2.1 Ego-Transformer：社交网络对齐 185
9.2.2 WWGAN：领域差异消除 190

9.2.3 REBORN：统一框架 191
9.3 实验与分析 194
9.3.1 数据集 194
9.3.2 评价指标 194
9.3.3 对比方法 194
9.3.4 参数设置 196
9.3.5 结果和分析 197
9.4 本章小结 201
参考文献 201
第 10 章 基于双曲空间的社交网络社区对齐方法 206
10.1 问题定义 207
10.1.1 符号与概念 207
10.1.2 问题描述 207
10.2 基于双曲空间的社区对齐模型 207
10.2.1 表示空间选择 208
10.2.2 双曲空间与庞加莱球模型 210
10.2.3 社交网络的双曲空间嵌入 211
10.2.4 混合双曲聚类模型 212
10.2.5 社区对齐的最优化问题 212
10.3 基于黎曼几何的交替优化算法 213
10.3.1 算法概述 214
10.3.2 社区表示最优化子问题 215
10.3.3 公共子空间最优化子问题 217
10.3.4 可识别性分析 218
10.4 实验与分析 220
10.4.1 数据集 220
10.4.2 评价指标 220
10.4.3 对比方法 220
10.4.4 参数设置 221
10.4.5 结果和分析 222
10.5 本章小结 226
参考文献 226
缩略语 229

第一部分

基 础 知 识

第 1 章　社交网络与图

社会学家 Georg Simmel 在冷战期间提出了一种社会学视角——社会网络，旨在分析社会中不同实体之间的联系如何影响实体的行为方式。随着冷战期间互联网思想的诞生与技术的革新发展，互联网时代的社交打破了人与人之间的地域限制，极大地降低了人们的社交成本。由此，着眼于人与人之间交互、沟通和联系的社交网络逐渐从社会网络中分离出来，成为一门独立的综合学科。本章将介绍社交网络的定义、发展史、影响和研究方向等内容，便于读者全面认识社交网络。

为了更好地研究社交网络，研究者需要提取社交网络的特征并形式化地表示社交网络。因此，本章给出了 3 种常见的社交网络形式化表示方式，分别为语义表示、矩阵表示和图表示方式。其中，图表示方式最为重要。此外，本章还介绍了图的相关知识，包括图的经典算法、图的结构分析和特殊的图，并介绍了这些知识在社交网络中的应用。

考虑到社交网络的复杂性和不规则结构，所有能更好地表示真实社交网络的模型的构建规则都应该具有一定的随机性，该要求与构建规则固定的图表示方式（又称规则网络）相违背。因此，研究者提出了复杂网络的概念，即能够呈现高度复杂结构的网络。本章介绍了复杂网络的小世界现象与无标度特性，并详细介绍了常见的社交网络模型。

1.1　社交网络

社交网络是一种以网络的形式反映社会实体间的组织方式的社会学研究视角。有别于传统的“社群”研究视角，社交网络以顶点表示参与社交活动的实体，以连接顶点的边表示实体间的交互关系。社交网络侧重于研究实体间的交互与联系，而非着力探究不同社群间的划分方式。社交性是人区别于其他生物的重要特点。以人为顶点，以社会关系为边，即可刻画出各种各样的关系，包括人与人之间的情感交流、沟通互动、价值交换、冲突与合作等。例如，在族谱中，网络的顶点表示此家族内的成员，而连接顶点的边表示家族的世系繁衍；在学者合作图中，网络的每个顶点对应一名学者，而连接顶点的边表示学者们的合作情况；在引文关系图中，网络的每个顶点对应一篇文献，而连接顶点的边表示文献的引用关系；在演员共演图中，网络的顶点表示演员，而连接顶点的边表示此边关联的演员曾经出演过同一部作品。

1969年，为了应对冷战中苏联发射的人造地球卫星的威胁，美军委托4所知名美国大学开始了阿帕网（Advanced Research Projects Agency Network，ARPANET）的研究。此研究旨在将4台大型计算设备互相连通，保证在其中任何一台计算设备被苏军摧毁的情况下，与其互联的其他设备都可以跨过被摧毁的顶点，继续维持系统运转。这一“互相连通”的思想催生了现在人们所熟知的互联网。经过几十年的蓬勃发展，互联网的规模急剧扩张，根据中国互联网络信息中心（China Internet Network Information Center，CNNIC）的数据，截至2022年12月底，中国互联网用户数已经达到10.67亿，互联网普及率更是达到惊人的75.6%。互联网的飞速发展彻底打破了人与人之间的地域限制。社交网络迈入了互联网时代，本书聚焦于互联网时代下的社交网络，为便于读者阅读，后文将统一把互联网时代的社交网络简称为社交网络。

本节将着重从社交软件、社交网络的影响、社交网络研究等角度详细介绍社交网络，并给出社交网络的3种典型表示方法，其中社交网络的图表示方法最为重要。

1.1.1 社交网络概述

随着互联网的井喷式发展，一批社交软件如雨后春笋般涌出。这批社交软件以用户为中心，既为使用者提供了向其他用户发布他们想要分享的信息的功能，又满足了使用者根据自身喜好搜索、浏览和关注其他用户发布的内容并与他人建立社交联系的需求，使得其用户在此类软件上能够自由地拓展自己的社交网络，因而广受欢迎[1]。

1. 社交软件

国内外一些具有代表性的社交软件见表1-1。

表1-1 国内外具有代表性的社交软件

名称	流行地区	上市时间	功能
Facebook（脸书）	国外	2004年	该软件的用户可以构建个人主页来分享自己的信息并吸引其他用户的关注。用户间可以通过添加好友的方式传递消息，保持联系
Twitter（推特）	国外	2006年	该软件的用户以推文的形式向其追随者发送动态。每条推文的长度通常不超过140个字符（后又增加至280个字符），因此推文也被戏称为互联网时代的短信
Instagram	国外	2010年	该软件的用户通过拍摄照片、添加滤镜和标注文字说明来发布自己的生活记录。这些发布可以同时被共享到脸书、推特等其他主流社交平台上
Telegram	国外	2013年	这款软件的特点是“阅后即焚”，即用户可以在发布消息后自毁其发布的信息。Telegram因其高度隐私保护的优势而广受欢迎
TikTok	国外	2017年	该软件的用户可以选择合适的歌曲，拍摄有背景音乐的短视频在平台上发布。同时，TikTok会根据用户的观看偏好，为用户自动推送他人作品

续表

名称	流行范围	上市时间	功能
QQ	国内	1999 年	该软件支持用户点对点聊天、传输文件和发送 QQ 邮件等多项功能。随着版本的更新，QQ 不断增加新的功能，如支持在线教学的“群课堂”等
豆瓣	国内	2005 年	豆瓣为用户搭建了一个自由交流，分享书籍、电影和音乐等精神食粮的空间。有别于其他社交软件，豆瓣采取去中心化的运营思路
微博	国内	2009 年	微博支持用户以文字、图片和视频等形式分享自己的所感所见，并以点赞、关注、评论、转发和私信等方式实现用户间的沟通联系
微信	国内	2011 年	微信为使用者提供了多种即时通信手段，如文字、语音、视频和图片等。同时，微信的“摇一摇”“朋友圈”和“附近”等功能使得使用者之间能够便捷地分享、交换媒体资料

从 21 世纪初到现在，国内外社交软件的发展呈现出了相似的规律——更多样、更快速、更私密。

（1）更多样。用户交流互动的方式由单一的文字逐渐多元化，并呈现出了短视频化的趋势。专注或局限于某一细分领域的垂直型社交平台（如人人网）已经无法在市场上取得成功。只有“通用”型的社交软件，即可以满足多元化社交需求的产品，才能占领市场。

（2）更快速。用户更加偏好低时延的社交模式，因而社交软件对推荐算法的依赖程度渐渐增强。随着移动互联智能技术和大数据算法的发展，社交软件通过对用户的年龄、性格和爱好等进行智能化检测和快速精确分析，提升用户体验，进而极大地提高了用户黏性。

（3）更私密。用户对社交私密性的需求逐步提升，使得社交软件的隐私保护能力不断加强。脸书、Instagram 和 TikTok 等社交软件都因收集和挖掘用户数据而遭到质疑。未来，对数据隐私和安全的保护是社交软件发展的大方向。

2. 社交网络的影响

伴随着近 20 年的蓬勃发展，社交软件已然成为大众工作、学习和生活中不可分割的部分。因此，社交网络对整个社会的影响举足轻重，展示出了其空前的力量。

2016 年，文艺片《百鸟朝凤》正式公映，因其聚焦于冷僻的题材且缺少有号召力的演员而导致票房表现不佳。该片的联合出品人在直播中恳切请求观众关注优秀的文艺片与逐渐消失的民间艺术。该视频因其强大的感染力在社交网络中火速走红，吸引了大量好奇的观众。最终，《百鸟朝凤》的票房由起初的 300 多万元飙升至 8000 多万元。

2020 年，山西省大同市政府联合诸位明星进行快手的扶贫助农活动专场。在直播中，多位明星试吃当地美食，为老乡带货。这场直播吸引了众多用户的关注，也引爆了下单的热潮。

2022 年 10 月，山西省大同市的部分小区为有效控制新冠病毒传染实行管控，一位老人因三叉神经疼痛在社区微信群中向邻居求助。群友们看到后纷纷热心响应，与志愿服务中心、社区物业和附近药房联系，主动帮助老人购买药品。

从宣传冷门电影到扶贫带货再到救助老人，社交网络为人们带来了前所未有的便捷。人们能比以往任何时候都更快速地获取、分享、传递和发布消息。然而，社交网络也是一把双刃剑。

2016 年，高某通过直播骗取受害者的信任，谎称自己具有占卜通灵的能力，前后骗取了受害者 5 万余元人民币。2018 年，黄某谎称自己是女性，在社交网络中与受害者谈起了网恋，黄某先后以买礼物、买车票等理由向受害者索要 4 万余元人民币。2022 年，微博上有一张聊天截图被数以万计地转发，这张图的内容是：北京大学的“韦神”韦东奕帮助某博士团队解决了困扰他们 4 个月的难题，使得预测数据与真实数据的相似度高达 99.98%。但当记者联系韦东奕时，他立刻否认了这件事的真实性，急忙澄清这是假新闻。

总而言之，社交网络上的诈骗、信息泄露、舆论渗透、引导与攻击已经成为国际社会关注的重点方向。社交网络在一系列重大事件中发挥了重要的组织和策划作用，对国际政治乃至国际社会的安全稳定造成了重大影响。可见，如何控制社交网络的影响力，使其发挥正面作用，是当前社会必须解决的重大问题。

3. 社交网络研究

社交网络的普及在给人们带来巨大便利的同时，也催化了虚假新闻、网络诈骗的传播，将用户置于个人信息泄露的风险中，甚至对国际社会的安全稳定造成了重大影响。正因为如此，正确理解社交网络的形成与演化，发掘信息在社交网络中的传播与扩散途径，认识社交网络对参与者心理与行为的影响，对社会治理有着重要的意义。由此诞生了一门通过计算机技术分析社交网络结构与特性的学科——社交网络分析。

当前对社交网络分析的研究主要分为两类：以结构为导向的社交网络分析研究和以内容为导向的社交网络分析研究。以结构为导向的社交网络分析主要关注社交网络的结构特征，包括发掘社交网络中的特殊顶点、预测社交网络的演化、进行社交网络连接的可视化等。而以内容为导向的社交网络分析侧重于研究社交网络上的媒体信息，包括文字、图像和视频等多模态信息。

社区发现是以结构为导向的社交网络分析的经典议题，旨在发掘社交网络中连接紧密的结构，这些具有高内聚、低耦合特征的结构被称为社交网络中的社区。社区检测问题通常与图的聚类问题密切相关。社交影响分析也是基于结构的社交网络分析议题，聚焦于研究社交网络中参与者的影响力与影响的传播。

情感分析则是以内容为导向的社交网络分析的研究课题，旨在依据参与者在社交网络中表达的观点（包括文字与行为），使用自然语言处理等方法，分析其情感倾向。

虽然社交网络的研究可以分为结构类研究和内容类研究，但这两者之间并不是泾渭分明的。在很多问题的解决中，往往将结构和内容结合起来。例如，在社交网络谣言检测中，不仅可以依托内容对谣言做出判断，也可以从传播方式等结构角度对谣言进行甄别。关于社交网络中的谣言检测，本书也会在后文详细展开讨论。

4. 社交网络数据的获取

目前，社交网络数据的获取主要有两种方式：通过社交软件的应用程序接口（Application Program Interface，API）直接获取数据和自动化收集社交网络数据。大多数社交软件通过 API 提供了一种便捷、有效获取社交网络数据的方式[2]。此外，也可利用爬虫工具（如 Selenium）在社交软件页面上自动地搜索、收集和整理相关数据。尽管现在大多数人乐于尝试并使用各种社交软件，但是，由于不同社交软件间的封闭性，社交网络数据难以跨平台连通使用。由此诞生了社交网络对齐这一课题，其旨在把同一用户在不同社交平台上的信息关联对应起来，从而打破不同社交软件的屏障，连通用户的全部社交信息。

1.1.2 社交网络的形式化表示

社交网络分析能正确进行的前提是能够用恰当的表示方式对社交网络的重要特征进行抽象。可以说，恰当的表示方法对从社交网络中有效地提取和分析知识起到了决定性作用。由此，社交网络的表示方法研究应运而生。

1. 社交网络的语义表示

社交网络可以用语义（Semantic）的方式进行表示。“语义”这一概念在 1998 年由 Tim Berners-Lee 提出。他主张用一种计算机可以理解的语言（即语义）去丰富原有的网页信息，使得计算机能够根据网页的语义自主地学习并进行智能判断。这些可被计算机理解的语义数据被称为本体（Ontology），它以明确规定的形式高度抽象地概括了网页的本质特征，对整个网页的知识进行了集中的总结规范。语义网的实现主要依赖两项技术：可扩展标记语言和资源描述框架。

2008 年，Gruber TR 首次提出将语义的概念应用到社交网络领域，即把社交网络表示为：社交网络参与者生成的内容信息和提炼概括社交网络的语义元数据[3]。在社交网络的语义表示中，最重要的本体被称为“Friend-of-a-Friend”，简称 FOAF。这个本体被用于描述人与人的互动关系，包括用户信息（如昵称）、连接方式（如关注）和网页使用（如网络日志）等。未来，设计新的语义框架并应用于社交网络的动态表示和分析将成为一条值得探索的道路。

2. 社交网络的矩阵表示

社交网络也可以采取矩阵的方式来表示。最简单的矩阵表示模型以社交网络的顶点数为行数和列数，矩阵中每个元素的值表示对应的顶点间是否直接连通。以 $A[i][j]$为例，若

$A[i][j]$=0，则社交网络的第 i 个顶点和第 j 个顶点间不存在边；若 $A[i][j]$=1，则社交网络的第 i 个顶点和第 j 个顶点间存在边。这样的表示方法被称为社交网络的邻接矩阵表示法。

除邻接矩阵外，在有的模型中，$A[i][j]$的值也可以表示社交网络的第 i 个顶点和第 j 个顶点连接的紧密程度、重要程度或优先级别等其他信息，这使得 $A[i][j]$的取值不再局限于整数 0 或 1。为了更好地表示社交网络中顶点与相邻顶点的连接关系，有学者提出了拉普拉斯矩阵。这样的矩阵 $\boldsymbol{L}$ 由度矩阵 $\boldsymbol{D}$（即 $D[i][i]$的值等于社交网络中以第 i 个顶点为端点的边数的矩阵）减去邻接矩阵 $\boldsymbol{A}$ 得到：

$$\boldsymbol{L}=\boldsymbol{D}-\boldsymbol{A} \tag{1-1}$$

拉普拉斯矩阵的元素 $L[i][j]$为

$$L[i][j]=\begin{cases}\deg(v_i), & i=j\\ -1, & i\neq j且v_i与v_j邻接\\ 0, & i\neq j且v_i与v_j不邻接\end{cases} \tag{1-2}$$

其中，v_i 表示社交网络中的第 i 个顶点，$\deg(v_i)$表示以 v_i 为端点的边数。

社交网络的矩阵表示法虽然简单且容易理解，但这种表示方法给社交网络上与路径相关的任务［如：判断社交网络中是否存在一条从第 i 个顶点到第 j 个顶点的路径（第 i 个顶点与第 j 个顶点不仅可以直接邻接，也可以借助其他顶点间接到达）］带来了极大的困难，因而社交网络的矩阵表示法并未被广泛使用。

3. 社交网络的图表示

社交网络分析中最重要的表示方法是图。社交网络与图存在一一对应的关系。图的顶点对应着社交网络中的实体，而边对应着社交网络中实体间的交互关系。

（1）图及其定义

定义 1： 图 G 是由顶点集 $V(G)$和连接两个顶点（不要求两个顶点不相同）的边集 $E(G)$构成的二元组。图 G 可以被记作 $G=<V,E>$。

图 1-1 的顶点集 $V(G)=\{x,y,z,w\}$，边集 $E(G)=\{a,b,c,d,e,f\}$。

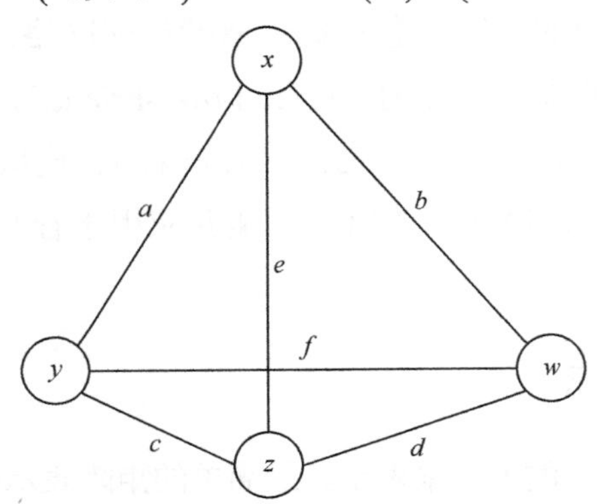

图 1-1　由 4 个顶点和 6 条边构成的图

定义2：如果图 G 中不存在具有完全相同顶点的两条边，那么称 G 为简单图。具有一对完全相同的顶点的多条边被称为重边。

如果图的边集为空，那么这样的图称为空图[4]。对于非空图 G，如果 G 是简单图且图 G 的边无方向，那么图中任何一条边都可以用无序的顶点对进行唯一的标识。

显然，图1-1的边集 $E(G)=\{xy,xw,yz,zw,xz,yw\}$。

定义3：如果图 G 中存在边 uv，那么称顶点 u 和顶点 v 邻接且互为邻居，边 uv 与顶点 u 和顶点 v 关联。如果边的两个顶点重合，那么称这样的边为圈。

在图1-1中，共有6对顶点互为邻居。

定义4：图的路径是图的边序列 $e_0,e_1,\cdots,e_k$，使得 $0\leqslant i<k$，e_i 的第二个顶点与 e_{i+1} 的第一个顶点重合；如果路径 $e_0,e_1,\cdots,e_k$ 中，e_0 的第一个顶点和 e_k 的第二个顶点重合，那么称此路径为回路或环。图的通道是图的由顶点和边构成的序列 $v_0,e_0,v_1,\cdots,e_{k-1},v_k$，使得 $0\leqslant i<k$，e_i 与顶点 v_i 和 v_{i+1} 关联。图的迹是序列中没有重复的边的通道。$P(u,v)$ 是以 u 为第一个顶点、v 为最后一个顶点的路径。

对于以图表示的社交网络（以下简称“社交图”），图的顶点集对应社交网络的顶点集合，图的边集表示社交网络中顶点的交互关系，因此，社交图被广泛地应用于社交网络分析。

（2）有向图

定义5：对于集合 M 上的二元关系 R，$A,B\in M$，如果 ARB 成立，且 BRA 同时成立，则 R 在 M 上是对称的。

在现实生活中，社交关系可以按照对称与否进行划分。比如：两名教授的合作关系是对称的；伴侣之间的恋爱关系是对称的；微博的关注关系可以是非对称的；公司职员间的管理关系是非对称的。对于这些非对称的关系，需要用一个更一般的模型去表示[5]。

定义6：有向图 G 是由顶点的集合 $V(G)$ 和有序连接两个顶点（不要求两个顶点不相同）的边的集合 $E(G)$ 构成的二元组。无向图 N 是由顶点的集合 $V(N)$ 和无序连接两个顶点（不要求两个顶点不相同）的边的集合 $E(N)$ 构成的二元组。

简单有向图 G 中，任何一条边都可以用有序的顶点对进行唯一的标识。通常把有序顶点对的第一个顶点称为边的尾部，第二个顶点称为边的头部。边的头部被称为尾部的前驱，尾部被称为头部的后继。因此，图 G 的每条边都是由尾部指向头部的边。

图1-2中有一条从 x 指向 y 的边，记作 $x\rightarrow y$。

社交网络中的对称关系可以用无向图表示，而非对称关系则用有向图表示。微博的关注关系图中，如果用户1关注了用户2，那么图中存在一条由用户1指向用户2的有向边，相反，如果用户2关注了用户1，那么图中存在一条由用户2指向用户1的有向边。另外，如果用户1和用户2互相关注，那么顶点1和顶点2之间同时存在着由用户1指向用户2和由用户2指向用户1的两条有向边。

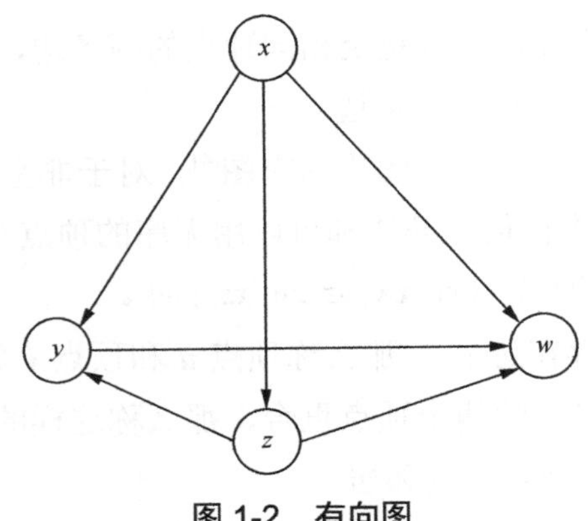

图 1-2　有向图

（3）有权图

在社交图中，人们不仅想知道社交网络中的哪些参与者之间存在关系，同时还想知道其关系的强弱程度。为了解决这一问题，引入了有权图的概念。

定义 7：有权图 G 的每一条边都对应着一个实数 W，W 被称为对应边的权值。

图 1-3 的边 $x \to y$ 的权值为–1。

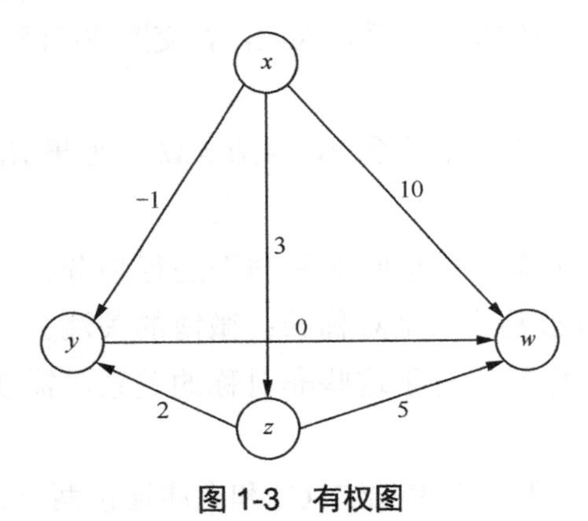

图 1-3　有权图

权值可以是任何实数，不同场景下的含义各不相同。在城际铁路连通图中，边的权值表示边的两个顶点对应的城市之间的距离；在车流量图中，边的权值表示边对应的路段上的车流量大小；在电路花费图中，边的权值表示对应电路的成本。在社交网络中，有权图的权值通常表示社交联系的紧密程度、情绪的激烈程度和观点的认同程度等。

（4）图的存储

图在计算机中有两种常见的存储方式：邻接矩阵和邻接表。其中，邻接矩阵存储法用一维数组存储图的顶点，用二维数组存储图的边。对于有权图，其邻接矩阵 edge 的计算公式如下：

$$\text{edge}[i][j]=\begin{cases} w(i,j), \text{边}\langle i+1, j+1\rangle\text{存在} \\ \infty, \quad \text{边}\langle i+1, j+1\rangle\text{不存在} \end{cases} \tag{1-3}$$

其中，$w(i,j)$表示边$\langle i+1,j+1\rangle$的权值。

对于无权图，当边$\langle i+1,j+1\rangle$存在时，二维数组中的元素$\text{edge}[i][j]=1$，否则，$\text{edge}[i][j]=0$，其公式如下：

$$\text{edge}[i][j]=\begin{cases}1,\text{边}\langle i+1,j+1\rangle\text{存在}\\0,\text{边}\langle i+1,j+1\rangle\text{不存在}\end{cases} \tag{1-4}$$

邻接表是数组与多个链表相结合的存储方法。在邻接表中，一维数组存储图的顶点信息，每个链表存储与对应顶点邻接的所有顶点的信息。具体来说，一维数组包括顶点与指向顶点的第一个邻接顶点（即对应链表的表头）的指针。那么，邻接矩阵和邻接表各自适合存储什么样的图呢？

定义 8： 图$G=\langle V,E\rangle$中，$|V(G)|=m$，$|E(G)|=n$，当$n\ll m^2$时，称G为稀疏图，反之，称G为稠密图。

图$G=\langle V,E\rangle$，$|V(G)|=m$，$|E(G)|=n$，G的邻接矩阵所占空间大小为$m+m^2$。也就是说，图G的邻接矩阵大小仅与G的顶点数相关。图G的邻接表所占空间大小则为$m+n$。因此，对于稀疏图，其边数相对于顶点数较少，邻接矩阵的存储方式是一种极大的空间浪费，故通常用邻接表存储稀疏图。而对于稠密图，邻接表与邻接矩阵在存储空间上差别不大，邻接矩阵的存储方式具有易访问和易修改的优点，因而多用邻接矩阵存储稠密图。

1.2 图

本节将介绍图的经典算法——用于解决社交网络中的问题，以及图的结构分析方法——以供读者从结构的角度分析社交图。最后，介绍几种特殊的图，以及这些图在社交网络场景中的应用。

1.2.1 图的经典算法

1. 深度优先搜索（DFS）和广度优先搜索（BFS）算法

如果想查找社交网络中的某个参与者，则可以搜索社交图，若能够搜索到对应的顶点，那么社交网络中存在此参与者，否则，不存在此参与者。如果想知道社交网络中是否存在参与者 1 到达参与者 2 的途径，则可以在社交图中搜索参与者 1 对应的顶点，若从此顶点出发能够搜索到到达参与者 2 对应顶点的路径，则认为社交网络中存在此途径。

最常见的两种图搜索算式是深度优先搜索（Depth First Search，DFS）和广度优先搜索（Breadth First Search，BFS）。

DFS 算法有“不撞南墙不回头”的特点，其在搜索过程中沿着与当前顶点关联的边向下搜索，如果当前顶点的所有邻接顶点都已经被搜索过，那么回溯到上一个被搜索的顶点。重复此操作，直至找到搜索目标。DFS 算法的每一次搜索都尽可能地在回溯到上个顶点之前在每个分支上搜索得更深入，因此得名“深度优先搜索”。

BFS 算法的思路则是逐个搜索与当前顶点邻接的所有顶点，直到所有邻接顶点都被查询过后，才认为当前的顶点已经被搜索完毕，再继续下个顶点的搜索。

算法 1-1　BFS 算法
输入：图 G，起始顶点 u，搜索目标顶点 t
输出：BFS 结果
1：$S=\{u\}$，$R=\varnothing$　// S 为待搜索顶点队列，R 为已搜索顶点集 2：**while**　$t\notin S$　**do** 3：　取 S 中的第一个顶点 v 进行搜索，将 v 所有不属于 $S\cup R$ 的邻接顶点添加到 S 中； 4：　将 S 中的 v 删除，加入 R 中； 5：**end**

2. Kosaraju 算法

定义 9：图 $G=\langle V,E\rangle$，如果对于任意的 $u,v\in G$ 都存在一条路径 $P(u,v)$，则称图 G 是连通的，否则，称 G 是非连通的。如果 G 中存在路径 $P(u,v)$，则称 u 连通到 v。

定义 10：有向图 $G=\langle V,E\rangle$，如果对于任意的 $u,v\in G$ 都同时存在路径 $P(u,v)$ 和路径 $P(v,u)$，则称图 G 是强连通的。

如果社交图是连通的，那么可以理解为社交图对应的社交网络中的任何两个参与者之间都存在直接或间接认识的途径。

定义 11：如果图 H 满足 $V(H)\subseteq V(G)$，$E(H)\subseteq E(G)$ 且 H 中边的顶点的分配方式和 G 一样，那么称 H 是 G 的子图。

定义 12：有向图 G 最大的强连通的子图被称为图 G 的强连通分量。

社交图的强连通分量内任意两者之间都存在相互到达的途径，因此此分量内的人群连接紧密，他们可能拥有共同的兴趣、相似的价值观和类似的成长背景等，因而可以用寻找社交图的强连通分量来发掘社交网络中连接紧密的小团体。

Kosaraju 算法需要进行两次 DFS，第一次得到有向图的拓扑结构，第二次得到有向图的强连通分量。

算法 1-2　Kosaraju 算法
输入：有向图 G，记录顶点搜索顺序的数组 $t=\{\}$
输出：G 的所有连通分量
1：对 G 进行 DFS，在 t 中记录顶点的搜索顺序； 2：对 G 进行取反操作（顶点不变，边的方向取反）得到 G'； 3：**while**　$t\neq\varnothing$　**do** 4：　按照 t 中搜索顺序的逆序对 G' 进行 DFS，把搜索过的顶点从 G' 和 t 中删除，直

到搜索无法继续进行；// 所有被删除的顶点以及它们之间关联的边组成了 G 的一个连通分量
5：**end**

3. 入度表（Kahn）算法

通过寻找有向图的拓扑排序可以确定社交图上是否存在回路。

定义 13：拓扑排序是有向无环图 $G=\langle V,E\rangle$ 的顶点集 V 的线性序列，满足对于 G 的每一条有向边 $u \to v$，在拓扑排序中，u 的顺序都在 v 之前。

如果能找到有向图对应的拓扑排序，就表示此图中没有环；反之，如果有向图不存在拓扑排序，那么此图中就一定存在回路。通常利用入度表（Kahn）算法来寻找有向图的拓扑排序。

算法 1-3 Kahn 算法

输入：有向图 G，记录拓扑排序的数组 S={}

输出：S（图 G 的拓扑排序）

1：**while** $\exists v \in V(G), d^-(v)=0$ **do** // $d^-(v)$ 为以 v 为终点的边数
2：　把不存在任何指向其的边的顶点都加入 S 中；
3：　从 G 中删除在步骤 2 中加入 S 的顶点，并把从此顶点出发的边也从 G 中删除；
4：**end**

4. Dijkstra 算法

图上还有很多其他经典算法，如 Dijkstra 算法、Prim 算法、Kruskal 算法。虽然这些算法多应用于路径规划、计算机网络时延计算、路由选择、资源优化等场景，但社交网络中的某些问题也可以用这些算法来解决，比如寻找某社交网络中与其他参与者之间关系最淡薄的参与者。

社交网络中参与者之间关系的深浅主要体现在其对其他参与者的影响力大小，也就是说，参与者对其他参与者的影响力越大，其与其他参与者之间的关系越亲密，反之则越淡薄。想要寻找社交网络中与其他参与者关系最淡薄的人，就等价于寻找社交网络中影响力最小的顶点。由此，把社交网络转换成一张有权社交图，边的权值表示社交网络中对应顶点之间连接的边的数量。通常，将所有 $P(u,v)$中权值之和最小的路径称为最短 $P(u,v)$，将此权值称为 u 到 v 的最短距离。那么，可以将社交网络中某顶点的影响力表示为其到其他所有顶点的最短距离之和。这样，一个社交网络上的问题就被转化成了计算最短距离的问题，可以用图的 Dijkstra 算法来求解。

Dijkstra 算法是由荷兰计算机科学家 Edsger W.Dijkstra 于 1959 年提出的算法。该算法基于一个显而易见的事实：假设 v 是 $P(u,z)$中的一点，那么最短 $P(u,z)$中，u 到 v 的部分必定是最短的 $P(u,v)$。因此，Dijkstra 算法按照路径长度递增次序产生起点到其他所有

顶点的最短路径。

算法 1-4　Dijkstra 算法

输入：有非负权值的图$G=\langle V,E\rangle$，起始顶点为u，边xy的权值记为$W(xy)$，如果边xy不存在，那么$W(xy)=\infty$，顶点集$S=\{u\}$

输出：起始顶点u到其他所有顶点的最短距离

1：对于$v_i \in V-S$，计算$\text{dist}[u,v_i]$；
2：**while** $V \neq S$ **do**
3：　选择$\min(\text{dist}[u,v_i])$，把对应的v_i添加至S中；
4：　用$\min\limits_{t\in V-S}(\text{dist}[u,v_i]+W(v_i,t),\text{dist}[u,t])$更新$V-S$中顶点的 dist 值；
5：**end**

5. Prim 算法

定义 14：如果H满足$V(H)=V(G)$，$E(H)\subseteq E(G)$且H中边的顶点的分配方式和G一样，那么称H为G的生成子图。

定义 15：树是不含有环的连通图。

定义 16：如果树T是连通图G的生成子图，那么称T是G的生成树。

定义 17：如果生成树T是加权连通图G的各边的权值之和最小的生成树，那么称T是G的最小生成树。

Prim 算法和 Kruskal 算法常用于搜索图的最小生成树。这两种算法都采用了贪心算法，即：求解问题时，总是做出在当前看来最好的选择。换言之，贪心算法解决问题不从整体最优的角度出发，而是把问题拆分成若干个子问题，先对每个子问题寻求最优解，再将若干局部最优解组合成原问题的最优解。

算法 1-5　Prim 算法

输入：加权图$G=\langle V,E\rangle$，最小生成树$H=(V',E')$，其中，$V'=x$（x为起始顶点），$E'=\{\}$

输出：最小生成树H

1：**while** $V \neq V'$ **do**
2：　在E中选取权值最小的边uv，其中$u\in V'$，$v\notin V'$；// 如果存在多条边满足前述条件，即有多条相同权值的边，则可任意选取其中之一
3：　将v加入V'中，uv加入E'中；
4：**end**

6. Kruskal 算法

Kruskal 算法的思路是从具有最小权值的边开始不断扩张树H，直至生成最小生成树。

算法 1-6　Kruskal 算法

输入：加权图$G=\langle V,E\rangle$，最小生成树$H=(V,\{\})$

输出：最小生成树H

1：按照边的权值从小到大测试所有边，如果把当前边加入最小生成树 H 的边集中，不会使得 H 中出现环，则把这条测试边加入当前的最小生成树中；否则，将边舍弃；直到 H 中所有顶点互相连通

1.2.2　图的结构分析

每个社交网络都与社交图一一对应，通过发掘图的结构特征，就可以得到对应的社交网络的结构特点。因此，分析图的结构是社交网络分析的重要手段之一。

1. 社交图顶点的结构分析

度指的是与图上顶点关联的边数。在有向图中，由于边存在方向，因此顶点的度分为出度和入度：顶点的出度等于由此顶点出发的边数，入度则等于指向此顶点的边数。度是最简单的表示顶点与其他顶点的关联程度的变量。一个顶点的度越大，这个顶点与其他顶点的关联越紧密，在社交网络中，此顶点对其他顶点的影响越大，在网络中的地位越重要。这种表示方式虽然简单有效，但是仅仅考虑了顶点间的直接关联，而忽略了整个社交图的结构特征。顶点的度也被称为绝对中心度 $C_{\mathrm{AD}}(v)$，为

$$C_{\mathrm{AD}}(v)=\deg(v) \tag{1-5}$$

为弥补绝对中心度的局限性，1979 年 Freeman 提出了相对中心度的概念。相对中心度 $C_{\mathrm{RD}}(v)$ 为顶点 v 的绝对中心度与可能的最大绝对中心度的比值。对于一幅有着 N 个顶点的无环无向社交图，其可能的最大绝对中心度为 $N-1$。无向社交图的相对中心度 $C_{\mathrm{RD}}(v)$ 为

$$C_{\mathrm{RD}}(v)=C_{\mathrm{AD}}(v)/(N-1) \tag{1-6}$$

通常，研究者把有一个度为 $N-1$ 的顶点和 $N-1$ 个度为 1 的顶点的图称为星图，或称为星形耦合网络。图 1-4 是一个有 6 个顶点的星图。此星图中，顶点 a 具有最大绝对中心度。

对于无圈的有向图，其可能的最大绝对中心度为 $2(N-1)$，因此有向社交图的相对中心度 $C_{\mathrm{RD}}(v)$ 为

$$C_{\mathrm{RD}}(v)=\frac{C_{\mathrm{AD}}(v)}{2(N-1)} \tag{1-7}$$

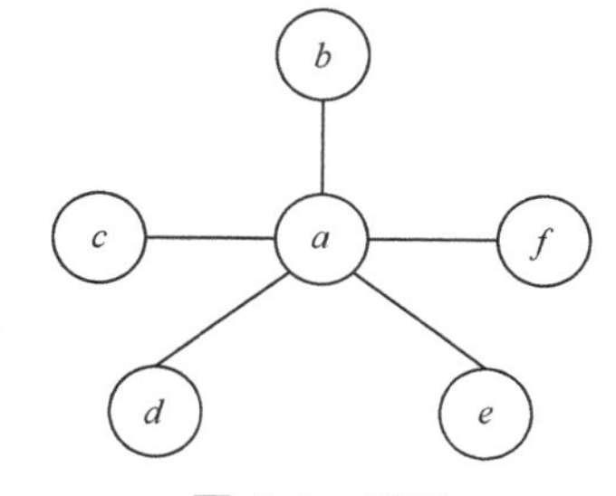

图 1-4　星图

绝对中心度与相对中心度都只考虑了顶点与其他顶点的直接联系，而忽略了间接联系。因此，Sabidussi 提出了接近中心度的概念。他认为：顶点的重要性应该由其对其他顶点的依赖性来决定。一个顶点越重要，它越容易与其他顶点进行交互；一个顶点越不重要，它与其他顶点的交互越困难，换言之，它与其他顶点的最短距离之和越大。因此，社交图 $G=\langle V,E\rangle$ 的接近中心度 $C_{\mathrm{AP}}(v)$ 为

$$C_{\mathrm{AP}}(v)=\sum_{t\in V,t\neq v}\mathrm{dis}(v,t) \tag{1-8}$$

其中，$\mathrm{dis}(v,t)$表示 G 的顶点 v 和顶点 t 之间的最短距离。

对顶点 v 到其他所有顶点的最短距离进行平均，得到顶点 v 的平均最短路径 $L(v)$：

$$L(v)=\frac{1}{N-1}\sum_{t\in V,t\neq v}\mathrm{dis}(v,t) \tag{1-9}$$

其中，N 表示社交图 G 的顶点总数。

顶点 v 的平均最短路径 $L(v)$ 只对连通图 G 有意义，因为如果顶点 v 与顶点 u 不连通，那么最短 $P(u,v)$的值为∞。为了得到非连通图的平均最短路径，对 $\mathrm{dis}(v,t)$ 进行取倒数处理，得到顶点 v 的全局效率 $E_{\mathrm{Global}}(v)$：

$$E_{\mathrm{Global}}(v)=\frac{1}{N-1}\sum_{t\in V,t\neq v}\frac{1}{\mathrm{dis}(v,t)} \tag{1-10}$$

$E_{\mathrm{Global}}(v)$越小，顶点 v 与其他顶点间的信息传播越慢，社交互动越困难。类似于全局效率，可以定义顶点 v 在社交图的区域 H 上的局部效率 $E_{\mathrm{Local}}(v)$：

$$E_{\mathrm{Local}}(v)=\frac{1}{N_H-1}\sum_{t\in V_H,t\neq v}\frac{1}{\mathrm{dis}(v,t)} \tag{1-11}$$

其中，N_H 表示社交图的子图 H 中的顶点数。

在地铁线路中，不同线路交会的车站被称为交通枢纽站，比如：西直门站是北京地铁 2 号线、4 号线和 13 号线的交通枢纽站。仿照这个思路，可以用某顶点承载的最短路径数来表示此顶点在社交网络中的重要程度。通常将经过顶点 v 的最短路径数称为顶点 v 的介数（Betweenness）。

2. 社交图整体的结构分析

上述分析都是基于顶点的社交图结构分析，然而，很多时候，人们关注的重点并不是图上的某个顶点，而是整幅社交图。通常用度分布 $P(k)$ 来刻画社交图的顶点的绝对中心度的分布。度分布可以揭示网络的类型及性质，是网络的重要几何性质。

$$P(k)=\frac{n_k}{N} \tag{1-12}$$

其中，n_k 表示图 G 中度为 k 的顶点数，N 表示图 G 的顶点总数。

对于一个顶点数有限的完全随机网络，其度分布符合泊松分布。泊松分布的形状以峰值为中心，峰值两侧以指数速度衰减。在这样的网络中，度值比平均值高许多或低许多的顶点，都十分罕见。

科学家们一直想当然地认为现实中的网络都是完全随机的，但 1999 年无标度网络的提出打破了这种构想：现实世界中的大多数复杂网络（如因特网、万维网和生物新陈代谢网络等)的度分布明显偏离了泊松分布，它们的顶点度分布更符合幂律(Power Law)分布的特征。

幂律分布的曲线有一条长长的尾巴，因此，幂律分布又被称为长尾分布。符合幂律分布的图中，顶点的度往往相差悬殊，极少数顶点的度很大，而绝大多数顶点的度很小，其度范围往往可以跨越几个数量级。比如：在社交网络中，往往少部分人掌握着大多数的社交关系，而其他人的社交关系相当有限。

通常将度分布服从幂律分布的复杂网络称为无标度网络（Scale-Free Network）。与随机网络相反，它是一种高度集中的网络，在这种网络中，度值极大的几个顶点被称为“集散顶点”，它们对整个网络的结构及特性有着很重要的影响。

社交网络的度中心势 C 用于衡量社交网络的绝对中心度的趋势，其公式为

$$C=\frac{\sum_{v}\left(C_{\max}-C_{\mathrm{AD}}(v)\right)}{\max\left(\sum_{v}\left(C_{\max}-C_{\mathrm{AD}}(v)\right)\right)} \tag{1-13}$$

其分子的含义是社交图 G 中所有顶点的绝对中心度与最大中心度之差的总和，其分母的含义是所有顶点的绝对中心度与最大中心度之差的总和的最大可能值。在具有 N 个顶点的星图中，中心顶点的绝对中心度为 $N-1$，其他顶点的度为 1，因此，所有顶点的绝对中心度与最大中心度之差的总和为 $(N-1)(N-2)$，这也是该总和的最大可能值。所以式（1-13）可以转换为

$$C=\frac{\sum_{v}\left(C_{\max}-C_{\mathrm{AD}}(v)\right)}{(N-1)(N-2)} \tag{1-14}$$

1998 年，美国康奈尔大学的博士生 Duncan Watts 和他的导师 Steven Strogatz 共同发表了一篇名为 *Collective dynamics of 'small-world' networks* 的论文。他们认为，复杂网络可以按照两个独立的结构特性进行分类——集聚系数和顶点间的平均路径长度[6]。集聚系数反映了顶点的邻接顶点间结构的紧密程度，集聚系数越大，此顶点的邻接区域中的顶点连接越亲密，$C(v)$ 的定义如下：

$$C(v)=\frac{2E(v)}{k_i(k_i-1)} \tag{1-15}$$

其中，k_i 表示社交图上与顶点 v 邻接的顶点数，$E(v)$ 表示社交图上与顶点 v 邻接的顶点之间的边数。

$k_i(k_i-1)/2$ 的含义是 k_i 个顶点之间最大的可能边数。由此，顶点 v 的集聚系数可以被理解为顶点 v 的邻接顶点间的实际边数与最大可能边数的比值。集聚系数是能够描述图或网络中的顶点集结成团的程度的系数。显然，$C(v)$ 的范围介于 0～1 之间。$C(v)$ 越

接近 1，表示这个顶点附近的点越有“抱团”的趋势。

平均路径长度指的是一个网络中两个顶点之间最短距离的平均值，定义顶点到自身的最短距离为 0，则社交图的平均路径长度定义为

$$\mathrm{dist}_c = \frac{2}{N(N+1)} \sum_{i \leqslant N} \sum_{j \leqslant i} \mathrm{dis}(i,j) \tag{1-16}$$

如果去除每个顶点到自身的距离，那么平均路径长度可以被定义为

$$\mathrm{dist}_c = \frac{2}{N(N-1)} \sum_{i \leqslant N} \sum_{j < i} \mathrm{dis}(i,j) \tag{1-17}$$

社交网络的密度（Density）则从边数角度衡量社交网络的结构紧密程度，其公式为

$$D = \frac{2|E|}{N(N-1)} \tag{1-18}$$

其中，$|E|$表示社交图的边数。

一般情况下，关系网中边数越多，顶点间的关系越紧密，信息的传播越快速。

此外，社交网络的大小指社交图$G = \langle V, E \rangle$中顶点的个数。社交网络的直径指的是社交图中任意两个顶点 u 和 v 之间的最短距离。对于非连通图，其直径显然是∞。该值反映了社交网络联系的紧密程度。

3. 社交图层次的结构分析

具有严格组织结构的社交图，如表示公司管理关系的图，往往具有明确的层次性。公司管理制度的存在，使得此类社交网络上信息的传递具有严格的方向，因而社交图呈现出强烈的层次特征。因此，可以用层次度（Hierarchy）来评价社交图的层次性。

社交图的层次度 H 定义为

$$H = 1 - \frac{2V_{\mathrm{Dual}}}{N(N-1)} \tag{1-19}$$

其中，V_{Dual} 表示社交图中双向连通的顶点对的数量。

社交图的结构层次性越强，社交关系的方向越明确，双向连通的顶点对越少，层次度 H 更接近 1。

1.2.3 特殊的图

1. *k* 部图

现在的人乐于使用各种社交软件，一个人可能会在多个社交软件上都注册有账号。现有社交图 G，G 中的顶点表示某人在某社交软件上的账号，比如某人的微信号或某人的豆瓣账号。为了打破各个社交软件间的壁垒，可以把同一个人在不同软件上的账号用

边关联起来，比如把表示某人的微信号的顶点与表示其豆瓣账号的顶点相关联。此时，社交图 G 可以被划分成 k 个独立集，每个独立集代表一种社交软件。

定义 17： 如果图 G 可以被划分为 k 个互不相交的非空子集，使得每个子集内不存在任何互为邻居的顶点，则这样的图 G 被称为 k 部图。如果 $k=2$，那么图 G 为二部图，如图 1-5 所示。

除了表示社交关系，k 部图也常用于表示资源的分配方式。比如：图 G 的顶点表示学校的教师或学生，如果老师给某位学生讲过课，则将该老师与该学生相关联。此时，图 G 为二部图。

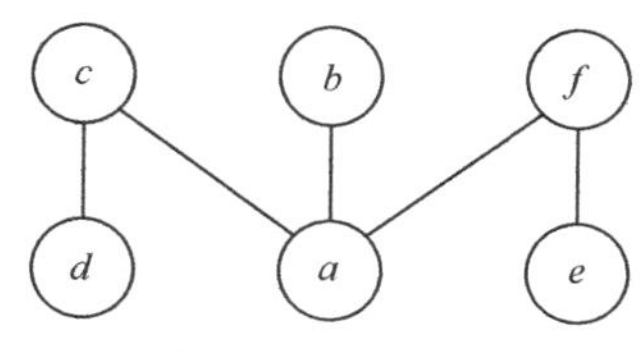

图 1-5　二部图

2. 同质图、异质图

社交图中每个顶点的特征类型往往相同。但是，在某些情况下，图的顶点并不全是同类型的，顶点需要不同的特征来表达，通常分别用同质图和异质图来表示。

定义 18： 同质图（Homogeneity）是图中的顶点类型和关系类型都仅有一种的图。异质图（Heterogeneity）是图中的顶点类型或关系类型多于一种的图。

图的另一个概念——同构，与同质名字相似，但需要注意的是，这是两个完全不同的概念。“同构”这一概念只适用于一组图，单独说某张图是同构的是没有任何意义的。

定义 19： 对于图 $G=\langle V,E\rangle$ 和图 $H=\langle V',E'\rangle$，如果存在一个双射 f 将 $V(G)$ 映射到 $V(H)$，使得对于任何 $u,v\in E(G)$ 都有对应的 $f(u),f(v)\in E(H)$，那么图 G 与图 H 是同构的。

由于顶点位置的选择不同，不同的人根据同一个邻接矩阵可能画出表面上截然不同的图，但实际上，这些图是同构的。

在有机化学中，分子式相同、结构不同的化合物互为同分异构体，如因碳架不同产生的碳架异构体。由于化学键的能量存在差异，同分异构体之间的化学性质具有明显的差异。然而，在图论中，图的结构决定了图的本质特征，因此，同构的图之间有类似的性质。同构关系是一种等价关系，具有自反、对称和传递的属性。等价关系可以把一个集合划分成一些等价类。相应地，图的同构关系也可以把图集合划分成几个同构类。

3. 超图

在学者合作关系网络中，普通的图虽然能表示作者之间是否存在合作关系，但是不能表示是否有 3 个及以上的学者同时参与了一次合作，即使关联多个学者的顶点也仅代表两两之间有过合作而非有过共同的合作关系。

为了解决普通的图无法完全刻画真实世界的网络特征的问题，数学家 Claude Berge 于 20 世纪 60 年代提出了一种新的图理论——超图（Hypergraph）理论。在超图中，边被推广为广义的边，即可以和任意个数的顶点相连的超边。下面给出超图的数学定义。

定义 20： 超图 $G=\langle V,E\rangle$，V 是顶点集，E 是 V 的一组非空子集，其元素被称为边或超边。

4. 树

定义 21： 所有连通分量都是树的非连通图被称为森林。

定义 22： 树上每一个顶点的子树的个数为这个顶点的度；树上度为 0 的顶点被称为该树的叶。

图 1-6 中，薛公的度是 1，薛蝌、薛宝琴、薛蟠和薛宝钗是该树的叶。

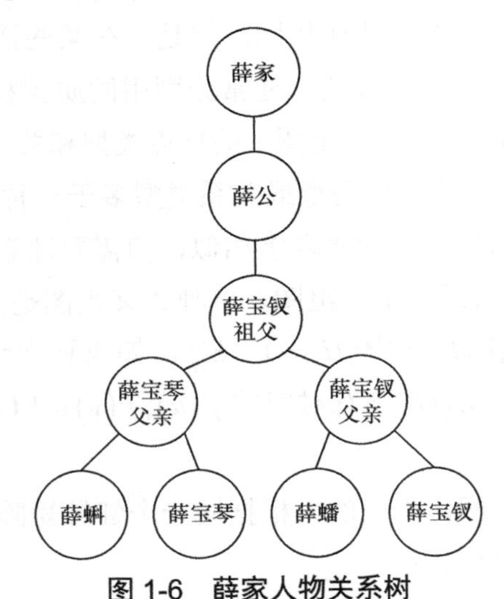

图 1-6　薛家人物关系树

树是图论中最简单的图，也是图的骨架[7]。除了上述表示人物关系的应用，树还有很多其他应用，如表示文件的目录结构。

1.3　社交网络模型

复杂网络理论兴起于 20 世纪 90 年代，是对复杂系统的一种抽象。随着功能越来越强大的计算设备和互联网的迅猛发展，人们逐渐能够收集和处理规模巨大且种类不同的网络数据，因此对复杂网络的研究变得越来越必要。其中，社交网络是复杂网络应用中最直观的例子。本节首先介绍复杂网络中著名的小世界理论，接着在此基础上介绍一些常见的社交网络模型：ER 随机网络模型、WS 小世界网络模型、BA 无标度网络模型。

1.3.1 ER 随机网络模型

1. 随机图简介

在了解 ER 随机网络模型之前，首先需要了解随机图的概念。随机图的“随机”体现在边的分布上。一个随机图是将给定的顶点之间随机地连上边。具体来说，给定一定数量的顶点，随机地将两个顶点之间连上一条边，多次重复后，最终得到一个随机图。由于边的产生可以依赖不同的随机方式，因此就产生了不同的随机图模型。图 1-7 所示为一个 ER 随机网络。

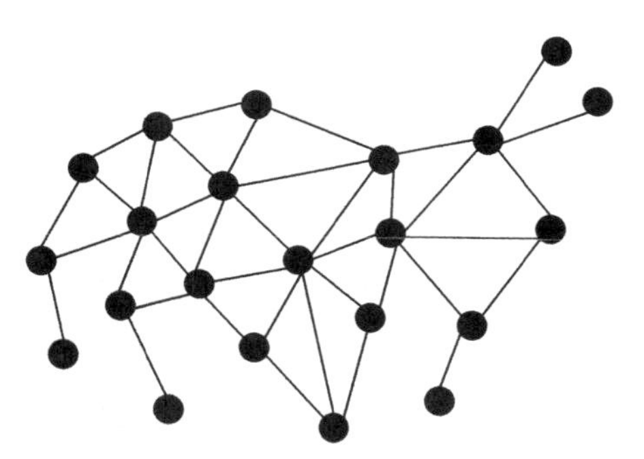

图 1-7　ER 随机网络

2. ER 随机网络模型

在图论中，ER随机图是一种网络，因此也被称作 ER 随机网络模型（Erdős-Rényi model）。ER 随机图于 1959 年被提出，以Paul Erdős 和 Alfréd Rényi 的名字命名。同年，Edward Gilbert 独立提出了另一个模型，该模型和 ER 随机网络模型是两种不同但又密切相关的描述方式。

在 ER 随机网络模型中，当顶点集数量相同时，具有固定边数的所有图均具有同等的出现概率。在 Gilbert 引入的模型中，每条边都有固定的出现概率，并与其他边独立。将该模型用于概率方法能证明满足各种属性的图的存在，或者对几乎所有图的属性提供严格的定义。下面分别对这两种模型进行介绍。

ER 随机网络模型的第一种描述方式是：给定网络顶点数 N，网络中的任意两个顶点以概率 p 连接，生成的网络全体记为 $G(N,P)$，构成一个概率空间。$G(N,P)$ 中的一个图平均有 $\binom{N}{2}$ 条连边。任意特定顶点的度服从二项分布：

$$P(\deg(v)=k)=\binom{N-1}{k}p^k(1-p)^{N-1-k} \tag{1-20}$$

特别地，若 N 很大且 p 很小，得到其满足泊松分布：

$$P(\deg(v)=k)\to\frac{(Np)^k\mathrm{e}^{-Np}}{k!} \tag{1-21}$$

ER 随机网络模型的第二种描述方式是：给定网络顶点数 N 和网络的边数 M，从构成的所有图的集合中随机选择一个图（不能出现重边和自环）。生成的网络全体记为 $G(N,M)$，构成一个概率空间。

M 条连线是从总共 $\frac{N(N-1)}{2}$ 条可能的连线中随机选取的，生成的网络全体记为 $G(N,M)$，构成一个概率空间。这样，生成的不同网络的总数为 $\binom{\frac{N(N-1)}{2}}{M}$，它们出现的概率相同，服从均匀分布。

3. ER 随机网络模型的简单应用

ER 随机网络模型与现实世界非常相关。研究表明，在社交媒体平台中，随机选择一个用户作为顶点，与该用户互为好友的用户用边相连，最终得到的网络结构特征类似于随机图。因此，理解 ER 随机网络模型有助于理解小型社交网络的结构。

此外，人们常利用实际网络与模型的巨大差异来识别社交网络中的虚拟账号和人工智能账号，从而发现网络中的异常情况。ER 随机网络模型更直接的商业应用是广告，利用该模型可以发现业务趋势或识别用户特征，从而实现更精准的广告推送。

1.3.2 WS 小世界网络模型

20 世纪 60 年代，美国心理学教授 Stanley Milgram 做了一个著名的连锁信件实验。实验发现，任意两人之间的间隔陌生人数不会超过 6 个，换句话说，最多通过 6 个中间人，你就能够认识任何一个陌生人。此现象被称为六度分隔理论（又称小世界理论），它奠定了社交网络的理论基础。

在网络理论中，小世界网络是一类特殊的复杂网络结构，是以小世界理论为基础引出的网络模型。在这种网络中，大部分的顶点彼此并不相连，但绝大部分顶点之间经过少数几步就可到达。小世界网络是 Watts 和 Strogatz 在 1998 年提出的介于完全规则网络与完全随机网络之间的网络模型，即 Watts-Strogatz 模型。该模型具有高集聚系数和小平均路径长度的特点，是最典型的小世界网络模型。图 1-8 是经典网络的演变过程。

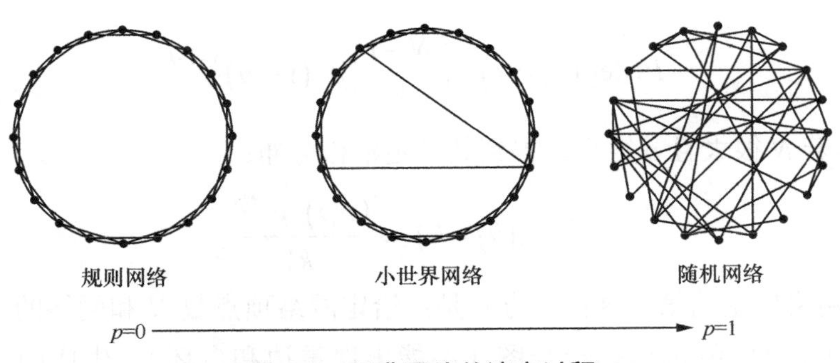

图 1-8 经典网络的演变过程

1. WS 小世界网络模型的构建过程

WS 小世界网络模型基于一个假设：小世界网络是介于规则网络和随机网络之间的网络。首先开始于规则图形，初始有数量固定的 N 个顶点，每个顶点有 K 个最近邻，构成一个规则的一维圆环。然后进行随机化重连，选择网络中的一个顶点，每个顶点的每条边都以概率 p 随机地选择网络中的边进行重新连接，重新连接的边需要保持该顶点一端不变，将连接的另一端随机换成网络中的另一个顶点，但不能使两个顶点之间有多于一条边。最后，由于最初的 NK 个连接中每个连接都恰好有一次重连的机会，所以这个过程最后一定会结束。最终得到的网络称为 WS 小世界网络。

对于上述的构建方式，当 $p=0$ 时，重连永远不会发生，最后得到的是原来的规则网络，此时网络是具有高集聚系数与较大平均路径长度特性的完全规则网络；当 $p=1$ 时，所有的连接都被重连了一次，最后得到的是一个完全随机网络，此时网络是具有低集聚系数与较小平均路径长度的完全随机网络。图 1-9 所示为网络顶点数为 20、连接概率为 0.9 的 WS 小世界网络。

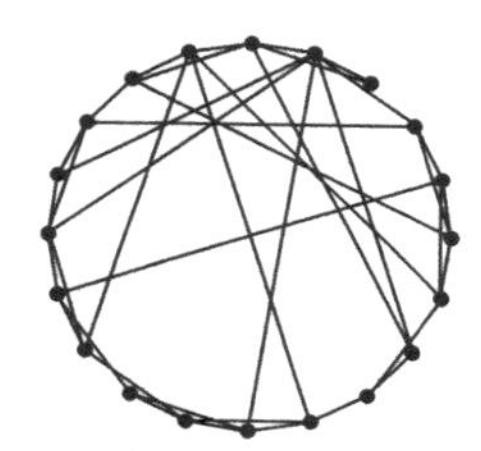

图 1-9　网络顶点数为 20、连接概率为 0.9 的 WS 小世界网络

2. 疾病传播中的小世界网络

研究者通过研究简易化的疾病传播模型揭示了小世界网络的动力学性质[6]。现实中的疾病传播通常简化为其中一个人（网络中的一个顶点）被感染，其余人健康。患病者在一段时间后因死亡或被隔离而永久离开网络。在这段时间中，病毒感染者传染引起其余健康个体患病的可能性为 p。在接下来的时间中，病毒不断在人群中传播，直到整个群体被感染或者病毒灭亡。最终得出结论：尽管网络中只形成了少量的捷径，小世界网络模型中全体感染所需的时间与随机图被全体感染的时间十分接近，即疾病在小世界网络中迅速传播。

1.3.3　BA 无标度网络模型

1. 无标度网络

对比 ER 随机网络和 WS 小世界网络可以发现，它们都是一种典型的均匀网络，即度分布函数能用泊松分布曲线来近似表示。小世界网络模型说明在现实中大多数人都拥有差不多规模的社交圈，但是现实的许多网络，比如微博，并不符合均匀网络的分布特性：在该网络结构中，通常微博“大 V”的粉丝数巨大，普通用户的粉丝数非常少，不同顶点的入度极其不均匀，这一特征与小世界网络所表现出来的特性极其不同。

Barabási 和 Albert 从数理统计出发，提出了建立无向网络的数学方法，其度分布函数服从幂律分布，由他们提出的方法所建立的无标度网络被称为 BA 无标度网络模型。

在网络理论中，无标度网络是带有一类特性的复杂网络，其典型特征是网络中的大部分顶点只和很少顶点连接，而有极少的顶点与非常多的顶点连接，这些顶点在网络构建中起到中枢顶点的作用，如图 1-10 所示。这种无标度网络具有普遍性，很多社交网络都具有无标度网络特征。

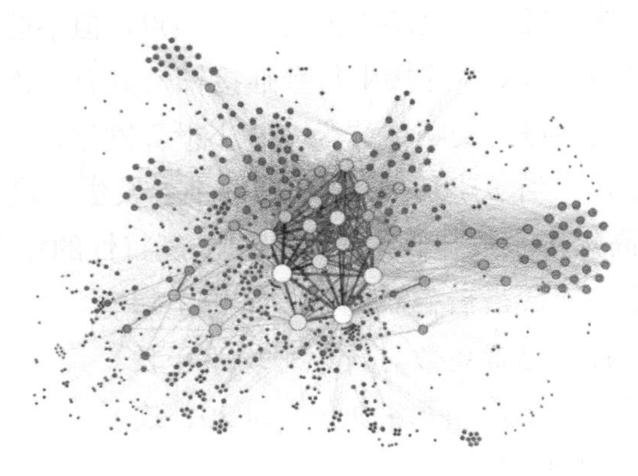

图 1-10　无标度网络

2. BA 无标度网络模型的构建过程[8]

BA 无标度网络模型基于两个假设：一是增长模式，即大多数的现实网络是不断扩大的；二是优先连接模式，即新的顶点在加入时会倾向于与有更多连接的顶点相连。基于这两个假设，BA 无标度网络模型的具体构建可以分为如下两步。

（1）增长

网络通常通过添加顶点和边的方式增长，这些增长形成了网络结构特征。BA 无标度网络的增长过程是：网络初始顶点数为 m_0，在建立网络的每个时间步都有一个顶点加入网络并与当前网络中的 m 个顶点相连，其中 $m \leqslant m_0$。

（2）优先连接

新顶点加入网络时会选择与 m 个顶点相连，连接原则为优先考虑度数大的顶点。对于某个原有顶点 $s_i(1<i<n)$，将其在原网络中的度数记作 d_i，新顶点与其相连的概率 P_i 为

$$P_i = \frac{d_i}{\sum_{j=1}^{n} d_j} \tag{1-22}$$

经过 t 个时间步长后，网络顶点数变为 $m+t$，新增 mt 条边。3 个初始顶点以及 3 条边组成了 BA 无标度网络，该网络的演变过程如图 1-11 所示。

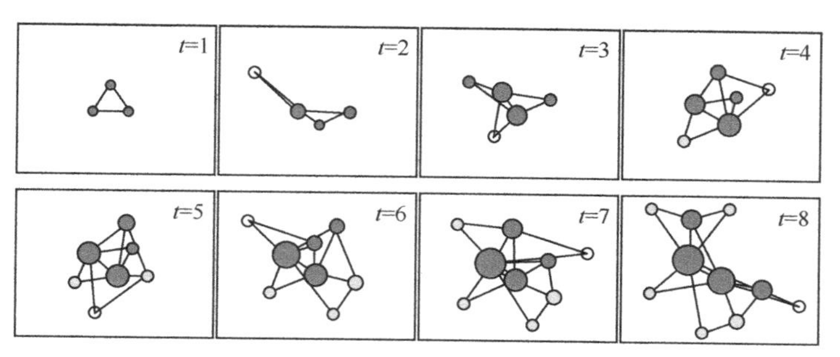

图 1-11 无标度网络的演变过程

BA 无标度网络模型属于无权网络，即网络中顶点之间只表示是否存在连接，而不用考虑这种连接关系的强弱性。而在现实中，如社会关系网中人与人之间的相识程度、通信网络中干线的带宽等，它们彼此的连接强度是不同的，这种不同显然会影响顶点之间的关系。为了处理这种情况，可以为顶点与顶点之间赋予一定的权值，通过权值来描述这种差异性，即加权网络。

1.4 本章小结

本章首先介绍了社交网络的定义、历史、影响、研究方向等，便于读者全面认识社交网络。为了更好地研究社交网络，本章介绍了 3 种常见的社交网络形式化表示方式，并进一步介绍了图上的算法与结构等相关知识。考虑到社交网络的复杂和不规则结构，规则网络不能完全呈现具有高度复杂结构的社交网络，因此本章介绍了复杂网络的小世界理论，并在此基础上详细介绍了几种经典的社交网络模型：ER 随机网络模型、WS 小世界网络模型和 BA 无标度网络模型。

参考文献

[1] SAJID Y B, MUHAMMAD A. Analysis and mining of online social networks: emerging trends and challenges[J]. Wiley Interdisciplinary Reviews-Data Mining and Knowledge Discovery, 2013, 3(6): 408-444.

[2] DEEPIKA V, DINESH K V. A review on rumour prediction and veracity assessment in online social network[J]. Expert Systems with Applications, 2021, 168(4): 144-208.

[3] TOM G. Collective knowledge systems: where the Social Web meets the Semantic Web[J]. Journal of Web Semantics, 2008, 6(1): 4-13.

[4] WILSON R. Introduction to graph theory[M]. Beijing: World Publishing Corporation, 2010.

[5] WEST B. 图论导引[M]. 2 版. 李建中，骆吉洲，译. 北京：机械工业出版社，2020.

[6] WATTS D, STROGATZ S. Collective dynamics of 'small-world' networks[J]. Nature, 1998, 393(6684): 440-442.

[7] 王树禾. 图论[M]. 北京：科学出版社，2009.

[8] BARABASI A-L, ALBERT R. Emergence of scaling in random networks[J]. Science, 1999, 286(5439): 509-512.

第 2 章　图神经网络

随着深度学习的不断发展，与图结构相关的任务也越来越受到人们的关注。图神经网络（Graph Neural Network，GNN）作为重要工具，在社交网络、自然语言处理等领域得到了广泛应用。本章主要内容分为 3 节，为读者简单介绍了图神经网络的相关知识：2.1 节主要介绍神经网络的基础知识与图神经网络的发展历程；2.2 节从传统卷积出发，介绍了频域和空域下的图卷积神经网络；2.3 节则主要介绍了近年来发展迅速的图注意力网络。本章提供的图神经网络入门知识，能使读者对社交网络中处理信息的方法有一个基本认识。

2.1　图神经网络基础

2.1.1　神经元

生物学上，神经系统中的基本沟通单位是神经元。神经元能感知环境的变化，再将信息传递给其他的神经元。在神经网络中，神经元作为信息处理的基本单位，借鉴了生物学上的认识，模拟其结构与特性，接收输入信号并产生对应的输出。下面介绍一个神经元的基本构成。

激励信号 $\boldsymbol{x}$ 通过加权得到的线性组合称为激活值。常用符号 a_k 表示标号为 k 的神经元的激活值，与之相关的权系数记为 $w_{ki}\left(i=0,1,2,\cdots,D\right)$，其中 D 表示激励信号 $\boldsymbol{x}$ 的维度，w_{ki} 表示激励信号分量 x_i 的权系数，w_{k0} 为一个偏置。则 a_k 可以表示为

$$a_k=\sum_{i=1}^{D}w_{ki}x_i+w_{k0}=\boldsymbol{w}_k^{\mathrm{T}}\overline{\boldsymbol{x}} \tag{2-1}$$

其中，$\boldsymbol{w}_k=\left[w_{k0},w_{k1},\cdots,w_{kD}\right]^{\mathrm{T}}$，$\overline{\boldsymbol{x}}=\left[x_0=1,x_1,\cdots,x_D\right]^{\mathrm{T}}=\left[1,\boldsymbol{x}^{\mathrm{T}}\right]^{\mathrm{T}}$。

通过式（2-1）计算得到激活值 a_k，再经过激活函数（非线性函数）$\varphi(\cdot)$ 产生神经元的输出 z_k，即

$$z_k=\varphi\left(a_k\right) \tag{2-2}$$

图 2-1（a）所示为一个神经元的基本结构，输入数据经过线性加权求和（包括一个

偏置）产生激活值，然后通过非线性激活函数产生输出。一般情况下，为了表示简便，把线性加权求和部分与激活函数运算合并表示，如图 2-1（b）所示。

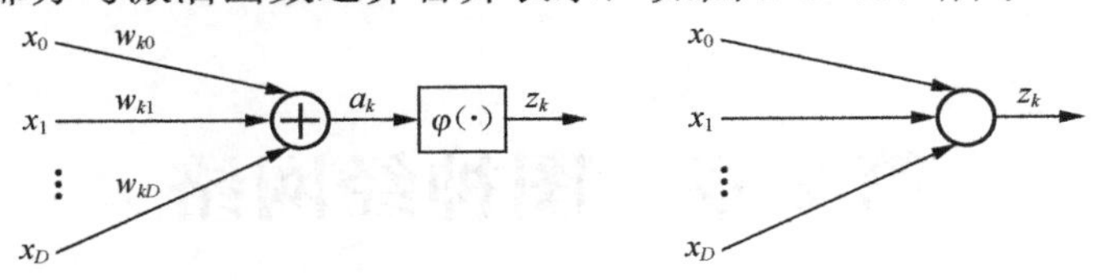

（a）神经元的基本结构　　（b）神经元的简便表示

图 2-1　神经元的表示

早期的神经元模型多采用不连续函数，如符号函数或门限函数。如果采用门限函数，则为 McCulloch-Pitts[1]神经元。在传统机器学习中，用于二分类问题的感知机就是一个特殊的神经元。其激活函数为符号函数，定义为

$$\varphi(a)=\operatorname{sgn}(a)=\begin{cases}1, a \geqslant 0 \\ -1, a<0\end{cases} \tag{2-3}$$

激活函数是神经网络中十分重要的一部分。神经元按照一定的方式和顺序连接形成神经网络后，在激活函数的作用下，可以逼近任何非线性函数。由于神经网络的表示和训练都十分复杂，为了采用像梯度下降这样的优化算法，激活函数需要是连续且可导的，或者只在少数点上不可导。

激活函数的选择多种多样。早期使用较多的激活函数有 Sigmoid 函数与 tanh 函数。其中，Sigmoid 函数可以看作对门限函数的近似，定义为

$$\varphi(a)=\sigma(a)=\frac{1}{1+\mathrm{e}^{-a}} \tag{2-4}$$

同理，双曲正切函数 tanh 可看作对符号函数的近似，定义为

$$\varphi(a)=\tanh(a)=\frac{\mathrm{e}^{a}-\mathrm{e}^{-a}}{\mathrm{e}^{a}+\mathrm{e}^{-a}} \tag{2-5}$$

可以看到，以上两个函数都是处处连续且可导的。图 2-2（a）所示为 Sigmoid 函数，图 2-2（b）所示为 tanh 函数。

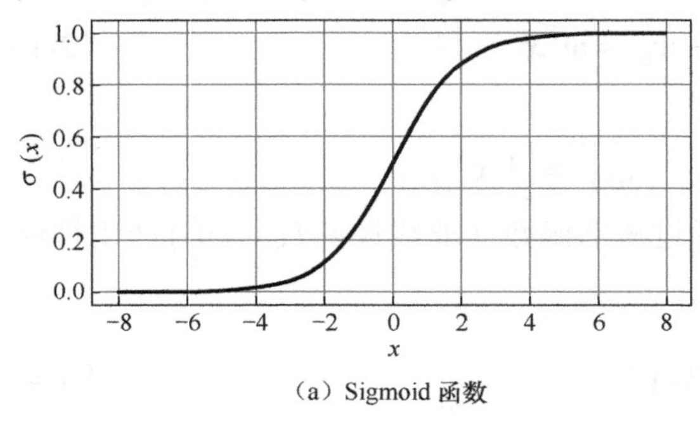

（a）Sigmoid 函数

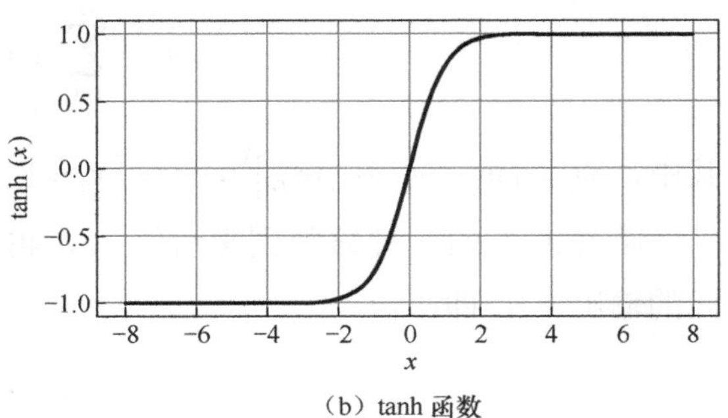

（b）tanh 函数

图 2-2　Sigmoid 与 tanh 激活函数

上述两种激活函数都属于饱和激活函数，即当 x 趋于正无穷或负无穷时，导数值趋于 0。在梯度算法中，当函数进入饱和区域，收敛会趋向于缓慢甚至停滞。

近年来，深度神经网络飞速发展，常采用一种整流线性单元（Rectified Linear Unit，ReLU）[2]激活函数。ReLU 函数及其变种属于非饱和激活函数，此类激活函数能解决上述梯度消失的问题，同时能加快收敛速度。ReLU 函数的定义为

$$\varphi(a)=\max\{0,a\} \tag{2-6}$$

其中，ReLU 函数在 a=0 处左导数为 0，右导数为 1。在实际应用中，可以预先约定取其左导数或右导数。ReLU 函数相比 tanh 等激活函数有着更高的收敛效率。ReLU 函数如图 2-3 所示。

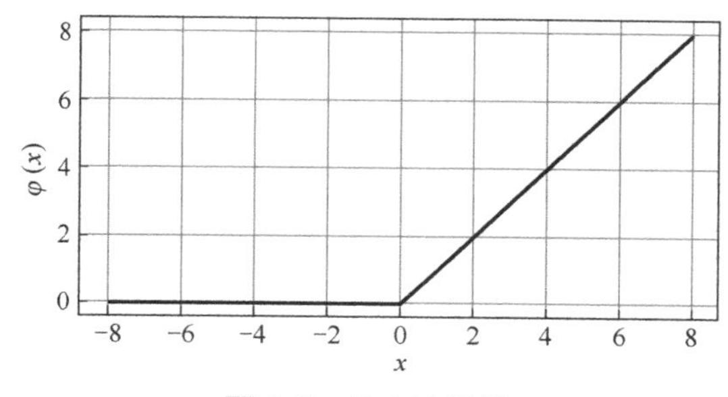

图 2-3　ReLU 函数

ReLU 函数的变种也广为采用。例如，渗漏 ReLU 函数在 a<0 区间也给出了非零但较小的导数，其定义为

$$\varphi(a)=\max\{0.1a,a\} \tag{2-7}$$

除了 ReLU 函数及其变种外，还有 eLU、maxout 等其他激活函数，这里不再一一介绍。

2.1.2　多层感知机

2.1.1 小节讨论了构成神经网络的基本元素——神经元。同时，在介绍激活函数时提到，当采用符号函数时，这个神经元就是感知机。感知机在线性不可分样本的情况下（如异或运算）不收敛，这也是神经网络发展第一次进入低潮的原因之一。

解决异或分类问题有两种可行的方法：一种是采用非线性函数映射，即使用向量 $\boldsymbol{\varphi}(\boldsymbol{x})=\left[\varphi_1(\boldsymbol{x}),\varphi_2(\boldsymbol{x}),\cdots,\varphi_{M-1}(\boldsymbol{x})\right]^{\mathrm{T}}$ 来取代 $\boldsymbol{x}$；另一种为采用多个神经元构成多层神经网络，即本小节介绍的多层感知机（Multi-Layer Perceptron，MLP）。

多层感知机也被称为前馈神经网络（Feedforward Neural Network，FNN），是将若干神经元通过并行和级联方式构成的多层网络。其中，并行是指同一层的多个神经元同时接收输入信号并产生输出；级联则是指并行工作的神经元将自己的输出传输给下层的神经元，作为其输入。

一个典型的多层感知机模型如图 2-4 所示。除了最左侧的输入层和最右侧的输出层

外，中间两层的计算是不为外部所见的，其被称为隐藏层。

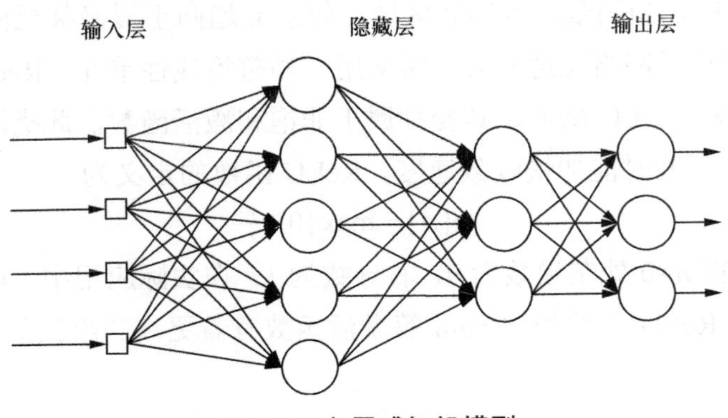

图 2-4　多层感知机模型

与神经元类似，将 D 维向量 $\boldsymbol{x}=\left[x_1,x_2,\cdots,x_D\right]^{\mathrm{T}}$ 作为输入特征向量，由于神经元中需要一个偏置，常采用增广输入向量 $\overline{\boldsymbol{x}}=\left[x_0=1,x_1,\cdots,x_D\right]^{\mathrm{T}}=\left[1,\boldsymbol{x}^{\mathrm{T}}\right]^{\mathrm{T}}$。

对于第一层，各神经元的输入均为 $\overline{\boldsymbol{x}}$，与 2.1.1 小节中神经元的计算结构相同，第一层神经元的激活值可以表示为

$$a_k^{(1)}=w_{k0}^{(1)}+\sum_{i=1}^{D}w_{ki}^{(1)}x_i=\boldsymbol{w}_k^{(1)\mathrm{T}}\overline{\boldsymbol{x}}\ ,k=1,2,\cdots,K_1 \tag{2-8}$$

其中，用上标（1）表示第一层，K_1 为第一层神经元的个数。

$a_k^{(1)}$ 经过非线性激活函数得到神经元的输出 $z_k^{(1)}$，即

$$z_k^{(1)}=\varphi_1\left(a_k^{(1)}\right) \tag{2-9}$$

其中，φ_1 表示第一层的激活函数。一般情况下，隐藏层的各层采用同一个激活函数。

第一层神经元的计算结果 $z_1^{(1)},z_2^{(1)},\cdots,z_{K_1}^{(1)}$ 将作为第二层神经元的输入。与第一层同理，加入哑元 $z_0^{(1)}$ 后，可以得到第二层神经元的激活值与输出，即

$$a_k^{(2)}=w_{k0}^{(2)}+\sum_{i=1}^{K_1}w_{ki}^{(2)}z_i^{(1)}=\boldsymbol{w}_k^{(2)\mathrm{T}}\overline{\boldsymbol{z}}^{(1)} \tag{2-10}$$

$$z_k^{(2)}=\varphi_2\left(a_k^{(2)}\right),k=1,2,\cdots,K_2 \tag{2-11}$$

其中，$\overline{\boldsymbol{z}}^{(1)}=\left[z_0^{(1)}=1,z_1^{(1)},\cdots,z_{K_1}^{(1)}\right]^{\mathrm{T}}$ 为第一层的增广输出向量，K_2 为第二层神经元的个数。

以图 2-4 所示的多层感知机为例，第三层是输出层，其激活值的计算与前两层同理，即

$$a_k^{(3)}=w_{k0}^{(3)}+\sum_{i=1}^{K_2}w_{ki}^{(3)}z_i^{(2)}=\boldsymbol{w}_k^{(3)\mathrm{T}}\overline{\boldsymbol{z}}^{(2)} \tag{2-12}$$

不同于隐藏层各层使用相同的激活函数，神经网络输出层的神经元会根据任务要求

选择相应的激活函数。输出层的一个输出可记为

$$\hat{y}_k = z_k^{(3)} = \varphi_{3k}\left(a_k^{(3)}\right), k = 1,2,\cdots,K_3 \tag{2-13}$$

其中，φ_{3k} 表示第三层作为输出层，第 k 个神经元的输出激活函数。

以上是一个三层感知机的计算方式，下面给出多层感知机的一般性表示，并举例说明输出层的激活函数。

1. 多层感知机的一般性表示

对于一个 L 层的多层感知机，各层的激活函数可表示为

$$\begin{gathered} a_k^{(l)} = w_{k0}^{(l)} + \sum_{i=1}^{K_{l-1}} w_{ki}^{(l)} z_i^{(l-1)} = \boldsymbol{w}_k^{(l)\mathrm{T}} \overline{\boldsymbol{z}}^{(l-1)} \\ l = 1,2,\cdots,L; k = 1,2,\cdots,K_l \end{gathered} \tag{2-14}$$

其中，$K_0 = D$ 代表输入特征向量维度。

各层的输出函数可表示为

$$\begin{gathered} z_k^{(l)} = \varphi_l\left(a_k^{(l)}\right) \\ l = 1,2,\cdots,L-1; k = 1,2,\cdots,K_l \end{gathered} \tag{2-15}$$

对于输出层，神经元选择各自的激活函数，则有

$$\hat{y}_k = z_k^{(L)} = \varphi_{Lk}\left(a_k^{(L)}\right), k = 1,2,\cdots,K_L \tag{2-16}$$

将 $z_i^{(0)}$ 作为输入，即

$$z_0^{(0)} = 1, z_i^{(0)} = x_i, i = 1,2,\cdots,D \tag{2-17}$$

则式（2-14）至式（2-17）表示多层感知机的一般运算关系。

2. 输出激活函数

对于不同的任务，采用的输出激活函数可能不同。这里以经典的分类问题为例，简单介绍其输出激活函数。

对于二分类问题，常常采用 Sigmoid 函数表示类型 C_1 的后验概率，即二分类任务的输出激活函数为

$$\hat{y}_k = p\left(C_1|\boldsymbol{x}\right) = z_k^{(L)} = \sigma\left(a_k^{(L)}\right) = \frac{1}{1+\exp\left(-a_k^{(L)}\right)} \tag{2-18}$$

对于多分类问题，若有 K 个类型，一般会有 K 个输出，常常采用 Softmax 函数表示

类型 C_k 的后验概率，即多分类任务的输出激活函数为

$$\hat{y}_k = p(C_k|\boldsymbol{x}) = z_k^{(L)} = \frac{\exp\left(a_k^{(L)}\right)}{\sum_{j=1}^{K}\exp\left(a_j^{(L)}\right)}, k=1,2,\cdots,K \tag{2-19}$$

对于不同的任务，采用合适的输出能更有效地解决问题。

2.1.3 误差反向传播算法

在介绍完多层感知机的基础知识后，本小节将介绍神经网络中经典的误差反向传播算法[3]，作为神经网络基础知识部分的结尾。

为了优化神经网络，需要求得样本损失函数对权系数的梯度。对于输出层，损失函数对输出层激活函数的导数是输出与标注之间的误差，即

$$\frac{\partial L}{\partial \boldsymbol{a}} = \frac{\partial L(\hat{\boldsymbol{y}}, \boldsymbol{y})}{\partial \boldsymbol{a}} = \hat{\boldsymbol{y}} - \boldsymbol{y} \tag{2-20}$$

其中，$\boldsymbol{a}$ 为输出层激活函数。

通过导数的链式法则，可以进一步得到损失函数对输出层权系数的导数。对于隐藏层中的权系数，同样可以通过导数的链式法则，将输出层的误差影响逐层传播，这个过程即为反向传播。

误差反向传播算法大致可以分为三部分：前向传播、反向传播、参数更新。对于任意 L 层感知机，误差反向传播算法如下。

1. 前向传播

前向传播的主要工作为利用前一次迭代得到的权系数来计算神经网络中的激活值与输出值。隐藏层以及输出层的表示参考式（2-14）至式（2-17）。

对于非输出层 $l=1,2,\cdots,L-1$，有

$$\begin{gathered} a_k^{(l)} = \sum_{i=0}^{K_{l-1}} w_{ki}^{(l)} z_i^{(l-1)} \\ z_k^{(l)} = \varphi_l\left(a_k^{(l)}\right) \end{gathered} \tag{2-21}$$

对于输出层 L，有

$$\begin{gathered} a_k^{(L)} = \sum_{i=0}^{K_{L-1}} w_{ki}^{(L)} z_i^{(L-1)} \\ \hat{y}_k = z_k^{(L)} = \varphi_{Lk}\left(a_k^{(L)}\right) \end{gathered} \tag{2-22}$$

2. 反向传播

首先计算输出层的梯度，将输出层误差定义为 $\delta_k^{(L)}$，由式（2-21）可得

$$\delta_k^{(L)} = \frac{\partial L}{\partial a_k^{(L)}} = \hat{y}_k - y_k \tag{2-23}$$

根据导数的链式法则，权系数 $w_{kj}^{(L)}$ 的梯度分量为

$$\frac{\partial L}{\partial w_{kj}^{(L)}} = \frac{\partial L}{\partial a_k^{(L)}} \frac{\partial a_k^{(L)}}{\partial w_{kj}^{(L)}} = \delta_k^{(L)} z_j^{(L-1)} \tag{2-24}$$

隐藏层的误差不能直接计算，需将上一层的误差反向传播到当前隐藏层。同理，将第 l 层隐藏层的误差定义为 $\delta_j^{(l)}$，则

$$\delta_j^{(l)} = \frac{\partial L}{\partial a_j^{(l)}} = \frac{\partial L}{\partial z_j^{(l)}} \frac{\partial z_j^{(l)}}{\partial a_j^{(l)}} \tag{2-25}$$

其中，$z_j^{(l)}$ 为当前层的输出值，该值会作为下一层每个神经元的输入，即

$$a_k^{(l+1)} = \sum_{j=1}^{K_l} w_{kj}^{(l+1)} z_j^{(l)} \tag{2-26}$$

式（2-26）中，$a_k^{(l+1)}$ 均为 $z_j^{(l)}$ 的函数，利用导数的链式法则，可以得到

$$\frac{\partial L}{\partial z_j^{(l)}} = \sum_{k=1}^{K_{l+1}} \frac{\partial L}{\partial a_k^{(l+1)}} \frac{\partial a_k^{(l+1)}}{\partial z_j^{(l)}} = \sum_{k=1}^{K_{l+1}} \delta_j^{(l+1)} w_{kj}^{(l+1)} \tag{2-27}$$

其中，上一层的误差 $\delta_j^{(l+1)}$ 与权系数 $w_{kj}^{(l+1)}$ 均为已知值。

回到 $\delta_j^{(l)}$，对于后半部分，由式（2-21）可得

$$\frac{\partial z_j^{(l)}}{\partial a_j^{(l)}} = \varphi_l'\left(a_j^{(l)}\right) \tag{2-28}$$

则由式（2-25）、式（2-27）与式（2-28）可得

$$\delta_j^{(l)} = \frac{\partial L}{\partial a_j^{(l)}} = \frac{\partial L}{\partial z_j^{(l)}} \frac{\partial z_j^{(l)}}{\partial a_j^{(l)}} = \varphi_l'\left(a_j^{(l)}\right) \sum_{k=1}^{K_{l+1}} \delta_j^{(l+1)} \omega_{kj}^{(l+1)} \tag{2-29}$$

得到当前隐藏层的误差后，利用导数的链式法则，不难得出样本损失函数对当前层权系数的梯度分量，即

$$\frac{\partial L}{\partial w_{kj}^{(l)}}=\frac{\partial L}{\partial a_k^{(l)}}\frac{\partial a_k^{(l)}}{\partial w_{kj}^{(l)}}=\delta_k^{(l)}z_j^{(l-1)} \tag{2-30}$$

整个过程从输出层反向传播到第一层，可以计算出样本损失函数对权系数梯度的所有分量。

3. 参数更新

这一部分可采用随机梯度下降（Stochastic Gradient Descent，SGD）算法，即

$$\boldsymbol{w}^{(\tau+1)}=\boldsymbol{w}^{(\tau)}-\eta_\tau\nabla L_n|_{\boldsymbol{w}=\boldsymbol{w}^{(\tau)}} \tag{2-31}$$

其中，τ 为当前迭代序号，η_τ 为学习率，$\nabla L_n|_{\boldsymbol{w}=\boldsymbol{w}^{(\tau)}}$ 为样本损失函数对权系数的梯度，可通过反向传播过程得到。

实际中，常常使用小批量随机梯度下降（Mini-Batch SGD，MB-SGD）算法，即从样本中随机取出小批量的样本进行参数更新。

2.1.4 图神经网络的发展历程

最早的图神经网络可以追溯到 1997 年，Sperduti、Starita 和 Baskin 等首次提出了类似 GNN 的模型[4]。他们使用神经网络来提取图中的特征，其与现代图神经网络有许多共同点。

图神经网络的概念于 2005 年由 Gori 等提出[5]，2009 年由 Scarselli 等进一步说明并奠定了一定的理论基础[6]。早期的图神经网络研究主要是基于循环神经网络的扩展，通过简单的特征映射、传播邻近信息来学习表示节点。在随后的一段时间内，图神经网络的发展较为缓慢。

随着卷积神经网络（Convolutional Neural Network，CNN）的快速发展，其在图像处理和计算机视觉领域有了更广泛的应用。2013 年，Bruna 等提出了图卷积神经网络的概念[7]。基于图信号处理、谱图等坚实的理论基础，定义了频域下的图卷积。随着频域图卷积的发展，图神经网络中计算的复杂度逐步降低。但频域图卷积还是有着明显的弊端，例如无法处理较大的图，在实际应用中有一定的局限性。与此同时，空域下的图卷积也在飞速发展。空域图卷积通过聚集相邻节点的信息，直接在图上进行图卷积，同时使用采样等机制，解决频域图卷积需处理全图的问题。

有关图卷积神经网络的知识，将在 2.2 节详细介绍。除了图卷积神经网络，近年来图注意力网络同样发展迅速。图注意力网络将 Transformer 模型中的注意力机制放到图上，可以根据相邻节点特征的不同来分配不同的权值，2.3 节将介绍图注意力网络的相关知识。

2.2 图卷积神经网络

卷积神经网络是目前最常用的网络结构之一。随着深度学习的发展，CNN 对于欧氏空间下的数据处理能力不断提高。但是，传统 CNN 不适用于像社交网络这样的图数据，因此图卷积神经网络应运而生。本节从卷积出发，讨论图卷积与传统卷积的区别，最后介绍图卷积神经网络中的两大类——频域图卷积神经网络和空域图卷积神经网络。

2.2.1 卷积与池化

卷积作为一种经典的数学运算，被神经网络使用之前，在线性系统和信号处理等领域就得到了广泛的研究与应用。在一个线性时不变系统中，若输入信号为 $x(t)$，冲激响应为 $h(t)$，则系统输出为

$$y(t)=\int_{-\infty}^{+\infty}x(\tau)h(t-\tau)\mathrm{d}\tau=x(t)*h(t) \tag{2-32}$$

其中，符号*表示卷积。在离散系统中，卷积采用离散形式，即

$$y[n]=\sum_{k=-\infty}^{+\infty}x[k]h[n-k]=x[n]*h[n] \tag{2-33}$$

在深度学习中，CNN 常用于图像处理，因此一般将像素矩阵作为输入，卷积采用二维离散卷积，即

$$y(m,n)=\sum_{i}\sum_{j}x(i,j)h(m-i,n-j) \tag{2-34}$$

在信号处理领域中，h 被称为滤波器（Filter），有着明确的物理意义。不同的滤波器能抽取信号中的不同特征，例如，低通滤波器能传递低频信号，衰弱高频信号，而高通滤波器则与之相反。

在深度学习中，h 被称为卷积核（Kernel）。不难发现，二维卷积运算相当于一个固定大小的矩形 h 在输入数据中滑动，通过矩阵点乘来计算卷积值。从滤波器的作用可以看出，卷积本质上是利用卷积核来提取输入数据的特征，不同的卷积核代表了不同的特征。通过 2.1 节中神经网络的相关知识可以知道，卷积核的值即为网络的参数，针对 CNN 的专门 BP 算法可使卷积核代表一个特征。实际中，卷积核一般不会太大，若卷积核较大，会导致模型的计算性能降低，最常见的卷积核大小为 3×3。

经过卷积后生成的图像称为特征图，当特征图尺寸过大，或因为多通道卷积产生大量冗余输出时，需要进行池化（Pooling）操作。池化也称为下采样，主要用于减少计算量以及特征数，同时能在一定程度上防止过拟合。目前最常用的是最大池化，即在一个小窗口内选取最大值作为输出。

2.2.2 图卷积

对于传统 CNN 来说，处理对象都属于欧氏空间，即具有规则的空间结构，例如，图片可以表示为二维像素矩阵。传统 CNN 不适用于非欧空间下数据的原因在于卷积核的参数共享。图 2-5 给出了两种空间下卷积核的区别。

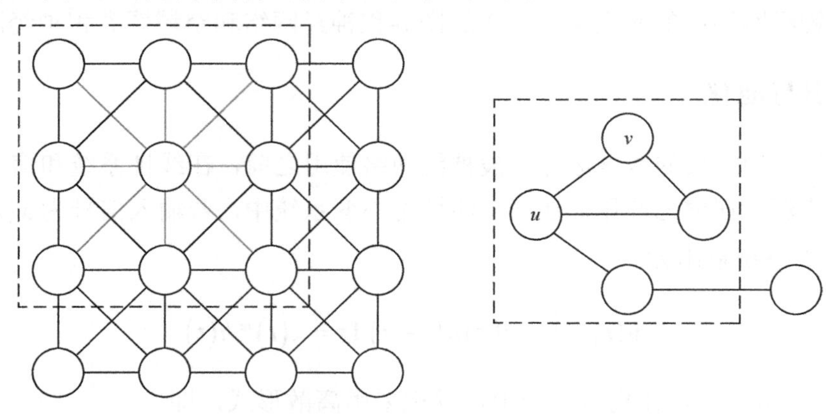

（a）欧氏空间下的卷积核　　（b）非欧空间下的卷积核

图 2-5 不同空间下的卷积核

如图 2-5（a）所示，如果将图像中的每个像素点作为一个节点，那么每个节点的相邻节点个数都是固定的（边缘节点采用填充）。但在图 2-5（b）中可以看到，节点 u 与节点 v 的相邻节点数并不相等，无法保持 CNN 中的平移不变性，即无法使用一个固定大小的卷积核来进行卷积运算。

图卷积的本质是引入可以学习的卷积参数，以此来提取图上的特征。为了解决相邻节点数不固定的问题，主要有两类方法：一类基于频域，尝试将非欧空间下的图数据转换到欧氏空间下进行处理；另一类则基于空域，尝试设计能处理不同相邻节点数的卷积核。

频域图卷积来源于图信号处理，在图拉普拉斯矩阵的基础上利用图傅里叶变换（Fourier Transform，FT）实现卷积。频域图卷积有着坚实的理论基础，但还是存在难以处理大规模图、动态图等问题。空域图卷积近年来越来越受到关注，它直接将卷积操作定义在每个节点上，与传统 CNN 有相似之处。

2.2.3 频域图卷积神经网络

1. 拉普拉斯矩阵

在图论中，拉普拉斯矩阵（Laplacian Matrix）又称调和矩阵。对于无向图 $G=(V,E)$，其拉普拉斯矩阵定义为 $\boldsymbol{L}=\boldsymbol{D}-\boldsymbol{A}$，其中 $\boldsymbol{D}$ 是节点的度矩阵，$\boldsymbol{A}$ 是图的邻接矩阵。图 2-6

给出了一个例子。

图	度矩阵	邻接矩阵	调和矩阵
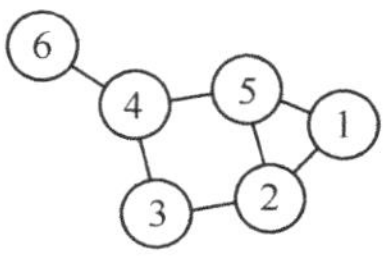	$\begin{pmatrix} 2&0&0&0&0&0\\ 0&3&0&0&0&0\\ 0&0&2&0&0&0\\ 0&0&0&3&0&0\\ 0&0&0&0&3&0\\ 0&0&0&0&0&1 \end{pmatrix}$	$\begin{pmatrix} 0&1&0&0&1&0\\ 1&0&1&0&1&0\\ 0&1&0&1&0&0\\ 0&0&1&0&1&1\\ 1&1&0&1&0&0\\ 0&0&0&1&0&0 \end{pmatrix}$	$\begin{pmatrix} 2&-1&0&0&-1&0\\ -1&3&-1&0&-1&0\\ 0&-1&2&-1&0&0\\ 0&0&-1&3&-1&-1\\ -1&-1&0&-1&3&0\\ 0&0&0&-1&0&-1 \end{pmatrix}$

图 2-6　图拉普拉斯矩阵

拉普拉斯矩阵还有如下几种扩展定义。

（1）若满足 $\boldsymbol{L}^{\mathrm{sys}}=\boldsymbol{D}^{-1/2}\boldsymbol{L}\boldsymbol{D}^{-1/2}$，则 $\boldsymbol{L}$ 为对称归一化拉普拉斯（Symmetric Normalized Laplacian）矩阵，该定义在很多论文中经常被使用。

（2）若满足 $\boldsymbol{L}^{\mathrm{rw}}=\boldsymbol{D}^{-1}\boldsymbol{L}$，则 $\boldsymbol{L}$ 为随机游走归一化拉普拉斯（Random Walk Normalized Laplacian）矩阵。

2. 谱分解

对于无向图，其拉普拉斯矩阵 $\boldsymbol{L}$ 为对称矩阵，可以进行谱分解。谱分解是将图变换到频域过程中重要的一部分，其分解后的特征值和特征向量是图傅里叶变换的基础。从线性代数的角度看，谱分解即为特征分解，是指将矩阵分解为由其特征值和特征向量表示的矩阵乘积的方法。

从图拉普拉斯矩阵的定义可以看出，$\boldsymbol{L}$ 是对称半正定矩阵，对其进行特征分解后有如下几个性质。

（1）有 n 个线性无关的特征向量。

（2）对称矩阵的不同特征值对应的特征向量相互正交，此类正交的特征向量构成的矩阵为正交矩阵。

（3）半正定矩阵的特征值一定非负。

通过以上性质可知，图拉普拉斯矩阵一定能进行谱分解，即

$$\boldsymbol{L}=\boldsymbol{U}\boldsymbol{\Lambda}\boldsymbol{U}^{-1}=\boldsymbol{U}\begin{pmatrix}\lambda_1 & & \\ & \ddots & \\ & & \lambda_n\end{pmatrix}\boldsymbol{U}^{-1} \tag{2-35}$$

其中，$\boldsymbol{U}=(\boldsymbol{u}_1,\boldsymbol{u}_2,\cdots,\boldsymbol{u}_n)$ 为由列向量 $\boldsymbol{u}_i$ 组成的单位特征向量矩阵，$\boldsymbol{\Lambda}$ 是由 n 个特征值组成的对角矩阵。由于 $\boldsymbol{U}$ 是正交矩阵，即 $\boldsymbol{U}^{-1}=\boldsymbol{U}^{\mathrm{T}}$，式（2-35）可写为

$$\boldsymbol{L}=\boldsymbol{U}\boldsymbol{\Lambda}\boldsymbol{U}^{\mathrm{T}}=\boldsymbol{U}\begin{pmatrix}\lambda_1 & & \\ & \ddots & \\ & & \lambda_n\end{pmatrix}\boldsymbol{U}^{\mathrm{T}} \tag{2-36}$$

3. 傅里叶变换

傅里叶变换用于函数空域和频域之间的变换，即将一个在空域上定义的函数分解成频域上的若干频率成分。若用 F 表示傅里叶变换，则

$$(f*h)(t)=F^{-1}\left[F\left[f(t)\right]\odot F\left[h(t)\right]\right] \tag{2-37}$$

其中，F^{-1} 是傅里叶逆变换，$\odot$ 是阿达马乘积，即两个矩阵或向量逐元素相乘。

从式（2-37）可以看出，空域下的卷积可以转换为频域下的乘积。即如果需要计算 f 与 h 的卷积，可以通过傅里叶变换将函数变换到频域中，逐点乘积后再通过傅里叶逆变换得到 f 与 h 的卷积结果。

傅里叶变换在加速卷积方面有很大的作用，如快速傅里叶变换（Fast Fourier Transform，FFT）。实际上，在 CNN 中，也可以使用傅里叶变换。但由于 CNN 的卷积核通常很小，若采用傅里叶变换，时间开销并不一定会减小。

傅里叶变换的公式中，信号 $f(t)$ 与基函数 $\mathrm{e}^{-\mathrm{i}\omega t}$ 的积分为

$$F(\omega)=F\left[f(t)\right]=\int f(t)\mathrm{e}^{-\mathrm{i}\omega t}\mathrm{d}t \tag{2-38}$$

其中，基函数 $\mathrm{e}^{-\mathrm{i}\omega t}$ 满足

$$\Delta\mathrm{e}^{-\mathrm{i}\omega t}=\frac{\partial^2}{\partial t^2}\mathrm{e}^{-\mathrm{i}\omega t}=-\omega^2\mathrm{e}^{-\mathrm{i}\omega t} \tag{2-39}$$

其中，Δ 是拉普拉斯算子（Laplacian Operator），即 n 维欧氏空间中的一个二阶微分算子 $\Delta f=\nabla^2 f$。拉普拉斯算子准确定义为标量梯度场中的散度，一般可用于描述物理量的流入/流出。

考虑特征向量需要满足的定义式

$$\boldsymbol{A}\boldsymbol{x}=\lambda\boldsymbol{x} \tag{2-40}$$

其中，$\boldsymbol{A}$ 是矩阵，$\boldsymbol{x}$ 是特征向量，λ是 $\boldsymbol{x}$ 对应的特征值。结合式（2-39）类比可知，$\mathrm{e}^{-\mathrm{i}\omega t}$ 是 Δ 的特征函数，ω 和对应的特征值密切相关，即拉普拉斯算子作用在 $\mathrm{e}^{-\mathrm{i}\omega t}$ 上满足特征向量的定义。

4. 图傅里叶变换

图傅里叶变换（Graph Fourier Transform，GFT）是将傅里叶变换类比到图上，即需要在图上找到对应拉普拉斯算子 Δ 与 $\mathrm{e}^{-\mathrm{i}\omega t}$ 的类比项。不难发现，本小节最开始介绍的拉普拉斯矩阵 $\boldsymbol{L}$ 与其特征向量 $\boldsymbol{u}_i$ 可以作为类比项。

将傅里叶变换迁移到图上的核心工作就是把拉普拉斯算子的特征函数 $\mathrm{e}^{-\mathrm{i}\omega t}$ 对应到图拉普拉斯矩阵的特征向量上。因此，求解图拉普拉斯矩阵的特征向量是至关重要的。根据之前的介绍，拉普拉斯矩阵是半正定矩阵，可以通过谱分解求得特征向量，即

$\boldsymbol{U}=(\boldsymbol{u}_1,\boldsymbol{u}_2,\cdots,\boldsymbol{u}_n)$。

有了特征向量$(\boldsymbol{u}_1,\boldsymbol{u}_2,\cdots,\boldsymbol{u}_n)$之后，我们可以定义图上的傅里叶变换，将连续的傅里叶变换写成离散积分的形式，仿照式（2-38）可得图上的傅里叶变换为

$$F(\lambda_l)=\hat{f}(\lambda_l)=\sum_{i=1}^{N}f(i)u_l(i) \tag{2-41}$$

其中，$f(i)$和图上的节点一一对应，$u_l(i)$表示第 l 个特征向量的第 i 个分量。

将图上的傅里叶变换推广到矩阵形式，即

$$\begin{pmatrix}\hat{f}(\lambda_1)\\ \hat{f}(\lambda_2)\\ \vdots \\ \hat{f}(\lambda_N)\end{pmatrix}=\begin{pmatrix}u_1(1)u_1(2)\cdots u_1(N)\\ u_2(1)u_2(2)\cdots u_2(N)\\ \vdots \quad \vdots \quad \ddots \quad \vdots\\ u_N(1)u_N(2)\cdots u_N(N)\end{pmatrix}\begin{pmatrix}f(1)\\ f(2)\\ \vdots \\ f(N)\end{pmatrix} \tag{2-42}$$

即 f 在图上的傅里叶变换的矩阵形式为

$$\hat{f}=\boldsymbol{U}^{\mathrm{T}}f \tag{2-43}$$

其中，$\boldsymbol{U}^{\mathrm{T}}$ 是由图拉普拉斯矩阵的特征向量组成的特征矩阵的转置，由于 $\boldsymbol{U}$ 是正交矩阵，即 $\boldsymbol{U}\boldsymbol{U}^{\mathrm{T}}=\boldsymbol{E}$，可以得到傅里叶逆变换：

$$f=\boldsymbol{U}\hat{f} \tag{2-44}$$

回到式（2-37），重新审视一下欧氏空间上的卷积，即可明白图上的卷积与传统的卷积其实非常相似，将式（2-43）与式（2-44）代入可得

$$(f*h)_G=\boldsymbol{U}\left(\left(\boldsymbol{U}^{\mathrm{T}}f\right)\odot\left(\boldsymbol{U}^{\mathrm{T}}h\right)\right) \tag{2-45}$$

一般将 f 看作输入的图的节点特征、将 h 看作可训练且参数共享的卷积核来提取拓扑图的空间特征。为了进一步看清卷积核，可以将式（2-45）改写为

$$(f*h)_G=\boldsymbol{U}\left(\left(\boldsymbol{U}^{\mathrm{T}}h\right)\odot\left(\boldsymbol{U}^{\mathrm{T}}f\right)\right)=\boldsymbol{U}\mathrm{diag}\left[\hat{h}(\lambda_1),\cdots,\hat{h}(\lambda_N)\right]\boldsymbol{U}^{\mathrm{T}}f \tag{2-46}$$

5. 频域图卷积神经网络的演进

（1）第一代 GCN[6]

第一代图卷积神经网络（Graph Convolution Network，GCN）直接将式（2-46）中的$\mathrm{diag}\left[\hat{h}(\lambda_1),\cdots,\hat{h}(\lambda_N)\right]$作为模型的参数 θ，通过常规的方法来调整参数，即

$$y_{\mathrm{out}}=\sigma\left(\boldsymbol{U}\mathrm{diag}\left[\hat{h}(\lambda_1),\cdots,\hat{h}(\lambda_N)\right]\boldsymbol{U}^{\mathrm{T}}f\right)=\sigma\left(\boldsymbol{U}g_\theta\boldsymbol{U}^{\mathrm{T}}x\right) \tag{2-47}$$

第一代 GCN 模型较为简单，但缺点十分明显，即当图中节点个数较多时就不再适用。其中，$\boldsymbol{U}$ 作为图拉普拉斯矩阵的特征矩阵，求解的复杂度为 $O\left(n^3\right)$。同时，在进行前向传播的过程中，$\boldsymbol{U}g_\theta\boldsymbol{U}^{\mathrm{T}}$ 的乘积计算在时间代价上也是难以接受的。模型中的卷积核参数个数为节点个数，节点个数的增加会导致模型的自由度过高。

（2）第二代 GCN[8]

第一代 GCN 中的卷积核参数与节点个数有关，若模型参数过多，当数据量较小时，模型容易陷入欠拟合。第二代 GCN 进行了有针对性的改变，考虑采用多项式近似方法对卷积核进行改进，即

$$\hat{h}\left(\lambda_i\right)=\sum_{j=0}^{K}\alpha_j\lambda_i^j \tag{2-48}$$

将其代入式（2-46）中，则图卷积公式可以改写为

$$y_{\mathrm{out}}=\sigma\left(\boldsymbol{U}g_\theta\left(\boldsymbol{\varLambda}\right)\boldsymbol{U}^{\mathrm{T}}x\right)$$

$$g_\theta\left(\boldsymbol{\varLambda}\right)=\begin{pmatrix}\sum_{j=0}^{K}\alpha_j\lambda_1^j & & \\ & \ddots & \\ & & \sum_{j=0}^{K}\alpha_j\lambda_n^j\end{pmatrix} \tag{2-49}$$

其中，$g_\theta\left(\boldsymbol{\varLambda}\right)$ 可以简化为

$$g_\theta\left(\boldsymbol{\varLambda}\right)=\begin{pmatrix}\sum_{j=0}^{K}\alpha_j\lambda_1^j & & \\ & \ddots & \\ & & \sum_{j=0}^{K}\alpha_j\lambda_n^j\end{pmatrix}=\sum_{j=0}^{K}\alpha_j\boldsymbol{\varLambda}^j \tag{2-50}$$

代入式（2-49）中可得

$$y_{\mathrm{out}}=\sigma\left(\boldsymbol{U}g_\theta\left(\boldsymbol{\varLambda}\right)\boldsymbol{U}^{\mathrm{T}}x\right)=\sigma\left(\sum_{j=0}^{K}\alpha_j\boldsymbol{U}\boldsymbol{\varLambda}^j\boldsymbol{U}^{\mathrm{T}}x\right)=\sigma\left(\sum_{j=0}^{K}\alpha_j\boldsymbol{L}^j x\right) \tag{2-51}$$

其中，α_j 是模型的参数。

与第一代 GCN 相比，第二代 GCN 的模型参数由 θ_i 变为 α_i，参数个数为 K。由于 K 远小于 n，一定程度上减少了模型欠拟合的风险。同时，从式（2-51）可以看出，与第一代 GCN 相比，第二代 GCN 不再需要对图拉普拉斯矩阵进行特征分解。因为输出 y_{out} 可以直接写成关于 $\boldsymbol{L}^j$ 的表达式，节约了特征分解的时间。

第二代 GCN 通过多项式近似卷积核，引入了空间局部性的概念。在深度学习中，K 被称为感受野（Receptive Field），表示对每个节点的更新只涉及它的 K 跳以内相邻节

点的聚合。

虽然第二代 GCN 避免了图拉普拉斯矩阵的谱分解，降低了模型的自由度，但并没有解决计算复杂度的问题。对于 $\boldsymbol{L}^j$ 的求解，复杂度依旧为 $O\left(n^3\right)$，卷积计算的复杂度并未得到降低。

（3）切比雪夫网络（ChebNet）[9]

为了降低卷积运算的复杂度，ChebNet 在第二代 GCN 的基础上采用 Chebyshev 多项式展开对卷积核进行近似，即

$$g_\theta(\boldsymbol{\Lambda}) \approx \sum_{k=0}^{K} \theta_k T_k\left(\tilde{\boldsymbol{\Lambda}}\right) \tag{2-52}$$

其中，θ_k 是 Chebyshev 多项式的系数，$T_k\left(\tilde{\boldsymbol{\Lambda}}\right)$ 是取 $\tilde{\boldsymbol{\Lambda}} = \frac{2\boldsymbol{\Lambda}}{\lambda_{\max}} - \boldsymbol{I}$ 的 Chebyshev 多项式，对 $\boldsymbol{\Lambda}$ 进行变换是因为 Chebyshev 多项式的输入要求在 $[-1,1]$ 之间。

Chebyshev 多项式的递归定义如下：

$$\begin{cases} T_k\left(\tilde{\boldsymbol{\Lambda}}\right)x = 2\tilde{\boldsymbol{\Lambda}}T_{k-1}\left(\tilde{\boldsymbol{\Lambda}}\right)x - T_{k-2}\left(\tilde{\boldsymbol{\Lambda}}\right)x \\ T_0\left(\tilde{\boldsymbol{\Lambda}}\right) = \boldsymbol{I}, T_1\left(\tilde{\boldsymbol{\Lambda}}\right) = \tilde{\boldsymbol{\Lambda}} \end{cases} \tag{2-53}$$

与第二代 GCN 相比，ChebNet 计算 $g_\theta(\boldsymbol{\Lambda})$ 不再需要矩阵相乘。$T_k\left(\tilde{\boldsymbol{\Lambda}}\right)$ 的计算采用递推的方式实现，其计算复杂度为 $O\left(n^2\right)$，因此 $g_\theta(\boldsymbol{\Lambda})$ 的计算复杂度为 $O\left(Kn^2\right)$。

引入 Chebyshev 多项式后，图卷积公式可以改写为

$$y_{\text{out}} = \sigma\left(\boldsymbol{U}g_\theta(\boldsymbol{\Lambda})\boldsymbol{U}^{\mathrm{T}}x\right) \approx \sigma\left(\sum_{j=0}^{K}\theta_j T_k\left(\tilde{\boldsymbol{L}}\right)x\right) \tag{2-54}$$

其中，$T_k\left(\tilde{\boldsymbol{L}}\right)$ 通过递推的方式计算，避免了矩阵乘法，降低了卷积核计算的复杂度。

（4）GCN[10]

通过使用 Chebyshev 多项式近似，ChebNet 成功降低了卷积核计算的复杂度。在此基础上，GCN 对卷积核的计算再次进行简化。

在 GCN 模型中，仅考虑一阶 Chebyshev 多项式，即 $K=1$。同时，假设 $\lambda_{\max} \approx 2$，以简化模型。在上述两个条件下，卷积核计算可以简化为

$$\begin{aligned} \boldsymbol{U}g_\theta(\boldsymbol{\Lambda})\boldsymbol{U}^{\mathrm{T}}x &\approx \sum_{k=0}^{1}\theta_k T_k\left(\tilde{\boldsymbol{\Lambda}}\right)x = \theta_0 x + \theta_1(\boldsymbol{L}-\boldsymbol{I})x \\ &= \theta_0 x - \theta_1 \boldsymbol{D}^{-\frac{1}{2}}\boldsymbol{A}\boldsymbol{D}^{-\frac{1}{2}}x \end{aligned} \tag{2-55}$$

其中，参数 θ_0 和 θ_1 在所有节点的计算中共享。

实践中，进一步限制参数的个数能够在一定程度上避免过拟合的问题，并减少计算量。通过进一步简化，每个卷积核只有一个可学习的参数 $\theta = \theta_0 = -\theta_1$，代入式（2-55）

中可得

$$Ug_{\theta}(\Lambda)U^{\mathrm{T}}x \approx \theta\left(\boldsymbol{I}+\boldsymbol{D}^{-\frac{1}{2}}\boldsymbol{A}\boldsymbol{D}^{-\frac{1}{2}}\right)x \tag{2-56}$$

其中，$\boldsymbol{I}+\boldsymbol{D}^{-\frac{1}{2}}\boldsymbol{A}\boldsymbol{D}^{-\frac{1}{2}}$ 的特征值被限制在 $[0,2]$ 中。

在深度神经网络模型中，该操作生成的 y_{out} 会作为下一层的输入，再次与 $\boldsymbol{I}+\boldsymbol{D}^{-\frac{1}{2}}\boldsymbol{A}\boldsymbol{D}^{-\frac{1}{2}}$ 相乘，反复进行会导致数值不稳定、梯度爆炸等问题。为了解决上述问题，引入了再正则化技巧，即

$$\begin{cases}\tilde{\boldsymbol{D}}^{-\frac{1}{2}}\tilde{\boldsymbol{A}}\tilde{\boldsymbol{D}}^{-\frac{1}{2}}=\boldsymbol{I}_N+\boldsymbol{D}^{-\frac{1}{2}}\boldsymbol{A}\boldsymbol{D}^{-\frac{1}{2}}\\ \tilde{\boldsymbol{A}}=\boldsymbol{A}+\boldsymbol{I}_N\\ \tilde{D}_{ii}=\sum\limits_{j}\tilde{A}_{ij}\end{cases} \tag{2-57}$$

将再正则化后的结果代入式（2-56）中，得出目前最常用的 GCN 逐层更新公式，即

$$Y=\sigma\left(\tilde{\boldsymbol{D}}^{-\frac{1}{2}}\tilde{\boldsymbol{A}}\tilde{\boldsymbol{D}}^{-\frac{1}{2}}\boldsymbol{X}\boldsymbol{\Theta}\right) \tag{2-58}$$

其中，输入节点矩阵 $\boldsymbol{X}\in\mathbb{R}^{N\times C}$，$C$ 为输入通道数；卷积核参数矩阵 $\boldsymbol{\Theta}\in\mathbb{R}^{C\times F}$，$F$ 为输出通道数。

频域图卷积神经网络存在如下几点缺陷。

一是不适用于有向图。从图拉普拉斯矩阵的谱分解可以看出，图傅里叶变换应用的前提是该图为无向图。

二是不适用于动态图。从 GCN 的公式可以看出，在模型训练期间，图结构不能发生改变。

三是模型复杂度问题。从频域图卷积结构的演进中可以看出，早期 GCN 的计算复杂度为 $O\left(n^3\right)$。引入 Chebyshev 多项式后，虽然避免了谱分解，但参数过于简化也在一定程度上限制了模型的性能。

2.2.4 空域图卷积神经网络

空域图卷积尝试绕开图谱理论，直接在图上定义卷积。从设计理念来看，空域图卷积与 CNN 的应用方式类似，其核心在于聚合相邻节点的信息。相比频域图卷积，空域图卷积的定义更直观，灵活性强。

空域图卷积的方法多种多样，2.3 节介绍的图注意力网络在广义上也属于空域图卷积。在第 3 章图表示学习的内容中，一些方法仍属于空域图卷积的范畴。实际上，不同的空域图卷积方法对应着对卷积的不同理解。在本小节中，为了使读者对空域图卷积有更清

晰的认识，只介绍消息传递神经网络、图采样与聚合这类经典的模型。

1. 消息传递神经网络

消息传递神经网络（Message Passing Neural Network，MPNN[11]）是由谷歌大脑在 2017 年提出的一种模型。严格意义上来说，MPNN 不是一种具体的模型，而是一种概述空域图卷积的一般框架。

MPNN 将空域图卷积看作一个消息传递与状态更新的过程，分别由消息函数 $M_l(\cdot)$ 和更新函数 $U_l(\cdot)$ 完成。MPNN 中定义图卷积公式为

$$\boldsymbol{h}_v^{l+1} = U_{l+1}\left(\boldsymbol{h}_v, \sum_{u \in ne[v]} M_{l+1}\left(\boldsymbol{h}_v^l, \boldsymbol{h}_u^l, \boldsymbol{x}_{vu}\right)\right) \tag{2-59}$$

其中，l 代表图卷积的第 l 层，节点 v 的特征 $\boldsymbol{x}_v$ 作为其隐藏状态的初始态 $\boldsymbol{h}_v^0$ 。

得到节点的最终隐含表示 $\boldsymbol{h}_v^L$ （L 为图卷积的最终层）后，可以通过输出层执行节点级任务，或者通过读出函数 $R(\cdot)$ 执行图级任务。此外，MPNN 也能学习图中每一条边的特征。通过假设 $M_l(\cdot)$ 、 $U_l(\cdot)$ 和 $R(\cdot)$ 函数的不同形式，MPNN 可以覆盖很多现有的 GNN。

2. 图采样与聚合

MPNN 概括了空域卷积的一般过程，但此类框架下的模型都存在一定的局限性，即卷积操作对象为整幅图。与频域图卷积所遇到的问题类似，在实际场景中，大规模图的空域图卷积操作并不现实。

在大规模图中，获取每个节点的全部相邻节点是困难且低效的，图采样与聚合（Graph Sample and Aggregate，GraphSAGE[12]）通过引入采样机制来解决这个问题。GraphSAGE 采用均匀采样法来获取固定的相邻节点，即对于中心节点 K 跳以内的相邻节点，均匀采样固定数量的节点。在实践中，选取二阶以内的相邻节点已经能够获得较高的性能。需要注意的是，不同于采用随机游走的方法选取相邻节点，GraphSAGE 在每次迭代中都会进行一次采样。

在 GraphSAGE 中，聚合函数的选取必须与节点的输入顺序无关，即邻域内的节点不需要排序。常用的聚合方法有 Mean 函数、Max 函数和 LSTM（Long Short-Term Memory，长短期记忆）等。

GraphSAGE 的状态更新公式如下：

$$\boldsymbol{h}_v^{l+1} = \sigma\left(W^{l+1} \cdot \text{aggregate}\left(\boldsymbol{h}_v^l, \left\{\boldsymbol{h}_u^l\right\}\right), \forall u \in \mathcal{N}(v)\right) \tag{2-60}$$

其中，$\mathcal{N}(v)$ 表示对节点 v 的邻居的一个随机采样，aggregate 为聚合函数。

2.3 图注意力网络

随着图卷积神经网络的发展，图神经网络在深度学习的研究中十分火热。近年来，随着注意力机制被成功应用于多个领域，图注意力网络（Graph Attention Network，GAT）的概念也随之被提出。引入注意力机制后，GAT 能更好地实现相邻节点的聚合。

本小节首先介绍注意力机制的基础知识，并在此基础上介绍注意力机制在图上的定义与应用。由于图注意力网络仍处于快速发展时期，这里仅做简要的基础介绍。

2.3.1 注意力机制

简单来说，注意力机制（Attention Mechanism）模仿了人类的观察行为，例如，我们可以在拥挤的人流中找到我们的朋友或者在嘈杂的环境下进行交谈。这是一种将外部感觉与内部经验对齐，进而增强部分区域感知精准度的机制。

注意力机制因为能快速提取稀疏数据中的重要特征，被广泛应用于自然语言处理中。而自注意力机制是注意力机制的改进，减少了对外部信息的依赖，将重点放在数据的内部相关性上。GAT 采用的就是自注意力机制。下面先给出注意力机制的基本定义，再将其推广到自注意力模型上。

假设存在 N 个输入向量构成输入信息 $\boldsymbol{X}=\left[\boldsymbol{x}_1,\boldsymbol{x}_2,\cdots,\boldsymbol{x}_N\right]$，以及一个查询向量 $\boldsymbol{q}$，需要通过 $\boldsymbol{q}$ 来判断 $\boldsymbol{X}$ 中各向量与任务的相关性，其中包含可以描述 $\boldsymbol{x}_i$ 与 $\boldsymbol{q}$ 相关度的注意力分布 α_i，以及通过注意力机制产生的输出。

1. 注意力分布

注意力分布 α_i 可以描述各向量 $\boldsymbol{x}_i$ 与 $\boldsymbol{q}$ 的相关度，它是通过打分函数结合 Softmax 函数得到的。注意力分布 α_i 定义为

$$\alpha_i=\text{Softmax}\left[s(\boldsymbol{x}_i,\boldsymbol{q})\right]=\frac{\exp\left[s(\boldsymbol{x}_i,\boldsymbol{q})\right]}{\sum_{k=1}^{N}\exp\left[s(\boldsymbol{x}_k,\boldsymbol{q})\right]} \tag{2-61}$$

其中，$s(\boldsymbol{x},\boldsymbol{q})$ 表示打分函数。

打分函数的定义有很多种，几种常见的选择如下：

$$s(\boldsymbol{x},\boldsymbol{q})=\begin{cases}\boldsymbol{x}^{\mathrm{T}}\boldsymbol{q}, & \text{点积模型}\\ \dfrac{\boldsymbol{x}^{\mathrm{T}}\boldsymbol{q}}{\sqrt{D}}, & \text{缩放点积模型}\\ \boldsymbol{x}^{\mathrm{T}}\boldsymbol{W}\boldsymbol{q}, & \text{双线性模型}\\ \boldsymbol{w}^{\mathrm{T}}\tanh(\boldsymbol{W}\boldsymbol{x}+\boldsymbol{U}\boldsymbol{q}), & \text{加性模型}\end{cases} \tag{2-62}$$

其中，$\boldsymbol{w}$、$\boldsymbol{W}$、$\boldsymbol{U}$ 为可学习的参数，D 为输入向量的维度。

2. 注意力输出

通过式（2-61）得到注意力分布 α_i，可以再进一步得到相应的注意力输出。一般来说，注意力输出可以分为硬注意力输出和软注意力输出两种。

硬注意力输出可以表示为

$$\mathrm{att}(\boldsymbol{X},\boldsymbol{q}) = \boldsymbol{x}_j, j = \underset{i\in[1,N]}{\operatorname{argmax}}\, \alpha_i \tag{2-63}$$

在硬注意力输出中，选择输入序列中某一位置上的信息。如式（2-63）所示，将注意力分布最大的向量作为输出。但硬注意力输出是一种不可导函数，难以训练。实际中，常常采用软注意力输出来处理神经网络中的问题。

软注意力输出可以表示为

$$\mathrm{att}(\boldsymbol{X},\boldsymbol{q}) = \sum_{i=1}^{N} \alpha_i \boldsymbol{x}_i \tag{2-64}$$

在软注意力输出中，以注意力分布 α_i 为加权系数来对所有分量加权求和输出，是一种对输入信息的聚合。

现在的注意力机制一般采用键值对的格式作为输入，即将输出向量 $\boldsymbol{X} = \left[\boldsymbol{x}_1, \boldsymbol{x}_2, \cdots, \boldsymbol{x}_N\right]$ 替换为 $(\boldsymbol{K},\boldsymbol{V}) = \left[(\boldsymbol{k}_1,\boldsymbol{v}_1),(\boldsymbol{k}_2,\boldsymbol{v}_2),\cdots,(\boldsymbol{k}_N,\boldsymbol{v}_N)\right]$，能大大提高模型的灵活性。对于查询向量 $\boldsymbol{q}$，注意力输出为

$$\mathrm{att}\left[(\boldsymbol{K},\boldsymbol{V}),\boldsymbol{q}\right] = \sum_{i=1}^{N} \alpha_i \boldsymbol{v}_i = \sum_{i=1}^{N} \frac{\exp\left[s(\boldsymbol{k}_i,\boldsymbol{q})\right]}{\sum_{k=1}^{N} \exp\left[s(\boldsymbol{k}_k,\boldsymbol{q})\right]} \boldsymbol{v}_i \tag{2-65}$$

其中，$\boldsymbol{k}_i$ 用来计算注意力分布，$\boldsymbol{v}_i$ 用来计算聚合信息。

3. 自注意力机制

在自注意力机制中，查询向量 $\boldsymbol{q}$ 不再需要单独给出，而是通过输出向量 $\boldsymbol{X}$ 产生。可以通过以下运算生成查询矩阵、键矩阵和值矩阵，即

$$\begin{aligned}
\boldsymbol{Q} &= \left[\boldsymbol{q}_1, \boldsymbol{q}_2, \cdots, \boldsymbol{q}_N\right] = \boldsymbol{W}_q \boldsymbol{X} \in \mathbb{R}^{D_q \times N} \\
\boldsymbol{K} &= \left[\boldsymbol{k}_1, \boldsymbol{k}_2, \cdots, \boldsymbol{k}_N\right] = \boldsymbol{W}_k \boldsymbol{X} \in \mathbb{R}^{D_k \times N} \\
\boldsymbol{V} &= \left[\boldsymbol{v}_1, \boldsymbol{v}_2, \cdots, \boldsymbol{v}_N\right] = \boldsymbol{W}_v \boldsymbol{X} \in \mathbb{R}^{D_v \times N}
\end{aligned} \tag{2-66}$$

对于每个 $\boldsymbol{q}_i$，都会产生相应的输出 $\boldsymbol{h}_i$，即

$$\boldsymbol{h}_i = \mathrm{att}\left[(\boldsymbol{K},\boldsymbol{V}),\boldsymbol{q}_i\right] = \sum_{j=1}^{N} \alpha_{ij} \boldsymbol{v}_j = \sum_{j=1}^{N} \mathrm{Softmax}\left[s(\boldsymbol{k}_j,\boldsymbol{q}_i)\right] \boldsymbol{v}_j \tag{2-67}$$

2.3.2 图注意力网络原理

在对注意力机制有一定的了解后，重新考虑图神经网络的问题。GCN 的局限性有一部分表现为无法处理动态图，即图的结构一旦发生变化，就不再适用。同时，也存在无法处理有向图的问题。图注意力网络的引入能很好地解决这些问题，本小节将简单介绍 GAT[13]中的原理。

图 2-7 很好地解释了 GAT 的工作原理。对于任意节点对 (i,j)，通过一定的变换计算出注意力权重 α_{ij} 作为加权系数。以节点 1 为例，通过注意力权重 α_{1j} 来聚合相邻节点（包括自己）。

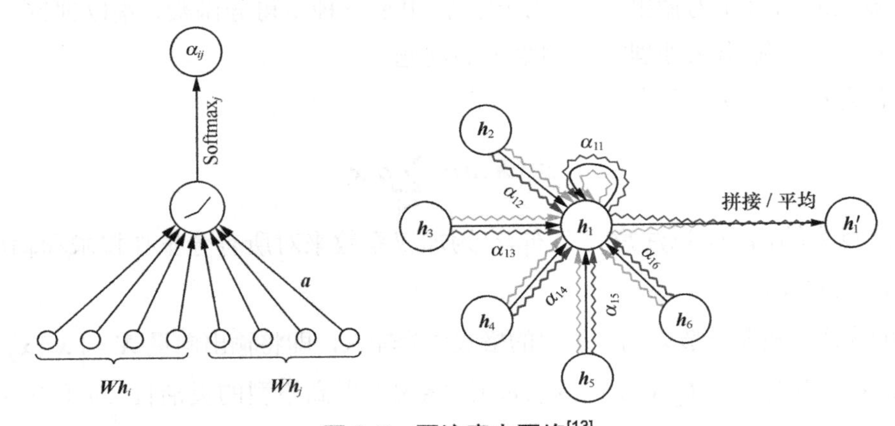

图 2-7 图注意力网络[13]

与一般的注意力机制相同，需要定义打分函数来计算节点的相关性，以此计算节点对 (i,j) 的注意力权重。将节点对 (i,j) 的相关性定义为 e_{ij}，即

$$e_{ij} = \boldsymbol{a}\left(\boldsymbol{W}\boldsymbol{h}_i, \boldsymbol{W}\boldsymbol{h}_j\right) \tag{2-68}$$

其中，$\boldsymbol{W}$ 为共享参数的线性映射，$\boldsymbol{a}$ 为将高维特征映射成实数的运算。

对于 e_{ij} 的计算，可以有多种方法，这里将节点 i、j 进行拼接，把高维特征映射到一个实数上，即

$$e_{ij} = \text{LeakyReLU}\left(\boldsymbol{a}^{\mathrm{T}}\left[\boldsymbol{W}\boldsymbol{h}_i \,\|\, \boldsymbol{W}\boldsymbol{h}_j\right]\right) \tag{2-69}$$

再计算注意力权重 α_{ij}，即

$$\alpha_{ij} = \text{Softmax}\left(e_{ij}\right) = \frac{\exp\left(e_{ij}\right)}{\sum_{k \in \mathcal{N}_i} \exp\left(e_{ik}\right)} \tag{2-70}$$

将 e_{ij} 代入后，可以得到完整的图注意力公式：

$$\alpha_{ij}=\frac{\exp\left(\text{LeakyReLU}\left(\boldsymbol{a}^{\mathrm{T}}\left[\boldsymbol{W}\boldsymbol{h}_i \,\|\, \boldsymbol{W}\boldsymbol{h}_j\right]\right)\right)}{\sum_{k\in\mathcal{N}_i}\exp\left(\text{LeakyReLU}\left(\boldsymbol{a}^{\mathrm{T}}\left[\boldsymbol{W}\boldsymbol{h}_i \,\|\, \boldsymbol{W}\boldsymbol{h}_k\right]\right)\right)} \tag{2-71}$$

最后根据计算好的注意力分布，进行特征加权求和：

$$\boldsymbol{h}_i'=\sigma\left(\sum_{j\in\mathcal{N}_i}\alpha_{ij}\boldsymbol{W}\boldsymbol{h}_j\right) \tag{2-72}$$

2.4 本章小结

在介绍了神经网络的基础知识后，本章重点讲解了图卷积神经网络和图注意力网络，分析了图神经网络中处理图结构数据的常用方法。从图神经网络概念的提出，到受 CNN 启发的图卷积神经网络，再到引入了注意力机制的图注意力网络，随着深度学习的不断发展，对于图神经网络中遇到的问题，相关研究人员也给出了许多不同的方案。本章只列举了几类经典的图神经网络方法，感兴趣的读者可以进一步阅读最新的研究论文。

参考文献

[1] MCCULLOCH W S, PITTS W. A logical calculus of the ideas immanent in nervous activity[J]. The Bulletin of Mathematical Biology, 1943, 5: 115-133.

[2] NAIR V, HINTON G E. Rectified linear units improve restricted boltzmann machines[C]//Proceedings of the 27th international conference on machine learning (ICML-10). Haifa, Israel: IMLS, 2010: 807-814.

[3] RUMELHART D E, HINTON G E, WILLIAMS R J. Learning representations by back-propagating errors[J]. Nature, 1986, 323(6088): 533-536.

[4] SPERDUTI A, STARITA A. Supervised neural networks for the classification of structures[J]. IEEE Transactions on Neural Networks, 1997, 8(3): 714-735.

[5] GORI M, MONFARDINI G, SCARSELLI F. A new model for learning in graph domains[C]//Proceedings of 2005 IEEE International Joint Conference on Neural Networks. Montreal, Canada: IEEE, 2005(2): 729-734.

[6] SCARSELLI F, GORI M, TSOI A C, et al. The graph neural network model[J]. IEEE Transactions on Neural Networks, 2009, 20(1): 61-80.

[7] BRUNA J, ZAREMBA W, SZLAM A, et al. Spectral networks and locally connected networks on graphs[J/OL]. (2014-5-21)[2023-1-30]. arXiv.org/abs/1312.6203.

[8] DEFFERRARD M, BRESSON X, VANDERGHEYNST P. Convolutional neural networks on graphs with fast localized spectral filtering[C]. Proceedings of the 30th International Conference on Neural Information Processing Systems. New York: Curran Associates Inc., 2016: 3844-3852.

[9] HAMMOND D K, VANDERGHEYNST P, GRIBONVAL R. Wavelets on graphs via spectral graph theory[J]. Applied and Computational Harmonic Analysis, 2011, 30(2): 129-150.

[10] KIPF T N, WELLING M. Semi-supervised classification with graph convolutional networks[J/OL]. (2017-2-22)[2023-1-30]. arXiv.org/abs/1609.02907.

[11] GILMER J, SCHOENHOLZ S S, RILEY P F, et al. Neural message passing for quantum chemistry[C]// Proceedings of the 34th International Conference on Machine Learning. New York: Curran Associates Inc., 2017: 1263-1272.

[12] HAMILTON W, YING Z, LESKOVEC J. Inductive representation learning on large graphs[C]//Advances in Neural Information Processing Systems 30.Long Beach, USA: NIPS, 2017, 30: 1024-1034.

[13] VELIČKOVIĆ P, CUCURULL G, CASANOVA A, et al. Graph attention networks[J/OL]. (2018-2-4) [2023-1-30] arXiv.org/abs/1710.10903.

第 3 章　图表示学习及其应用

第 2 章介绍了两种图卷积神经网络（频域图卷积神经网络和空域图卷积神经网络）以及图注意力网络，图 3-1 所示为这些方法进行机器学习的过程，这些方法存在的问题是：需要手工设计节点和图的特征，时间代价大。而且随着图节点的增多和规模的扩大，特征工程越来越复杂，并且获取到的特征也不一定能准确地表示图数据。

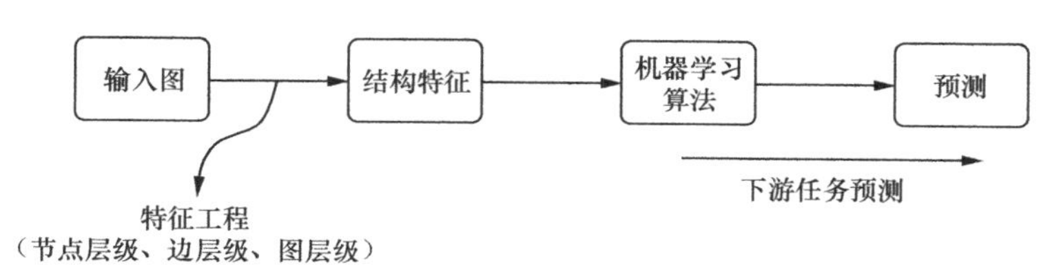

图 3-1　传统图机器学习算法的过程

3.1　图嵌入相关理论

在了解不同的图表示学习算法之前，本节先介绍图嵌入相关理论，在图编码器-解码器架构的基础上讨论图上的节点嵌入，以及如何将其应用于图表示学习算法。

3.1.1　图嵌入

为了摆脱手工设计特征工程的束缚，将自动特征学习的思想应用于图机器学习中，并做到对下游任务的特征学习。一种常见的自动特征学习的方法是：将给定图中的每个节点特征映射为低维向量，通过某一映射函数，将图结构信息自动表示成低维向量，且这种低维向量包含图结构的一些关键信息，此过程就是图嵌入。图 3-2（a）展示了图嵌入的基本框架。

上述嵌入过程通常视为一个节点从原图域到嵌入域的变换，如图 3-2（b）所示。因此，一个节点存在两个不同的角度：原图域中，节点通过边连接；嵌入域中，每个节点被表示为一个向量。

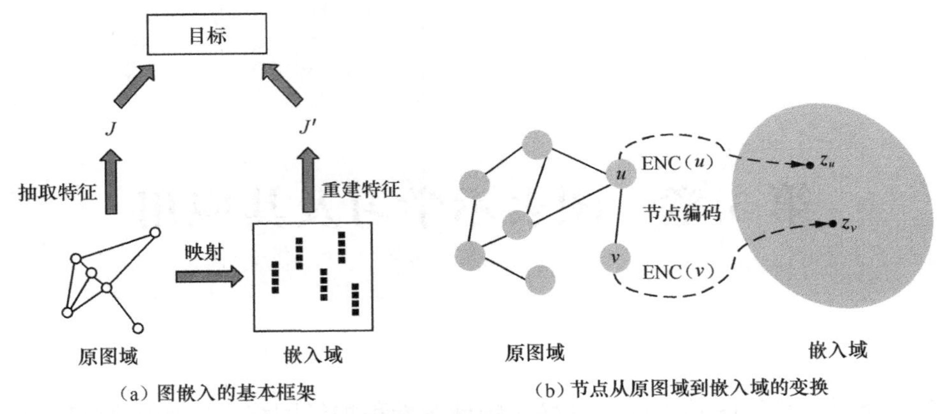

图 3-2　图嵌入框架[1-2]

因此，从双域的角度出发，图嵌入的目标是将原图域的每个节点映射到嵌入域，并使原图域的一些关键信息保留在嵌入域中。其中，最基础的图域信息是节点之间的边，通常认为，如果两个节点之间有直接连边或距离较近，说明原图域中的两个节点在结构信息上具有一定的相似性，基于此，应保证嵌入域低维空间中的向量能够体现原图域空间结构紧密的特性。

3.1.2　编码器与解码器

编码器-解码器架构将图表示学习问题视为两个关键操作：一方面，编码器将图中的每个节点映射为低维向量或映射到嵌入域；另一方面，解码器采用低维节点嵌入，并根据嵌入向量重建原始图中每个节点的邻域信息。

1. 编码器

现假设存在一个图 G，用 V 表示顶点集，用 $\boldsymbol{A}$ 表示邻接矩阵，编码器将图中的一个节点 $v \in V$ 通过某种方式映射到一个向量 $\boldsymbol{z}_v \in \mathbb{R}^d$，即编码器是将原图域中的节点映射为嵌入域向量的“函数”[1]。更严谨的表述为

$$\mathrm{ENC}: V \to \mathbb{R}^d \tag{3-1}$$

于是，整个图嵌入的过程可以描述为：编码器将原图域的节点作为输入，输出为嵌入域的一个向量。对于一个节点来说，有

$$\boldsymbol{z}_v = \mathrm{ENC}(v) \tag{3-2}$$

如果用矩阵的方式表述这一过程，则有

$$\boldsymbol{Z} = \mathrm{ENC}(V) \tag{3-3}$$

其中，V 表示图节点集，$\boldsymbol{Z} \in \mathbb{R}^{d \times |V|}$ 中的每一列表示一个节点在嵌入域中的向量表示，$\boldsymbol{Z}$ 的行数 d 表示嵌入的空间维度。

图 3-3 的过程称为浅嵌入（Shallow Embedding），而编码器-解码器这一架构同时也能应用于浅嵌入之外的领域，如深度编码器（Deep Encoder），由于不是本书的重点，这

里不过多介绍。

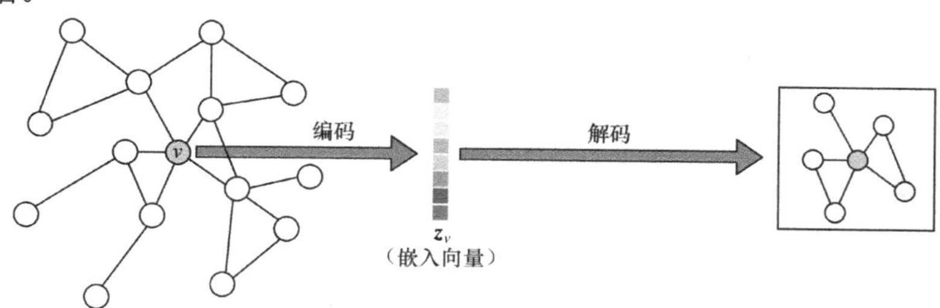

图 3-3 浅嵌入[1]

2. 解码器[1]

在编码过程中，需要确保原图域中节点的相似性能在嵌入域中得以体现。为了确保映射后相似性仍存在，对于映射到嵌入域的节点表示，需要找到一种方法来衡量两个低维向量的相似性，此时需要用编码器生成节点的嵌入向量重建原图域的特定信息，该过程称为解码（Decode）过程，此方法被称为解码器（Decoder）。

最常见的一种解码方案是：解码器判定与嵌入向量 $\boldsymbol{z}_v$ 相似度较高的向量 $\boldsymbol{z}_u$ 在原图域的结构中有直接连边，也就是邻接矩阵 $\boldsymbol{A}_{v,u}=\boldsymbol{I}$，下面给出一种比较通用的方式来描述解码器：

$$\mathrm{DEC}:\mathbb{R}^d\times\mathbb{R}^d\to\mathbb{R}^+ \tag{3-4}$$

考虑两个节点的嵌入向量对 $(\boldsymbol{z}_u,\boldsymbol{z}_v)$，编码器的输出是重构节点 u 和 v 之间的关系，优化编码器和解码器，使重构后节点间的相似度与原图域节点间的相似度接近：

$$\mathrm{Similarity}(u,v)=\mathrm{DEC}(\boldsymbol{z}_u,\boldsymbol{z}_v) \tag{3-5}$$

通常情况下，$\mathrm{Similarity}(u,v)$ 用邻接矩阵度量，如果 $\boldsymbol{A}_{u,v}=\boldsymbol{I}$，那么两个节点的 $\mathrm{Similarity}(u,v)$ 应该很大，如果 $\boldsymbol{A}_{u,v}=\boldsymbol{0}$，则两个节点的相似度应该接近 0，当然也需要结合图中的实际距离综合考虑。

内积方法是一种常见的衡量节点嵌入向量相似程度的方式，即 $\mathrm{Similarity}(u,v)\approx\boldsymbol{z}_v{}^{\mathrm{T}}\boldsymbol{z}_u$，全局的损失函数是考虑每个节点重构误差的累积，因此有

$$L=\sum_{(u,v)\in\mathcal{D}}L\left(\mathrm{DEC}(\boldsymbol{z}_u,\boldsymbol{z}_v),\boldsymbol{A}_{u,v}\right)=\sum_{(u,v)\in\mathcal{D}}L\left(\boldsymbol{z}_v^{\mathrm{T}}\boldsymbol{z}_u,\boldsymbol{A}_{u,v}\right) \tag{3-6}$$

其中，L 是损失函数[2]，如常见的损失函数、均方误差或交叉熵等。

因此，编码器-解码器有效的重构判别标准是使损失函数最小化。通常情况下，可以采用梯度下降法求解最优解码器，具体地，对于 $\mathrm{Similarity}(u,v)\approx\boldsymbol{z}_v{}^{\mathrm{T}}\boldsymbol{z}_u$，求解出最优解码器后，即得出节点 u 在嵌入域的向量表示 $\boldsymbol{z}_u$，至此完成图嵌入的工作。总的来说，图嵌入的过程可以分为以下几步：

（1）编码器将节点映射为嵌入向量；

（2）定义节点相似度函数，度量节点在原图域的相似度；

（3）解码器将嵌入向量映射为相似度数值；

（4）寻找最优的编码器参数，使得节点在嵌入域的相似度接近节点在原图域中的相似度。

3.2 基于随机游走的图表示学习算法

3.1 节介绍了图嵌入的基础知识并引出了节点嵌入向量的概念，对图进行节点嵌入后，就能使用适当的机器学习算法来完成图深度学习任务，如节点分类、链接预测和社区检测任务。本节将主要介绍 3 种基于随机游走生成嵌入向量的算法。

3.2.1 DeepWalk

2014 年 Bryan Perozzi 使用语言建模的方式，将词嵌入的思想扩展到图嵌入领域，开创性地提出了 DeepWalk 算法[3]，至此将图嵌入引入了一个新的时代。

DeepWalk 是一种两阶段的算法：第一阶段，它通过随机游走遍历网络，生成嵌入向量并通过邻域关系来推断局部结构；第二阶段，它使用一种名为 SkipGram 的算法，通过学习第一阶段的已推断结构丰富嵌入向量。本小节首先介绍这两个阶段，然后指出 DeepWalk 的优点。

1. 随机游走

随机游走（Random walk）是指在给定的图中不断重复地随机选择节点的连边游走，最终形成一条贯穿网络的路径的过程。为此，考虑从每个节点开始生成一个步数为固定数 k 的随机游走。每次步行的长度 l 是预先确定的。最终，此阶段结束后，得到 k 个维度为 l 的向量。

具体如图 3-4 所示，给定一个图和一个起点，在此图中，选取 4 号点作为起点，首先随机选择它的一个相邻节点——5 号节点，并移动到这个节点；然后随机选择 5 号节点的一个相邻节点——8 号节点，继续移动到它，重复这个操作。以这种随机的方式访问节点得到的序列是图上的一个随机游走。

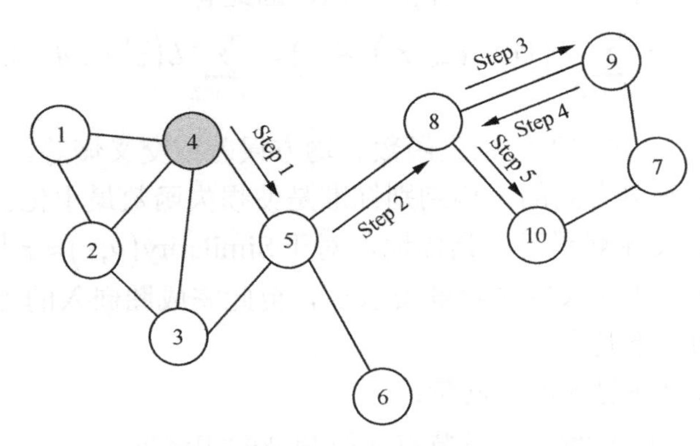

图 3-4 随机游走

随机游走的好处在于：一是并行化，随机游走是局部的，对于一个大的网络来说，可以同时在不同的节点开始进行一定长度的随机游走，多个随机游走同时进行采样互不影响，可以减少采样的时间；二是适应性，随机游走可以适应网络局部的变化。图中部分节点的变化只会对部分随机游走的路径产生影响，因此在网络的演变过程中，不需要每一次都重新计算整个网络的随机游走序列，而只需要重新生成部分随机游走序列即可。

2. SkipGram 算法

SkipGram[4]算法是一种常用的 word2vec 的技术，在关于 word2vec[4]的著名论文中被 Mikolov 等人提出。根据“一个句子中距离较近的单词，往往有相近的含义，它们的嵌入物也应该彼此接近”的假设，在给定一个语料库和一个窗口大小的前提下，SkipGram 算法可以最大限度地提高出现在同一窗口中单词的嵌入的相似性。这些窗口在自然语言处理（Natural Language Processing，NLP）中也被称为上下文。

为了将 SkipGram 算法应用于图表示学习，需要挖掘图中的“上下文”。在 DeepWalk 中，游走的序列可以类比为语料库中的句子，序列中的节点可以类比为句子中的单词，随机游走序列中节点的共现情况可以类比为词汇的共现情况，而且经过实验发现，节点共现和词汇共现同时满足幂律分布（power-law distribution）。幂律分布的特点是，某些事件发生的频率非常高，而其他事件发生的频率非常低。

图 3-5 表明了短距离随机游走中节点出现的分布与自然语言文本中单词出现的分布具有相似性。图 3-5（a）所示为短距离随机游走中节点出现的频率，其纵坐标表示具有相同出现次数的节点数。例如，如果有 10 个节点在短距离随机游走中各出现了 5 次，那么可以找到一个点，其纵坐标值为 10，横坐标值为 5。图 3-5（a）展示了在短距离随机游走中，节点出现的次数遵循幂律分布，可以看出，某些节点在短距离随机游走中出现的次数远多于其他节点。图 3-5（b）为 Wikipedia 文本中单词出现的频率，其纵坐标表示具有相同出现次数的单词数。例如，如果有 100 个单词在文本中各出现了 20 次，那么可以找到一个点，其纵坐标值为 100，横坐标值为 20。图 3-5（b）展示了自然语言文本中单词出现的次数也遵循类似的幂律分布。这意味着，某些单词在文本中出现的频率非常高（如“the”“and”等），而其他单词出现的频率较低。因此，通常通过最大化出现在相同路径上的节点的嵌入向量的相似性来将 SkipGram 算法应用于图表示学习。

为了通过 SkipGram 算法学习嵌入，首先通过第一阶段的随机游走为每个节点生成维数为 V 的随机向量 $\boldsymbol{x}_k$。然后遍历每一个随机游走序列，并通过梯度下降法更新节点嵌入向量，在给定节点本身的情况下，通过 Softmax 函数，当所有的行走都被处理后，再在相同的行走集上继续优化额外的行走，或者在网络上生成新的行走。具体的

SkipGram 模型如图 3-6 所示。

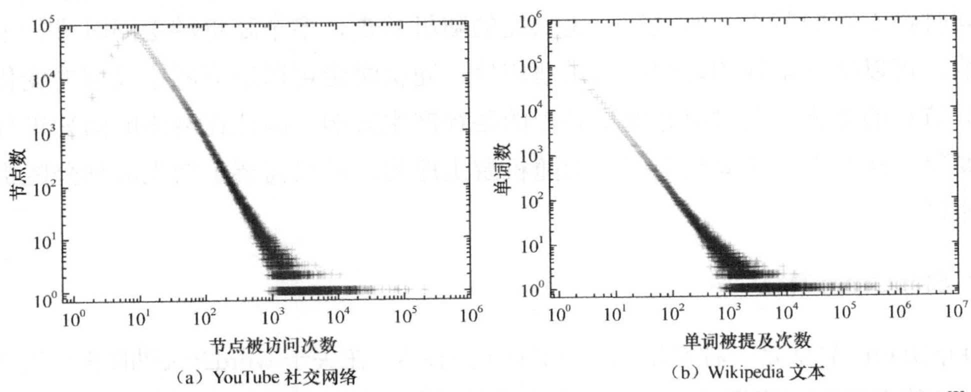

（a）YouTube 社交网络　　（b）Wikipedia 文本

图 3-5　YouTube 社交网络中的节点和 Wikipedia 文本中的单词满足幂律分布的情况[3]

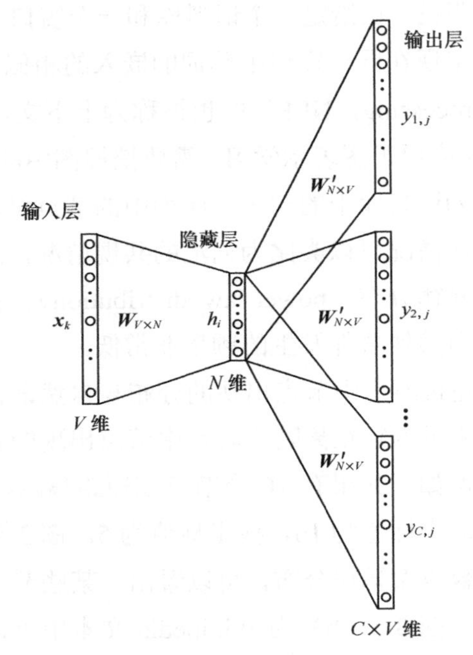

图 3-6　SkipGram 模型

图 3-6 包含了输入层、隐藏层与输出层。其中，输入层与输出层皆为 one-hot 编码模式，隐藏层是需要学习的词向量矩阵。

3. 损失函数

随机游走的目标是得到每一个节点的嵌入表示，即得到一个映射 $z_u = f(u), z_u \in \mathbb{R}^d$。上文提到，类比词嵌入模型，可以最大化出现在相同路径上的节点的嵌入向量的相似性。如果损失函数定义为最大似然函数，那么有目标函数（可转化为损失函数）

$$\max_f \sum_{u \in V} \log P\left(N_{\mathrm{R}}(u) | z_u\right) \tag{3-7}$$

其中，$N_{\mathrm{R}}(u)$表示从节点 u 出发，通过游走策略 R 所能到达的节点。

给定节点 u，学习的特征表示是节点对随机游走邻居 $N_{\mathrm{R}}(u)$的预测。直观的优化目标是：从 u 出发，预测到相邻节点的概率尽可能更大，然后遍历所有的节点对总体进行优化。因此，式（3-7）的等价损失函数为

$$L=\sum_{u\in V}\sum_{v\in N_{\mathrm{R}}(u)}-\log\left(P\left(v|z_u\right)\right) \tag{3-8}$$

根据条件独立性假设，即假设观察一个节点的邻域与观察其他节点的邻域相互独立，以及特征空间对称型假设，即在特征空间中，源节点与相邻节点相互对称，得出概率 P：

$$P\left(v|z_u\right)=\frac{\exp\left(z_u^{\mathrm{T}}z_v\right)}{\sum_{n\in V}\exp\left(z_u^{\mathrm{T}}z_n\right)} \tag{3-9}$$

于是，实际的损失函数为

$$L=\sum_{u\in V}\sum_{v\in N_{\mathrm{R}}(u)}-\log\left(\frac{\exp\left(z_u^{\mathrm{T}}z_v\right)}{\sum_{n\in V}\exp\left(z_u^{\mathrm{T}}z_n\right)}\right) \tag{3-10}$$

但需注意，式（3-10）中的分母$\sum_{n\in V}\exp\left(z_u^{\mathrm{T}}z_n\right)$需要遍历网络的所有节点，计算量非常大。为了减少算法复杂度，可以采用负采样策略[5]：简单来说，就是原本是用所有节点作为归一化的负样本，现在只抽取其中一部分节点作为负样本，通过公式近似减少计算量。

$$\log\left(\frac{\exp\left(z_u^{\mathrm{T}}z_v\right)}{\sum_{n\in V}\exp\left(z_u^{\mathrm{T}}z_n\right)}\right)\approx\log\left(\sigma\left(z_u^{\mathrm{T}}z_v\right)\right)-\sum_{i=1}^{k}\log\left(\sigma\left(z_u^{\mathrm{T}}z_{n_i}\right)\right) \tag{3-11}$$

其中，n_i表示负样本节点，基于此，最终的目标函数（即损失函数）为

$$\max\sum_{u\in V}\sum_{v\in N_{\mathrm{R}}(u)}-\log\left(\sigma\left(z_u^{\mathrm{T}}z_v\right)\right)+\sum_{i=1}^{k}\log\left(\sigma\left(z_u^{\mathrm{T}}z_{n_i}\right)\right) \tag{3-12}$$

于是可以采用随机梯度下降法不断迭代，求出最佳的向量嵌入表示。

3.2.2　Node2vec

上一小节介绍了 DeepWalk，正如它的名称一样，DeepWalk 单纯地进行随机游走，完全随机。本小节介绍的 Node2vec 使用的游走策略则不是单纯的随机游走策略，而是使用灵活的、有偏的随机游走，该策略能在网络的局部视图和全局视图之间进行权衡。

1. 游走策略

由于网络是非线性的，因此需要一种策略来为 SkipGram 算法提供一个线性的输入。一种常见的策略是通过游走的方式来对给定源节点 u 的不同邻域进行采样，邻域 $N_{\mathrm{R}}(u)$ 不仅限于与节点 u 邻近的节点，而是与采样策略 S 有关[6]。评价网络节点的相似性时，有同质性和结构等价性两个维度。

- **同质性**：指同属于一个集群的两个节点更加相似，如图 3-7 中的节点 s_1 和节点 u。
- **结构等价性**：指两个具有相似结构的节点更加相似，如图 3-7 中的节点 s_6 和节点 u。

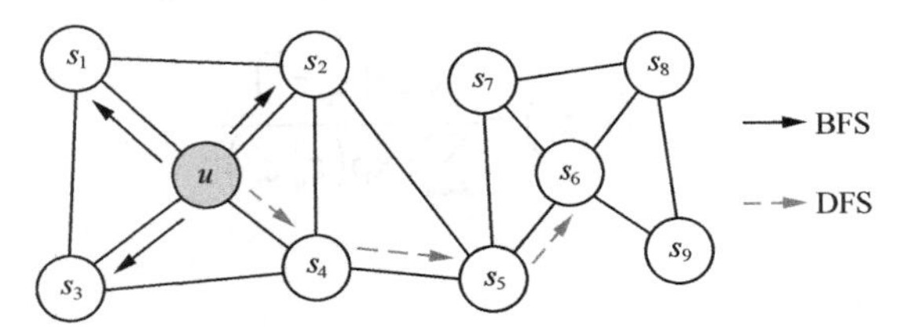

图 3-7　从节点 u（k=3）开始的 BFS 和 DFS 策略[6]

如果采用 BFS 策略进行随机游走，得到的相邻节点会尽可能集中在某个节点附近，这样就能从同质性的维度表示两个节点之间的相似性；若采用 DFS 策略进行随机游走，相邻节点会尽可能地延伸到整幅图或整个网络，那么将更容易得到具有结构等价性的节点。因此，使用灵活的、有偏差的随机游走策略，可以在网络的局部视图和全局视图之间进行权衡。

该游走策略考虑了节点之间的层级特点，具体表现为：在一幅图中，假设上一步走到的节点是 t，当前处于节点 v，则下一步游走的概率 α 满足[6]

$$\alpha=\begin{cases}\dfrac{1}{p}, & d=0\\ 1, & d=1\\ \dfrac{1}{q}, & d=2\end{cases} \tag{3-13}$$

其中，d 表示目标节点 x 与当前节点的上一步节点 t 的距离。d=0 对应的节点为上一步走过的节点 t，d=1 对应的节点为与节点 t 和 v 距离相同的节点，d=2 对应其他情况下的节点。

结合图 3-8 理解一下该算法的过程：假设随机游走刚通过节点 t 来到节点 v，现在考虑接下来的转移概率。节点 x_1 与节点 t 的最短路径为 1，所以 α=1；节点 x_2 与节点 t 的最短路径为 2，所以 $\alpha=1/q$；节点 x_3 同理，参数 p 和 q 可以用

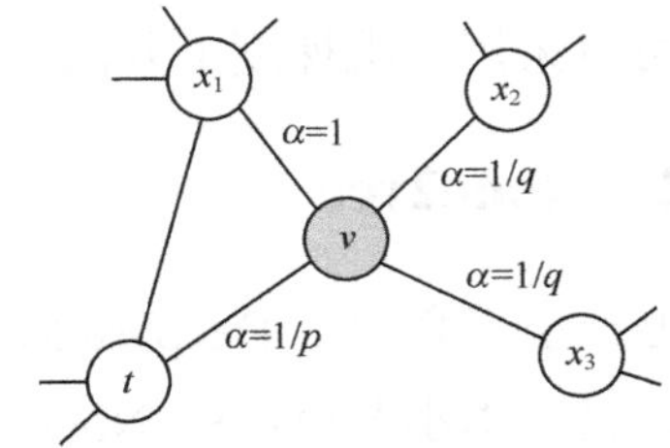

图 3-8　Node2vec 算法的概率游走策略[6]

来引导游走，近似地在 BFS 和 DFS 两种策略之间穿插。特别地，当 $p \to \infty$ ，$q=1$ 时，将退化为 BFS 策略；当 $p \to \infty$ ，$q \to \infty$ 时，将退化为 DFS 策略。因此，合理选择参数 p、q 能够反映出不同节点在同质性和结构等价性上的倾向。

2. 损失函数[6]

Node2vec 算法和 DeepWalk 算法仅仅在节点的采样策略上有区别——DeepWalk 是完全随机的采样策略，而 Node2vec 考虑了节点之间的层级特点，采用一种有偏的采样策略，因此对于 Node2vec 和 DeepWalk，最优化函数是相同的，即

$$\max \sum_{u \in V} \sum_{v \in N_{\mathrm{R}}(u)} -\log\left(\sigma\left(z_u^{\mathrm{T}} z_v\right)\right) + \sum_{i=1}^{k} \log\left(\sigma\left(z_u^{\mathrm{T}} z_{n_i}\right)\right) \tag{3-14}$$

3.2.3 Metapath2vec

前两个小节分别介绍了 DeepWalk 和 Node2vec 两种图嵌入算法，这两种算法通常应用于同质图嵌入向量的计算，而对于异质图的嵌入效果并不理想。本小节先介绍异质图的概念，然后介绍 Metapath2vec 算法应用于异质图的表示学习。

1. 异质图及其表示学习

给定一个图 $G=(V, E, T)$，对于每个节点 v 和每条边 e，都有对应的映射函数 $\phi(v)=V \to T_V, \phi(e)=E \to T_E$，其中 T_V 和 T_E 分别表示节点和边的类型，在此基础上，如果 $|T_V|+|T_E|>2$，也就是点的类别数与边的类别数总和大于 2，那么就称该网络是一个异构网络，也叫异质图。

图 3-9 所示为一个常见的学术异质图，图中有 4 类节点：组织（O）、作者（A）、论文（P）、会议（V）；其中还包括了各类节点之间的关系，如共同作者关系（AA）、作者发表关系（AP）、合作关系（OA）等[7]。学术网络就是一个典型的异质图。

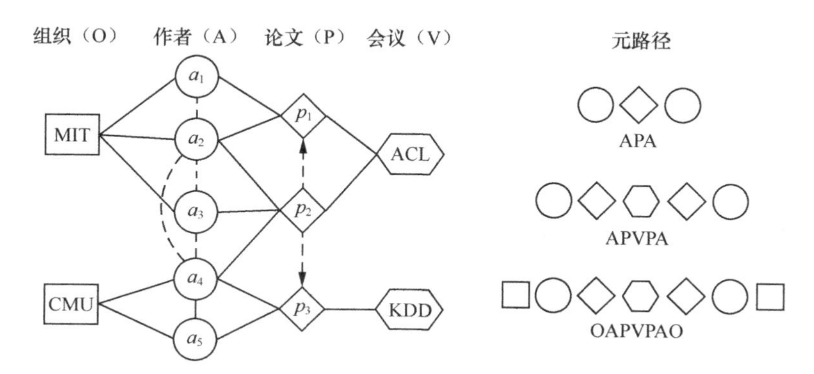

图 3-9 学术异质图

异质图表示学习定义为：给定一个异质图 $G=(V,E,T)$，学习一个 d 维的潜在表示

$\boldsymbol{X} \in \mathbb{R}^{|V| \times d}, d << |V|$，并同时保持图的结构信息与语义关系。！

2. 基于元路径的随机游走

根据前文提到的网络嵌入算法可知，网络嵌入模型的前提是保持节点与其邻域（上下文）之间的接近性。而在异质图中，这一点显然不一定成立，因此传统的同质图节点嵌入的特征表示算法（如 DeepWalk、Node2vec）很难直接应用于异质图中。在 Metapath2vec 中，该论文作者提出了一种基于元路径的方案来引导异质图中的随机游走，以生成能够捕获不同类型节点之间语义和结构相关性的路径，促进将异质图结构转换为 Metapath2vec，进而用 SkipGram 语义模型解决异质图的嵌入问题。！

给定一个异质图 $G=(V,E,T)$ 和一个元路径模板（scheme）$\mathcal{P}: V_1 \xrightarrow{R_1} V_2 \xrightarrow{R_2} \cdots V_t \xrightarrow{R_t} V_{t+1} \cdots \xrightarrow{R_{l-1}} V_l$，那么第 i 步的转移概率定义[7]如下：

$$p\left(v^{i+1} \mid v_t^i; \mathcal{P}\right)=\begin{cases} \dfrac{1}{N_{t+1}\left(v_t^i\right)}, \left(v^{i+1}, v_t^i\right) \in E, \phi\left(v^{i+1}\right) \neq t+1 \\ 0, \quad \left(v^{i+1}, v_t^i\right) \in E, \phi\left(v^{i+1}\right)=t+1 \\ 0, \quad \left(v^{i+1}, v_t^i\right) \notin E \end{cases} \tag{3-15}$$

其中，$v_t^i \in V_t$，并且 $N_{t+1}\left(v_t^i\right)$ 代表的是节点 v_t^i 的相邻节点中属于 t+1 类型的节点集合。也就是说，游走是在预先设定的元路径 p 的基础上进行的。而且，元路径一般都用在对称的路径上，就是说，在上述路径组合中，节点 V_t 的类型和 V_l 的类型相同。$p\left(v^{i+1} \mid v_t^i\right)= p\left(v^{i+1} \mid v_l^i\right)$，如果 t=l，基于元路径的随机游走保证不同类型节点之间的语义关系之后，可以适当地融入 SkipGram 模型中进行训练，从而得到节点的嵌入表示。

3. 损失函数

在前面两小节介绍同质图图嵌入算法时，最优化函数都可等价成最大化出现在相同路径上（局部邻域）的节点嵌入向量的相似性，即

$$\max_f \sum_{u \in V} \log P\left(N_{\mathrm{R}}(u) \mid z_u\right) \tag{3-16}$$

类似的，上述最优化函数可写成如下形式：

$$\underset{\theta}{\operatorname{argmax}} \prod_{v \in V} \prod_{c \in N(v)} p(c \mid v; \theta) \tag{3-17}$$

其中，$N(v)$ 表示节点 v 的邻域，也就是其一跳或两跳的相邻节点。$p(c \mid v; \theta)$ 表示在参数 θ 下，给定节点 v 后，节点 c 的条件概率。

在异质图中，不能简单地采用同质图的策略，而应该采用最大化上下文内容出现的概率的策略，具体为：

$$\underset{\theta}{\operatorname{argmax}} \sum_{v \in V} \sum_{t \in T_V} \sum_{c_t \in N_t(v)} p\left(c_t \mid v;\theta\right) \tag{3-18}$$

此处，$N_t(v)$ 指的是节点 v 的相邻节点中的第 t 个节点，而概率函数 $p\left(c_t \mid v;\theta\right)$ 则为 Softmax 函数，可表示为

$$p\left(c_t \mid v;\theta\right) = \frac{\mathrm{e}^{X_{c_t} \cdot X_v}}{\sum_{u \in V} \mathrm{e}^{X_u \cdot X_v}} \tag{3-19}$$

其中，$\boldsymbol{X}_v$ 就是嵌入矩阵中的第 v 行向量，它表示节点 v 的嵌入向量。

由于网络的节点一般很多，归一化会耗时严重，所以采用负采样策略进行参数迭代更新，这时设置一个负采样的窗口 M，则目标函数[7]为

$$\log \sigma\left(\boldsymbol{X}_{c_t} \cdot \boldsymbol{X}_v\right) + \sum_{m=1}^{M} \mathbb{E}_{u^m \sim P(u)}\left[\log \sigma\left(-\boldsymbol{X}_{u^m} \cdot \boldsymbol{X}_v\right)\right] \tag{3-20}$$

其中，$\sigma(\cdot)$ 是 Sigmoid 函数，$P(u)$ 表示负样本节点 u 在 M 次采样中的预定义分布。

3.3 基于深度学习的图表示学习算法

3.1 节介绍了图嵌入的基本原理：通过一个编码器，将原图域中的节点映射到一个嵌入域中，得到每个节点在嵌入域的向量表示，同时满足节点在原图域中的相似度与在嵌入域中的相似度是类似的。3.2 节介绍了 3 种不同的基于随机游走的图表示学习算法，这 3 种算法是直推式（Transductive）算法，即当添加新节点时，需要重新运行，以便为新来者生成嵌入。随着网络结构越来越复杂，这种训练方式无疑是很耗时甚至无法更新的。本节将从图神经网络的角度出发，介绍能够应用于动态图的基于深度学习的图表示学习算法。

3.3.1 GraphSAGE

第 2 章介绍了基础的图神经网络——GCN，它是一种在图中结合拓扑结构和节点属性信息来学习节点的嵌入表示的算法。然而，GCN 要求在一个确定的图中去学习节点嵌入，在应用于下游任务时，无法直接泛化到在训练过程中没有出现过的节点，即属于一种直推式的学习。

本小节介绍的 GraphSAGE 是一个在复杂网络图中能够利用节点的属性信息高效产生未知节点嵌入从而进行归纳表示学习的框架。GraphSAGE 用于为节点生成低维向量表

示，对于将具有丰富节点属性信息的图训练应用于下游任务非常高效。GraphSAGE 的全称是 Graph SAmple and aggreGatE，名称中包含了该算法最重要的两个步骤，即邻居采样和特征聚合，下面分别介绍这两个步骤。

1. 邻居采样

与 DeepWalk 类似，GraphSAGE 也有一个基于上下文的相似性假设：位于相同邻域的节点的嵌入向量具有较高的相似性。每个节点的邻域设定为节点的 k 近邻。如果 k=1，则只有相邻节点被接受为相似节点；如果 k=2，则距离为 2 的节点也在同一邻域中可见，如图 3-10（a）所示。

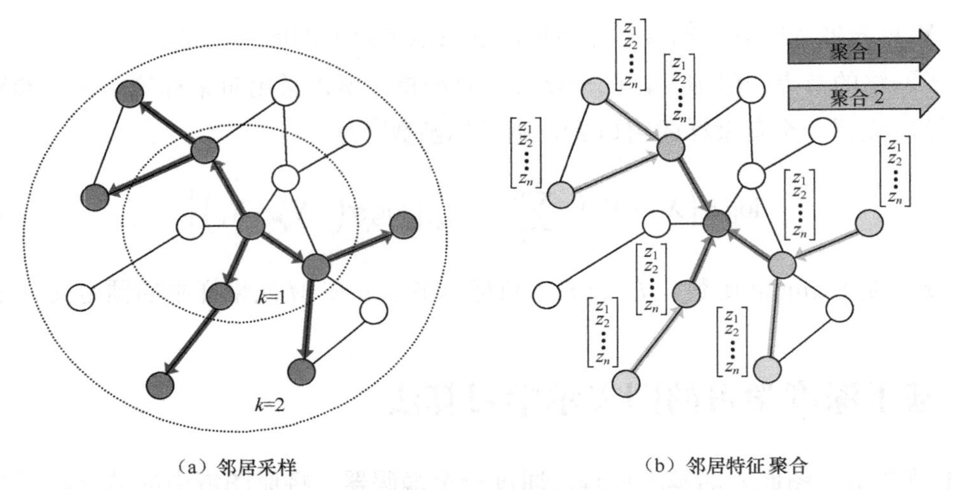

图 3-10　GraphSAGE 示例和聚合方法的可视化说明[8]

此采样过程可以归纳为对每个节点采样一定数量的相邻节点作为待聚合信息的节点，具体如图 3-10 所示，设采样数为 k，若节点邻居数小于 k，则采用有放回的抽样方法，否则采用无放回的抽样，直到采样出 k 个节点。

2. 特征聚合

在邻居采样过程中，完成了节点的采样之后，需要在邻域之间共享信息。特征聚合将各节点自身的特征和采样出的相邻节点的特征作为输入，进行聚合，聚合操作类似于第 2 章介绍的池化操作。常见的聚合操作有如下几种。

均值： 取相邻节点嵌入向量的均值。

池化： 先对相邻节点的嵌入向量进行一次非线性变换，再对变换后的向量进行平均池化或最大池化。

LSTM： 首先，LSTM 本身用于序列数据，而相邻节点是没有任何顺序的，所以 LSTM 聚合函数的做法是先将所有相邻节点的顺序随机打乱，再基于 LSTM，使用由相邻节点嵌入向量组成的随机序列作为输入，生成最终的聚合结果。

上述算法过程[8]具体介绍如下。

算法 3-1 GraphSAGE 嵌入生成算法

输入：图 $G(V,E)$；输入特征 $\{\boldsymbol{x}_v, \forall v \in \mathcal{V}\}$；聚合深度 K；权重矩阵 $\boldsymbol{W}^k, \forall k \in \{1,\cdots,K\}$；非线性函数 σ；可微聚合函数 $\text{AGGREGATE}_k, \forall k \in \{1,\cdots,K\}$；邻居表示方程 $\mathcal{N}: v \to 2^{\mathcal{V}}$

输出：节点 $v \in \mathcal{V}$ 的向量表示 $\boldsymbol{z}_v$

1：$\boldsymbol{h}_v^0 \leftarrow \boldsymbol{x}_v, \forall v \in \mathcal{V}$ // 将节点的初始嵌入向量设置为特征向量
2：**for** $k=1,\cdots,K$ **do** // 迭代节点的所有 k 近邻
3： **for** $v \in \mathcal{V}$ **do** // 遍历图中的所有节点
4： $\boldsymbol{h}_{\mathcal{N}(v)}^k \leftarrow \text{AGGREGATE}_k\left(\left\{\boldsymbol{h}_u^{k-1}, \forall u \in \mathcal{N}(v)\right\}\right)$; // 第 k 次迭代
5： $\boldsymbol{h}_v^k \leftarrow \sigma\left(\boldsymbol{W}^k \cdot \text{CONCAT}\left(\boldsymbol{h}_v^{k-1}, \boldsymbol{h}_{\mathcal{N}(v)}^k\right)\right)$; // 对每个节点进行聚合更新
6： **end**
7： $\boldsymbol{h}_v^k \leftarrow \boldsymbol{h}_v^k / \left\|\boldsymbol{h}_v^k\right\|_2, \forall v \in \mathcal{V}$; // 归一化嵌入向量
8：**end**
9：**return** $\boldsymbol{z}_v \leftarrow \boldsymbol{h}_v^K, \forall v \in \mathcal{V}$

当在神经网络中训练聚合器的权重参数时，可以由其特征和邻域生成未见过的节点的嵌入。因此，聚合器消除了将新节点引入图时重新训练的必要性。

3. 损失函数

上文介绍了在 GraphSAGE 中生成节点嵌入的一个过程。类似于 DeepWalk，在学习聚合器和嵌入的权重时，还需要一个可微的损失函数作为机器学习优化的对象。假设中提到，基于图的损失函数希望邻近的节点具有相似的向量表示，同时尽可能区分分离的节点的表示。下面的优化目标函数[8]用两个项来满足这两个要求：

$$J_{\mathcal{G}}(\boldsymbol{z}_u) = -\log\left(\sigma\left(\boldsymbol{z}_u^{\mathrm{T}} \boldsymbol{z}_v\right)\right) - Q \cdot \mathbb{E}_{v_n \sim P_n(v)} \log\left(\sigma\left(-\boldsymbol{z}_u^{\mathrm{T}} \boldsymbol{z}_{v_n}\right)\right) \tag{3-21}$$

其中，u 和 v 是互为邻居的节点，式中的两项计算出节点 u 的损失值。第一项表明，如果节点 u 和 v 在实际图形中接近，则它们的节点嵌入在语义上应该是相似的。在第二项中，v_n 是从负样本分布中提取出的负样本，$P_n(v)$ 是负采样的概率分布，Q 是负样本的数量。在此上下文中，负样本表示非相邻节点。此部分试图将这两个节点的嵌入表示分开。

3.3.2 VGAE

图神经网络可以细分为图卷积网络、图注意力网络、图时空网络、图生成网络和图

自编码器 5 类。图变分自编码器（Variational Gragh Auto-Encoders，VGAE）属于图自编码器，具体来说，VGAE 将变分自编码器（Variational Auto-Encoders，VAE）迁移到了图领域，本小节先简要介绍 VAE，然后再详细说明 VGAE 是如何基于深度学习进行图表示学习的。

1. VAE 简介

VAE 是变分贝叶斯（Variational Bayesian）和神经网络的结合，是一种自编码器，在训练过程中，其编码分布是规范化的，以确保其在隐空间具有良好的特性，从而允许生成一些新数据。

根据 3.1 节可知，图嵌入模型都可以看作由编码器和解码器组成。将解码器看作一个生成模型，只要有低维向量表示，就能用该生成模型得到近似真实的样本。但是，传统的自编码器只能生成与原始输入相似的图像，VAE 结合变分的思想，设计了一个变分自编码器，使输入 $\boldsymbol{X}$ 嵌入一个概率分布而不是一个精确的向量中，然后只需要从得到的概率分布中采样就能获得随机样本 Z，而不是直接由编码器生成。

2. VAE 框架

假设存在某个隐藏变量 z 产生一个观察 x，通过观察 x 推断出 z，即计算

$$p(z \mid x)=\frac{p(x \mid z) p(z)}{p(x)}=\frac{p(x \mid z) p(z)}{\int p(x \mid z) p(z) \mathrm{d} z} \tag{3-22}$$

如果 z 是一个维度很高的变量，分母 $p(x)$ 的求解将变得极其复杂，VAE 采用变分的思想：既然 $p(z \mid x)$ 不可解，就尝试用一个可解的分布 $q(z \mid x)$ 去近似 $p(z \mid x)$。显然，要求用最终的 $q(z \mid x)$ 去近似时，差异不能过大，通常情况下采用 KL 散度来衡量两个概率分布之间的差异，在求解中应使差异最小：

$$\min \mathrm{KL}(q(z \mid x) \| p(z \mid x)) \tag{3-23}$$

经过一些数学推导可以得出：

$$\max E_{q(z \mid x)} \log p(x \mid z)-\mathrm{KL}(q(z \mid x) \| p(z)) \tag{3-24}$$

式（3-24）中第一项的含义为不断在 z 上采样，然后使被重构的样本中重构 x 的概率最大；第二项的含义为使假设的后验分布 $q(z \mid x)$ 和先验分布 $p(z)$ 尽量接近。

VAE 的编码器模式不同于传统的自编码器直接输出编码后的向量，而是假设先验遵循正态分布，然后输出两个向量来描述潜在状态分布的均值和方差，即 VAE 编码器输出一个概率分布的参数，具体训练框架如图 3-11 所示。

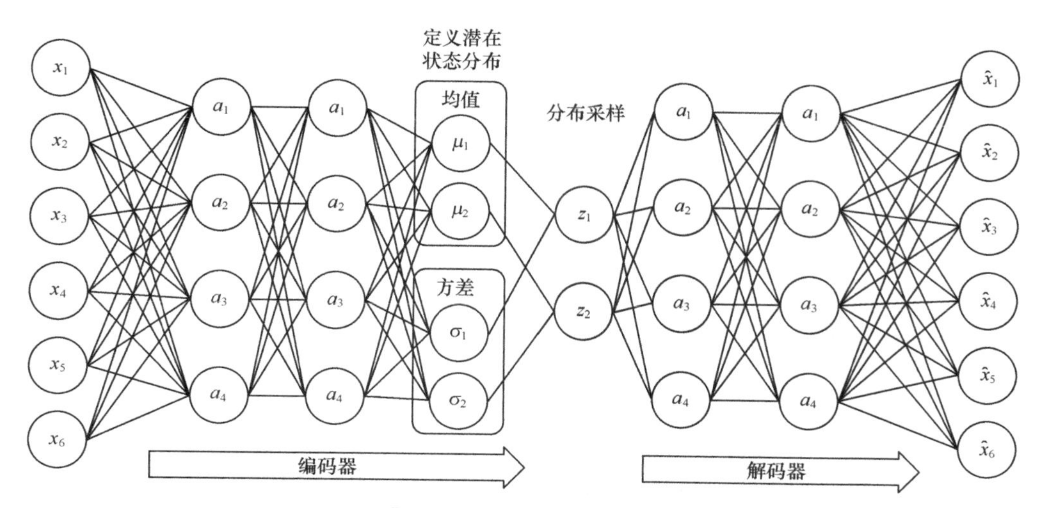

图 3-11　VAE 训练框架

但是，此采样过程有一些额外的注意事项。训练模型时，需要能够使用反向传播技术来计算网络中的每个参数相对于最终输出损耗的关系。但是，对于随机抽样过程，根本无法做到这一点。不过，可以利用“重新参数化”技巧：从标准正态分布中随机抽样 ε，在此基础上对方差缩放 σ 倍并加上 μ 的偏移量，具体如图 3-12 所示。

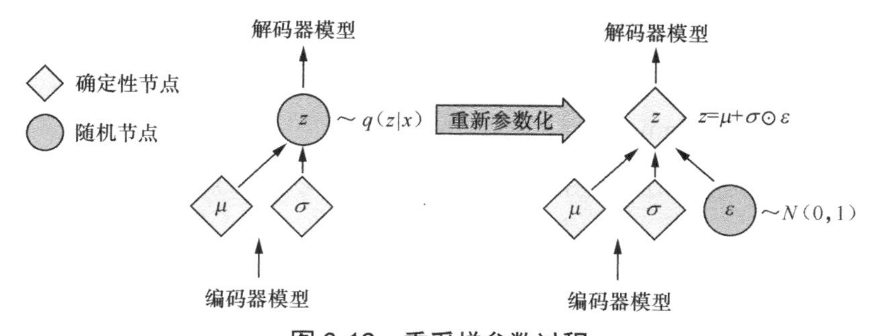

图 3-12　重采样参数过程

从 $N\left(\mu,\sigma^2\right)$ 中采样一个 z，相当于从 $N\left(0,I\right)$ 中采样一个 ε，然后令 $z=\mu+\sigma\odot\varepsilon$ [9]，这种重采样参数能保证反向传播的正常进行，从而优化分布的参数，并同时保持从该分布中随机采样的能力。

3. VGAE 简介

变分自编码器迁移到图领域的基本思路是：用已知的图经过编码（图卷积）学习节点向量表示的分布，在分布中采样得到节点的向量表示，然后进行解码，重新构建图。具体框架如图 3-13 所示。

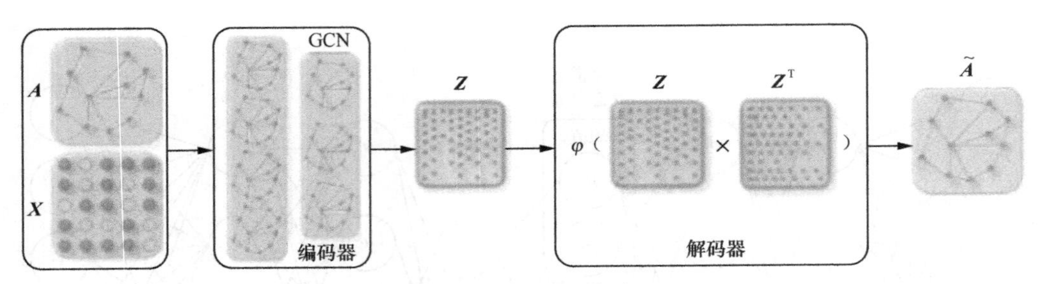

图 3-13　VGAE 框架

编码器为简单的两层图卷积网络：

$$q\left(\boldsymbol{Z}|\boldsymbol{X},\boldsymbol{A}\right)=\prod_{i=1}^{N}q\left(\boldsymbol{z}_i|\ \boldsymbol{X},\boldsymbol{A}\right) \tag{3-25}$$

其中，$q\left(\boldsymbol{z}_i|\boldsymbol{X},\boldsymbol{A}\right)=N\left(\boldsymbol{z}_i|\mu_i,\mathrm{diag}\left(\sigma_i^2\right)\right)$，$\mu$表示节点向量的均值，$\mu=\mathrm{GCN}_\mu\left(\boldsymbol{X},\boldsymbol{A}\right)$，$\sigma$表示节点向量的方差，$\log\sigma=\mathrm{GCN}_\sigma\left(\boldsymbol{X},\boldsymbol{A}\right)$。

两层图卷积网络的定义为

$$\mathrm{GCN}\left(\boldsymbol{X},\boldsymbol{A}\right)=\tilde{\boldsymbol{A}}\,\mathrm{ReLU}\left(\tilde{\boldsymbol{A}}\boldsymbol{X}\boldsymbol{W}_0\right)\boldsymbol{W}_1 \tag{3-26}$$

其中，$\tilde{\boldsymbol{A}}=\boldsymbol{D}^{-1/2}\boldsymbol{A}\boldsymbol{D}^{-1/2}$。$\mu=\mathrm{GCN}_\mu\left(\boldsymbol{X},\boldsymbol{A}\right)$和$\log\sigma=\mathrm{GCN}_\sigma\left(\boldsymbol{X},\boldsymbol{A}\right)$共享$\boldsymbol{W}_0$，但$\boldsymbol{W}_1$不同。采用变量这一步与变分自编码器相同，都使用“重新参数化”技巧。

解码器通过计算图中任意两点之间连边的概率来重构图：

$$p\left(\boldsymbol{A}|\boldsymbol{Z}\right)=\prod_{i=1}^{N}\prod_{j=1}^{N}p\left(A_{ij}|\ \boldsymbol{z}_i,\boldsymbol{z}_j\right) \tag{3-27}$$

其中，$p\left(A_{ij}=1|\boldsymbol{z}_i,\boldsymbol{z}_j\right)=\mathrm{Sigmoid}\left(\boldsymbol{z}_i^{\mathrm{T}}\boldsymbol{z}_j\right)$。

损失函数包括生成图和原始图之间的距离度量，以及节点表示中向量分布和正态分布的 KL 散度两部分：

$$L=\mathbb{E}_{q(\boldsymbol{Z}|\boldsymbol{X},\boldsymbol{A})}\left[\log p\left(\boldsymbol{A}|\boldsymbol{Z}\right)\right]-\mathrm{KL}\left[q\left(\boldsymbol{Z}|\boldsymbol{X},\boldsymbol{A}\right)\|\,p\left(\boldsymbol{Z}\right)\right] \tag{3-28}$$

其中，$\mathbb{E}_{q(\boldsymbol{Z}|\boldsymbol{X},\boldsymbol{A})}\left[\log p\left(\boldsymbol{A}|\boldsymbol{Z}\right)\right]$是交叉熵函数，$p\left(\boldsymbol{Z}\right)=\prod_i N\left(0,\boldsymbol{I}\right)$表示高斯先验。图 3-14 所示为编码-解码过程。

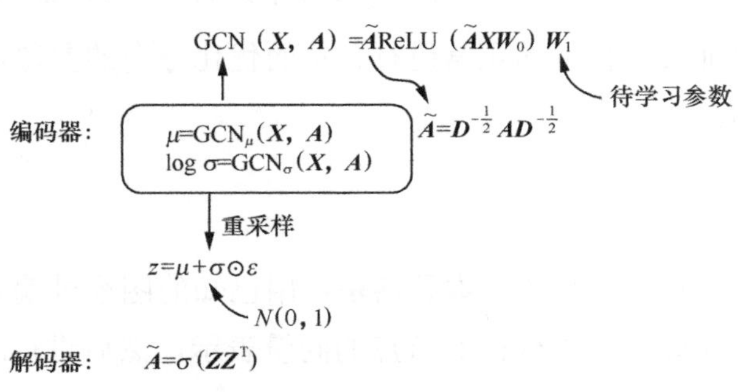

图 3-14　编码-解码过程

4. 损失函数

由于 VGAE 是将 VAE 的思想应用到图网络中，因此损失函数的思想也类似，同样希望分布与假设中的标准高斯尽可能相似。因此，损失函数需要包括两个部分[10]：

$$L = \mathbb{E}_{q(\boldsymbol{Z}|\boldsymbol{X},\boldsymbol{A})}\left[\log p\left(\boldsymbol{A}|\boldsymbol{Z}\right)\right] - \mathrm{KL}\left[q\left(\boldsymbol{Z}|\boldsymbol{X},\boldsymbol{A}\right) \| p\left(\boldsymbol{Z}\right)\right] \tag{3-29}$$

其中，$\mathrm{KL}\left[q(\cdot)\|p(\cdot)\right]$ 代表 $q(\cdot)$ 和 $p(\cdot)$ 之间的 KL 散度，高斯先验 $p(\boldsymbol{Z}) = \prod_i p(z_i) = \prod_i N\left(z_i|0,\boldsymbol{I}\right)$。

3.3.3 GraphCL

图表示学习面临的主要挑战之一是在学习的同时捕获节点特征和图结构的节点嵌入。为了弥补标签或预定义任务的缺失，部分无监督算法采用了同质性假设，即相连节点应该在嵌入域中相邻。但基于同质性假设，这些算法偏向于强调节点的直接邻近拓扑信息。本小节介绍的 GraphCL 算法是一个通用的对比学习框架，它通过最大化同一节点局部子图的两个随机扰动版本的表示之间的相似性来学习节点嵌入[11]。

1. 数据增强

数据增强的目的是在不影响语义标签的情况下，通过一定的转换来创建新的现实合理数据。本小节主要关注图级的数据增强。给定包含 M 个图的数据集中的一个图 $G \in \{G_m : m \in M\}$，可以构建满足以下条件的增强图，即满足 $\hat{G} \sim q\left(\hat{G}|G\right)$，其中 $q\left(\hat{G}|G\right)$ 是原始图的增强分布条件。4 种图数据增强手段[11]的对比见表 3-1。

表 3-1　4 种图数据增强手段的对比

图数据增强手段	类型	基础先验
节点丢弃	节点、边	部分节点缺失不会改变语义
边扰动	边	针对连接性变化的语义鲁棒性强
属性隐藏	节点	针对每个节点丢失部分属性的语义鲁棒性强
子图划分	节点、边	局部结构可以暗示完整的语义

（1）节点丢弃（Node dropping）：对于给定图 G，随机丢弃确定比例的节点及其相关的连接。

（2）边扰动（Edge perturbation）：随机增加或删除一定比例的边，每条边的增加或删除的概率亦服从独立同分布（Independent Identically Distribution，I.I.D）的均匀分布。

（3）属性隐藏（Attribute masking）：随机去除部分节点的属性信息，迫使模型使用上下文信息来重新构建被屏蔽的节点属性。

（4）子图划分（Subgraph）：通过随机游走采样图 G 的子图。

2. 算法框架

在图对比学习中，通过最小化潜在空间中的对比损失，进而最大化同一幅图的两个增强视图之间的一致性来执行预训练。整个框架由以下 4 个部分组成。

（1）图数据增强（Graph data augmentation）：对于给定图 G，使用图数据增强生成两个视图作为正样本对，其中 $\hat{G}_i \sim q_i(\cdot|G), \hat{G}_j \sim q_j(\cdot|G)$。

（2）基于 GNN 的自编码器（GNN-based encoder）：基于 GNN 的自编码器 $f(\cdot)$ 用于提取图级别的向量表示 $\boldsymbol{h}_i$、$\boldsymbol{h}_j$。

（3）投影头（Projection head）：投影头的非线性变换 $g(\cdot)$ 将增广表示映射到另一个计算对比损失的潜在空间。

（4）对比损失函数（Contrastive loss function）：对比损失函数 $L(\cdot)$ 用于强制最大化正样本对 $(\boldsymbol{z}_i, \boldsymbol{z}_j)$ 之间的一致性。

在 GNN 预训练期间，一个 mini-batch 内有 N 幅图，通过数据增强可以获得 $2N$ 幅增强图。对比的正样本对是一幅图的两个视图，负样本对是一幅图与其他图组成的样本对。首先定义余弦相似度 $\text{sim}(\boldsymbol{z}_{n,i}, \boldsymbol{z}_{n,j}) = \boldsymbol{z}_{n,i}^{\text{T}} \boldsymbol{z}_{n,j} / \|\boldsymbol{z}_{n,i}\| \|\boldsymbol{z}_{n,j}\|$，然后将 NT-Xent 损失函数定义为[11]

$$L_n = -\log \frac{\exp\left(\dfrac{\text{sim}(\boldsymbol{z}_{n,i}, \boldsymbol{z}_{n,j})}{\tau}\right)}{\sum\limits_{n'=1, n'\neq n}^{N} \exp\left(\dfrac{\text{sim}(\boldsymbol{z}_{n',i}, \boldsymbol{z}_{n',j})}{\tau}\right)} \tag{3-30}$$

其中，τ 代表温度参数。

GraphCL 算法可以看作最大化互信息的一种方式，可以将损失函数写成下列形式[11]：

$$L = \mathbb{E}_{\mathbb{P}_{\hat{G}_i}} \left\{ -\mathbb{E}_{\mathbb{P}_{(\hat{G}_j \hat{G}_i)}} T\left(f_1(\hat{G}_i), f_2(\hat{G}_j)\right) + \log\left(\mathbb{E}_{\mathbb{P}_{\hat{G}_j}} \mathrm{e}^{T\left(f_1(\hat{G}_i), f_2(\hat{G}_j)\right)} \right) \right\} \tag{3-31}$$

T 相当于一个判别器，这一损失相当于最大化 $h_i = f_1(\hat{G}_i), h_j = f_2(\hat{G}_j)$ 的互信息。在 GraphCL 算法中，$f_1 = f_2$，G_i、G_j 由数据增强获得。

3.4 本章小结

在第 2 章初步介绍了图神经网络后，本章先介绍图嵌入相关理论，然后引出两类图表示学习算法——基于随机游走的图表示学习算法和基于深度学习的图表示学习算法。

在基于随机游走的图表示学习算法中，DeepWalk 将词嵌入的思想扩展到图嵌入领域。Node2vec 通过有偏的随机游走策略，使网络能在局部视图和全局视图之间进行权衡。

Metapath2vec 提出元路径的方案，引出了可用于异质图的随机游走策略。

在基于深度学习的图表示学习算法中，GraphSAGE 采用邻居采样和特征聚合的策略为节点生成低维向量表示。VGAE 将变分自编码器迁移到了图领域，直接将编码器的思想应用于图上的自编码。GraphCL 为图表示学习提供了一种新的思路——图对比学习。

无论是基于随机游走的图表示学习算法还是基于深度学习的图表示学习算法，都是高效实用的图表示学习算法。除本章介绍的算法之外，还有很多图表示学习算法，感兴趣的读者可以进一步阅读最新的研究论文。

参考文献

[1] HAMILTON W L. Graph representation learning[M]. San Francisco, USA: Morgan & Claypool Publishers, 2020.

[2] MA Y, TANG J L. Deep learning on graphs[M]. Cambridge, UK: Cambridge University Press, 2021.

[3] PEROZZI B, AL-RFOU R, SKIENA S. DeepWalk: online learning of social representations[C]//Proceedings of the 20th ACM SIGKDD International Conference on Knowledge Discovery and Data Mining[C]. New York: ACM, 2014: 701-710.

[4] MIKOLOV T, SUTSKEVER I, CHEN K, et al. Distributed representations of words and phrases and their compositionality[J/OL]. (2013-10-16)[2023-1-30]. arXiv.org/abs/1310.4546.

[5] GOLDBERG Y, LEVY O. Word2vec explained: deriving mikolov et al.'s negative-sampling word-embedding method[J/OL]. (2014-2-15)[2023-1-30].arXiv.org/abs/1402.3722.

[6] GROVER A, LESKOVEC J. Node2vec: scalable feature learning for networks[J/OL]. (2016-7-3)[2023-1-30]. arXiv.org/abs/1607.00653v1.

[7] DONG Y, CHAWLA N V, SWAMI A. Metapath2vec: scalable representation learning for heterogeneous networks[C]//Proceedings of the 23rd ACM SIGKDD International Conference on Knowledge Discovery and Data Mining. Halifax, Canada: ACM, 2017: 135-144.

[8] HAMILTON W L, YING R, LESKOVEC J. Inductive representation learning on large graphs[J/OL]. (2017-11-8)[2023-1-30]. arXiv.org/abs/1706.02216v2.

[9] KINGMA D P, WELLING M. Auto-Encoding variational bayes[J/OL]. (2014-5-1)[2023-1-30]. arXiv.org/abs/1312.6114v10.

[10] KIPF T N, WELLING M. Variational graph auto-encoders[J/OL]. (2016-11-21)[2023-1-30]. arXiv.org/abs/1611.07308.

[11] YOU Y, CHEN T, SUI Y, et al. Graph contrastive learning with augmentations[J/OL]. (2021-4-3)[2023-1-30]. arXiv.org/abs/2010.13902v3.

Metapath2vec 使用元路径的方案，给出了可用于异质图的随机游走策略。

在基于深度学习的图表示学习方法中，GraphSAGE 采用邻居采样和特征聚合的策略，为节点生成归纳式表示；VGAE 将变分自编码器迁移到了图领域，直接将编码器的思想应用于图上的自监督；GraphCL 为图表示学习提供了一种新的思路——图对比学习。

无论是基于随机游走的图表示学习算法还是基于深度学习的图表示学习算法，都是较经典的图表示学习算法。除本章介绍的算法之外，还有很多图表示学习算法，感兴趣的读者可以进一步阅读相关的研究论文。

参考文献

[1] HAMILTON W L. Graph representation learning[M]. San Francisco, USA: Morgan & Claypool Publishers, 2020.

[2] MA Y, TANG J L. Deep learning on graphs[M]. Cambridge, UK: Cambridge University Press, 2021.

[3] PEROZZI B, AL-RFOU R, SKIENA S. DeepWalk: online learning of social representations[C]//Proceedings of the 20th ACM SIGKDD International Conference on Knowledge Discovery and Data Mining[C]. New York: ACM, 2014: 701-710.

[4] MIKOLOV T, SUTSKEVER I, CHEN K, et al. Distributed representations of words and phrases and their compositionality[J/OL]. (2013-10-16)[2023-1-30]. arXiv.org/abs/1310.4546.

[5] GOLDBERG Y, LEVY O. Word2vec explained: deriving mikolov et al.'s negative-sampling word-embedding method[J/OL]. (2014-2-15)[2023-1-30]. arXiv.org/abs/1402.3722.

[6] GROVER A, LESKOVEC J. Node2vec: scalable feature learning for networks[J/OL]. (2016-7-3)[2023-1-30]. arXiv.org/abs/1607.00653.

[7] DONG Y, CHAWLA N V, SWAMI A. Metapath2vec: scalable representation learning for heterogeneous networks[C]. Proceedings of the 23rd ACM SIGKDD International Conference on Knowledge Discovery and Data Mining. Halifax, Canada: ACM, 2017: 135-144.

[8] HAMILTON W L, YING R, LESKOVEC J. Inductive representation learning on large graphs[J/OL]. (2017-11-8)[2023-1-30]. arXiv.org/abs/1706.02216v2.

[9] KINGMA D P, WELLING M. Auto-encoding variational bayes[J/OL]. (2014-5-1)[2023-1-30]. arXiv.org/abs/1312.6114v10.

[10] KIPF T N, WELLING M. Variational graph auto-encoders[J/OL]. (2016-11-21)[2023-1-30]. arXiv.org/abs/1611.07308.

[11] YOU Y, CHEN T, SUI Y, et al. Graph contrastive learning with augmentations[J/OL]. (2021-4-3)[2023-1-30]. arXiv.org/abs/2010.13902v3.

第二部分

社交网络表示

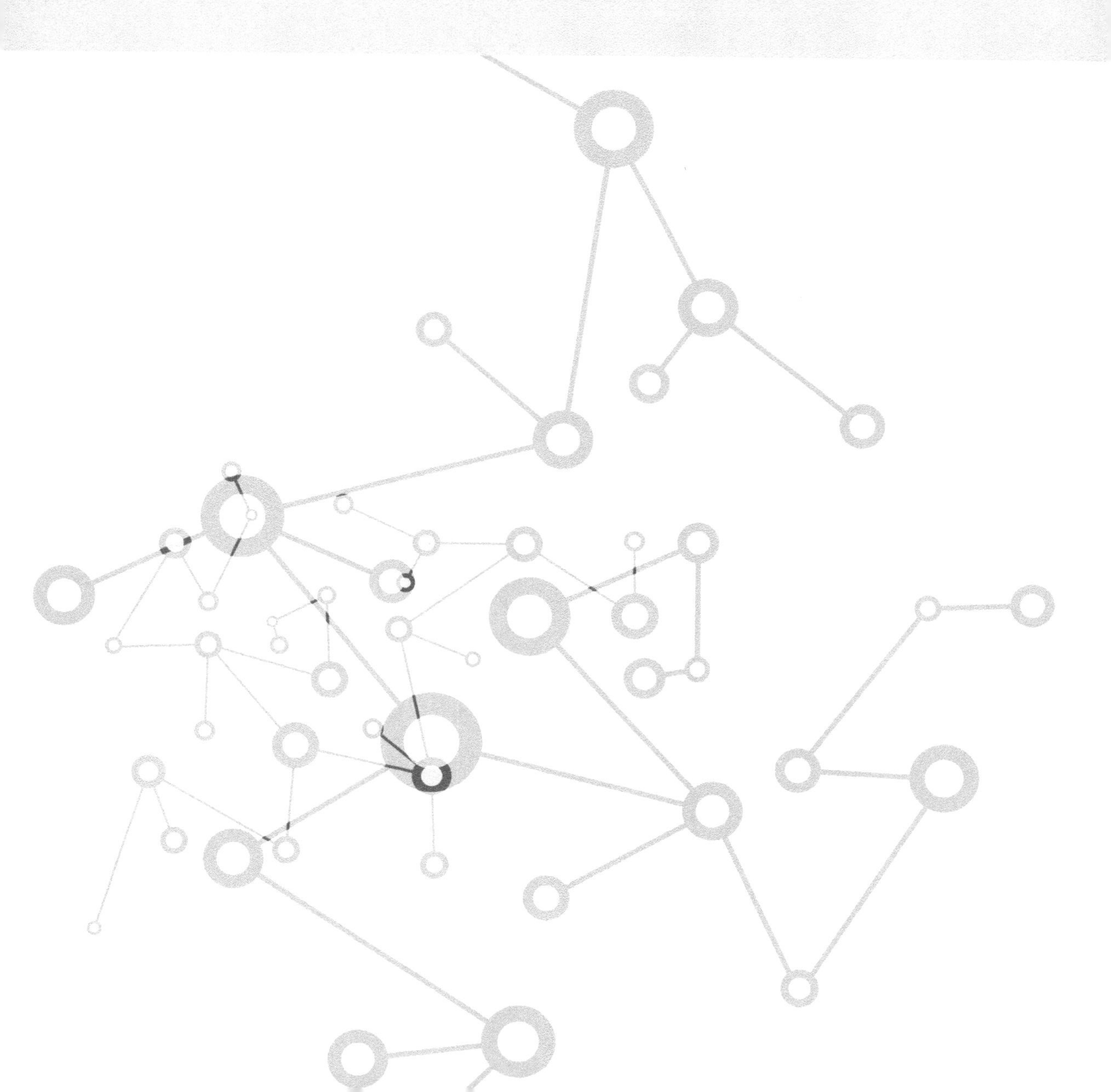

第 4 章　基于微分方程的动态图表示学习算法

近年来，图神经网络取得了巨大的成功，并成为研究非欧空间关系数据的一种范式，其代表模型有 GCN[1]、GraphSAGE[2]和 GAT[3]。其中，GCN 是一种基于谱卷积的方法，它第一次将图网络中节点的属性信息与结构信息完美融合，并利用谱分解减少计算开销，在静态网络的嵌入表示学习中得到了成功应用。GraphSAGE 是一种适用于大规模图网络表示学习的归纳式算法，它通过对节点邻居进行采样与聚合操作，定义了图上的消息传播机制，以归纳式方法有效地对大规模图网络进行学习。GAT 图结构学习算法近年来表现优异，其借鉴自然语言处理中的自注意力机制和多头表示机制，提出图上的自注意力算法，形成节点的更新方法。

然而，这些代表性算法都是为静态网络设计的，而忽略了图网络所具有的动态性这一天然属性，使其在实际应用中存在一定的局限性，并且容易出现过平滑现象[4]。

作为图表示学习中一个备受关注的主题，动态图表示学习得到了广泛研究，却依然具有挑战性。已有研究根据时间粒度的不同将模型分为时间连续模型和时间离散模型两类。

时间连续模型一般以模拟点过程的方式对动态性进行建模。然而，时间连续模型大多基于时间平稳的假设，即模型在相邻时间内的变化是连续的，但现实世界中常常发生突变，网络的动态变化存在不确定性，时间连续模型不能处理这种情况，在建立动态网络模型时要考虑这种情况。另外，时间连续模型大多仅考虑网络结构信息而忽略节点属性特征信息。最后，此类模型只建模到时态网络（Temporal Network）的最后时刻，不具备对新加节点的训练能力，也就是说，该模型不具备增量学习的能力。

时间离散模型以 GCN 为代表，融合改进循环神经网络（Recurrent Neural Network，RNN）或 CNN 以处理图的动态性。然而，时间离散模型本身对网络的时间粒度建模有限，规则的时间切片输入不能准确处理实际的网络动态信息，因此也不能揭示网络的动态演化成因。

对于有新节点生成的增长网络（Growing Network），上述模型不得不重新进行训练，这无疑损害了模型的可扩展性。因此，对于增长网络，自然产生了模型能够对新加入的节点进行增量学习的要求[5]。

综上所述，动态图表示学习是一类重要的基础研究，它为推荐、预测、交友等实际应用提供了重要的理论基础。因此，动态图表示学习不仅具有深远的研究意义，同时还蕴含着巨大的实际应用价值。本章将研究动态图表示学习问题，尤其针对动态场景下的不规则信息和增量图进行研究。

考虑到实际图网络动态的不规则性和动态变化的复杂性，本章以微分方程为基础对网络的动态进行预测。同时，针对网络变化的增长性这一特点，设计满足其要求的增量模型进行学习。最后，设计自适应的下游损失函数进行训练，保证端到端任务的正常进行。

4.1 问题定义

4.1.1 符号与概念

图网络是一个复杂系统，在真实世界中往往随着时间迁移发生变化，从而可以表示为动态网络。动态网络同时拥有时序特征、结构特征、属性特征等。时序特征是指动态网络相较静态网络拥有时间这一属性。这种时序特征往往体现为结构的变化（如节点的增加和减少、边的生成与消失等）和属性的变迁（如电商网络中用户购物兴趣的变化、社交网络中用户位置的变化、发表的评论或短文内容的变化等）。静态网络一般可看作动态网络的简化模型。因此，图网络的天然动态性要求模型应当对这种关系数据的时序演化进行刻画和编码。另外，真实世界中图网络的动态特性往往是不规则的。例如，社交网络中，一个用户可能在第一周与许多朋友有交互行为（如点赞、评论），而在接下来的几周几乎不与好友进行互动；电商网络中，一个用户可能晚上经常浏览商品页面而白天没有登录（大概率是白天在工作）。如图 4-1 所示，以节点 A 为中心节点观测其动态性，节点 A 在 t_1 时刻与节点 B 交互，随后在 t_2 时刻与节点 C 建立边关系，最后经过一段时间，在 t_3 时刻与节点 D 建立边关系。显然，这种不规则的动态性非常普遍。要想捕捉这种不规则的动态性，动态网络的建模必须是连续的。

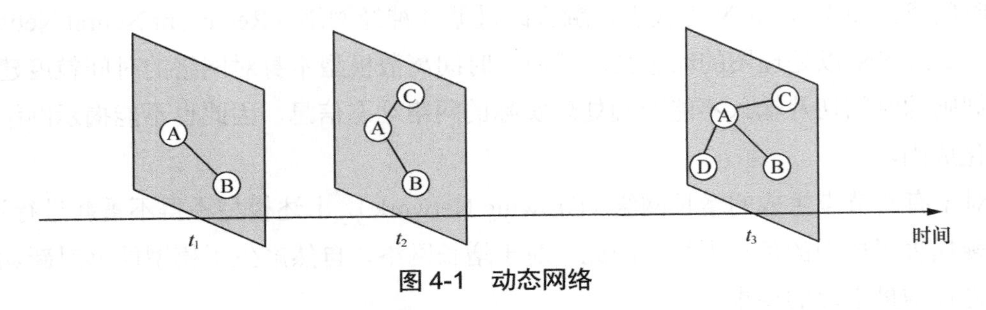

图 4-1　动态网络

因此，本章针对动态网络中广泛存在的不规则动态性，并考虑动态图的增长演化特性，将动态网络定义为 $G_t = (V_t, E_t, T)$，并定义带有时序信息的节点属性 $\boldsymbol{X}_t \in \mathbb{R}^F$。其中，$t$ 是一个实数，表示时间戳。G_t 可以表示任意时刻的图网络；节点集 $V_t = \{v_1, v_2, \cdots, v_n\}$ 可能随时间 t 发生变化，因而有别于图卷积神经网络的定义，图上的节点数是不固定的；边集 $E_t = \{(v_i, v_j, t)\}$ 代表节点 v_i 和节点 v_j 在 t 时刻发生交互，从而创建一条带有时间戳的边；T 代表时间戳集合，包含所有图上节点发生结构变化与属性变化的时刻。在本章的建模方式中，将边上发生的交互认定为在时间上是瞬时的，因此没有考虑该交互的持续时间。这种建模方式较为普遍，因为在实际的复杂系统中，局部事件的发生相较稳定的整体系统，一是其在时间上是瞬时的，二是其影响程度是微乎其微的，故该建模方式是合理的。

表 4-1 给出了模型中所使用的数学符号。

表 4-1　数学符号

符号	描述
G_t	动态网络
V_t	节点集
E_t	边集
T	时间戳集合
$\boldsymbol{X}(t_0)$	初始节点特征向量
$f(\cdot)$	时序聚合函数
$N(\cdot)$	邻居采样函数
K	聚合深度
$\boldsymbol{h}_v$	节点隐向量
$\boldsymbol{y}_v(t)$	节点在时刻 t 的表示
α, β	模型超参数

4.1.2　问题描述

本章考虑如下动态网络表示问题。给定一个初始动态网络 G_{t_0} 及其初始节点特征向量 $\boldsymbol{X}(t_0)$，在观测到时刻 t 之前的动态信息的条件下（包括结构信息变化以及属性信息变化），预测 t 时刻图上节点的表示，或者 t 时刻图上某节点（间）的状态（如预测节点的类别）或事件（两个节点间发生交互，即链接预测）。

4.2　归纳式动态图表示学习算法 GraphODE

4.2.1　算法框架

本框架包括 3 个部分：一是初始化阶段，包括结构预处理、属性预处理，以及算法所需的输入预处理，这一阶段需要形成算法可接受的输入；二是采样阶段，对节点的邻居进行采样，不能违背其动态规律，并达到减少计算开销的效果；三是邻居时序聚合阶段，对采样后的邻居进行时序聚合，由于动态网络下节点的邻居具有时序特征，邻居交互有先后顺序，因此聚合函数是时序敏感的，对邻居进行时序聚合时，动态信息被编码进综合表示 h_N 中。下面对各个部分分别进行介绍。

算法 4-1 归纳式动态图表示学习算法 GraphODE

输入：初始图网络 $G\left(V\left(t_0\right),E\left(t_0\right)\right)$，初始节点特征向量 $\boldsymbol{X}\left(t_0\right)$，聚合深度 K，非线性激活函数 σ，时序聚合函数 $f(\cdot)$，邻居采样函数 $N(\cdot)$

输出：节点 v 在时间 t 的表示 $\boldsymbol{y}_v(t),\forall v\in V$

1：初始化模型输入：$h_v^{(0)}\leftarrow \boldsymbol{X}_v\left(t_0\right),\forall v\in V$；
2：将节点的邻居按照时序顺序进行排序，并按字典形式存储；
3：**for** $k=1\cdots K$ **do**
4：　**for** $v\in V$ **do**
5：　　$h_{N(v)}^{(k)}\leftarrow f\left(h_u^{(k-1)},\forall u\in N(v)\right)$；
6：　　$h_v^{(k)}\leftarrow \sigma\left(W^{(k)}\cdot\left[h_v^{(k-1)},h_{N(v)}^{(k)}\right]\right)$；
7：　　$h_v^{(k)}\leftarrow h_v^{(k)}/\left\|h_v^{(k)}\right\|_2$；
8：　**end for**
9：**end for**
10：**return** $\boldsymbol{y}_v(t)\leftarrow \mathrm{MLP}\left(h_v^{(K)}\right),\forall v\in V$

4.2.2 初始化

首先，对于图数据上的节点 $v\in V_t$，将其初始节点特征向量 $\boldsymbol{X}_v\left(t_0\right)$ 表示为初始时刻的节点隐向量，用 $\boldsymbol{h}_v\left(t_0\right)$ 表示。对于初始节点特征，衡量结构特征的部分为初始时刻节点的度。一般来说，节点的度越高，其在图网络中的影响力越大，重要性就越高。衡量属性特征的部分为节点的文本等内容，这一属性特征包含了大量的语义信息：一类为静态特征，如社交网络或电商网络中用户的性别、年龄、位置等信息；还有一类为动态特征，如用户在某一时刻对他人的评论（一般在社交网络中）或者对物品的评分（一般在电商网络中）。本小节所采用的数据集动态特征为：比特币数据集中用户对其他用户的评分，Reddit 数据集中子社区发送的报文，以及 Wikipedia 数据集中的网页属性特征。

对于上述所需的数据输入，需要对其进行向量化后再输入模型中进行训练。下面阐述各部分的向量化方法。

1. 特征向量化

首先，对于节点的度，采用 one-hot 编码将其转换为稀疏向量。one-hot 编码又称为独热编码，该编码方式对输入特征进行二进制化，便于模型处理。使用该编码方式要求输入特征的可能取值之间没有顺序信息。若原始特征的取值有 N 种，则生成 N 维向量，所属类别位置的值为 1，其他位置的值为 0。例如，在节点最大度为 100 的图中，一个度为 15 的节点，其 one-hot 编码后的向量表示为 $\left[\underbrace{0,0,\cdots}_{14},1,\underbrace{0,0,\cdots}_{75}\right]$。利用 one-hot 编码可以将节点的度映射到欧氏空间，便于模型的优化学习。不过，one-hot 编码的缺点在于，当输入特征取值范围过大时，变换后的向量维数将变得过高，这导致参数量过大，优化变得困难。

其次，对于节点的初始属性特征，若数据集或节点没有该属性特征，则用随机值对其进行初始化。某些方案以全 0 向量填充，这可能会造成节点特征信息的同质化，尤其是当模型深度加深时，图神经网络中很容易出现过平滑现象。本小节采用 $[0,2]$ 之间正态分布的随机值进行初始化，得到表示属性特征的初始向量。对于数据集或节点拥有的属性特征，采用预训练好的 word2vec 的静态嵌入作为其文本特征的初始向量，向量维度设置为 512。另外，Reddit-Hyperlink 数据集给出了报文的处理特征向量，统计特征包括：字符数，去除空格后的字符数，阿拉伯字母比例，数字比例，大写字母比例，特殊字符比例，句子数，句子平均单词数，句子平均字符数，通过 VADER（Valence Aware Dictionary and sEntiment Reasoner）算法[6]得到的情感倾向，以及采用 LIWC（Linguistic Inquiry and World Count）内容分析工具[7]得到的文本分析特征。

进行完上述特征的向量化操作后，可以得到模型可用的输入向量 $\boldsymbol{X}_t \in \mathbb{R}^F$，$F$ 为 812。

2. 排序操作

得到初始时刻节点的初始特征向量后，需要存储节点的邻居。对邻居的存储包括存储其历史信息，即对于在图网络上发生在预测时刻前的邻居交互都要进行存储。存储方式是，以中心节点为键，将有历史交互的一阶邻居的 ID 和交互时间（时间戳）按照时间先后顺序存储为有序值，形成一个有序字典。例如，节点 3 的历史交互一阶邻居及其交互时间分别为 5,301；113,257；245,1023；那么，根据上述存储方式，可将其转换为如下有序字典：$\{3:[[5,301],[113,257],[245,1023]]\}$。

4.2.3　节点邻居采样操作

节点邻居采样操作在图学习中是一种重要的方法，可以减少模型参数，优化运算效率，提升推理表现。相关研究表明[2]，在邻居聚合操作中，中心节点的邻居聚合并不一定发生在所有的邻居中，所以在大规模图数据上进行采样操作是一种有效且重要的可以降低算法运算开销的策略。给定一个时间连续的动态网络 $G_t=(V_t,E_t,T)$，如何对其进行邻居采样，才能既最大限度地保留动态时序信息，又提升训练效率，并降低运算开销呢？事实上，现有的大部分方法都忽略了时间因素，仅对图上每个节点的邻居进行等概率采样，且采样数相同。我们注意到，对于上述构建的作为初始化输入的有序字典，每个节点都有一个初始时刻 t_0。在时间连续动态网络中，每条交互边都有其对应的时间戳，因此可以通过任意概率分布（均匀概率分布或加权分布）找到其最接近初始时刻 t_0 的初始边 e_0。在动态网络场景下，这种时序偏重的采样方式可以提高下游任务的预测性能。

对于节点 v，定义如下邻居采样函数：

$$N(v)=\{u\in V:(u,v)\in E_t|\Pr(u)\} \tag{4-1}$$

其中，$\Pr(u)$ 是节点邻居 u 被采样到的概率。实际应用中，通常将采样数设置为 2 的整数次幂。为了达到动态信息保留与训练效率之间的平衡，提出了如下两种采样策略。

一是时间感知采样（Time-aware Sampling）。对于动态网络采样，考虑时序加权概率分布：

$$\Pr(u)=\frac{\exp\left[T(u)-t_0\right]}{\sum_{u'\in U(u)}\exp\left[T(u')-t_0\right]} \tag{4-2}$$

其中，t_0 为中心节点 v 的初始时间，$U(u)=\{u\in V:(u,v)\in E_t\}$。该采样方式的原则是，与中心节点 v 交互时间越靠后的邻居，其对当前事件的影响越大，那么其被采样到的概率就越大。

二是相似性采样（Similarity Sampling）。该采样策略的概率分布定义如下：

$$\Pr(u)=\frac{\boldsymbol{h}_u\cdot\boldsymbol{h}_v}{\sum_{u'\in U(u)}\boldsymbol{h}_{u'}\cdot\boldsymbol{h}_v} \tag{4-3}$$

其中，$\boldsymbol{h}_u$ 为节点邻居 u 的潜在表示，$\boldsymbol{h}_v$ 为中心节点 v 的潜在表示，$\boldsymbol{h}_{u'}$ 为所有一阶邻居的潜在表示。这种采样概率计算方式的含义是显而易见的：由于表示空间为欧氏空间，借鉴余弦相似度，当前节点与中心节点的相似性越高，其被采样到的概率将越大。这种方式也可被看作一种注意力机制，其更注重节点表示空间中的相似性。

4.2.4 聚合函数操作

经过节点邻居采样操作后，可以得到关于中心节点 v 采样后的邻居集合。应用自适应的聚合函数作用于上述邻居集合，得到聚合后的综合邻居表示 $\boldsymbol{h}_{N(v)}^{(k)}$。该综合邻居表示与中心节点 v 进行非线性变换后，从时间和表达层次上更新中心节点的表示向量。GraphSAGE 算法给出了适合时序输入的 LSTM 聚合函数，它具有更大的表达能力和天然的时序编码属性，在动态表示学习中具有得天独厚的优势。然而，LSTM 聚合函数只能对固定间隔的动态信息进行建模，无法捕捉实际图网络上的不规则动态信息。本小节提出的 GraphODE（Ordinary Differential Equation，常微分方程）算法可以在连续时间上对节点的表示进行更新，自然也就能够捕捉细粒度动态信息。

受文献[8]的启发，本小节提出的 GraphODE 算法定义了图上节点的潜在动态信息流，该动态信息流由节点与其一阶邻居的动态交互来决定。

需要说明的是，GraphODE 算法是从微分方程的角度解析 GRU 网络的隐状态更新。GRU 框架是 RNN 模型的一种变体，其通常应用于序列数据。令 $\boldsymbol{r}_t$、$\boldsymbol{z}_t$ 和 $\boldsymbol{g}_t$ 分别为 GRU 网络的重置门、更新门和更新后的向量，其计算如下：

$$\begin{aligned} \boldsymbol{r}_t &= \sigma\left(W_r \boldsymbol{x}_t + U_r \boldsymbol{h}(t-1) + \boldsymbol{b}_r\right) \\ \boldsymbol{z}_t &= \sigma\left(W_z \boldsymbol{x}_t + U_z \boldsymbol{h}(t-1) + \boldsymbol{b}_z\right) \\ \boldsymbol{g}_t &= \tanh\left(W_g \boldsymbol{x}_t + U_g\left(\boldsymbol{r}_t \circ \boldsymbol{h}(t-1)\right) + \boldsymbol{b}_g\right) \end{aligned} \tag{4-4}$$

其中，$\circ$ 是阿达马乘积，即逐元素相乘。则标准的 GRU 形式为

$$\boldsymbol{h}(t) = \boldsymbol{z}_t \circ \boldsymbol{h}(t-1) + \left(1-\boldsymbol{z}_t\right) \circ \boldsymbol{g}_t \tag{4-5}$$

可以将式（4-5）写作 $\boldsymbol{h}(t) = \mathrm{GRU}\left(\boldsymbol{h}(t-1), \boldsymbol{x}_t\right)$。

下面推导连续形式的 GRU 网络更新方程。首先，对于式（4-5），左式减去 $\boldsymbol{h}(t-1)$，可以得到隐状态 $\boldsymbol{h}(t)$ 的变化量：

$$\begin{aligned} \Delta \boldsymbol{h}_t &= \boldsymbol{h}(t) - \boldsymbol{h}(t-1) \\ &= \boldsymbol{z}_t \circ \boldsymbol{h}(t-1) + \left(1-\boldsymbol{z}_t\right) \circ \boldsymbol{g}_t - \boldsymbol{h}(t-1) \\ &= \left(1-\boldsymbol{z}_t\right) \circ \left(\boldsymbol{g}_t - \boldsymbol{h}(t-1)\right) \end{aligned} \tag{4-6}$$

式（4-6）为隐状态 $\boldsymbol{h}(t)$ 的差分形式。由该差分形式方程可以很容易得到关于隐状态 $\boldsymbol{h}(t)$ 的微分方程：

$$\frac{\mathrm{d}\boldsymbol{h}(t)}{\mathrm{d}t} = \left(1-\boldsymbol{z}(t)\right) \circ \left(\boldsymbol{g}(t) - \boldsymbol{h}(t-1)\right) \tag{4-7}$$

该微分形式的 GRU 更新方式在时间上是连续的，基于此可以对图网络的潜在动态信息流进行细粒度建模。以上运算操作被称为 GRU-ODE 单元。

求解微分方程要求式（4-7）必须是连续的。接下来给出关于 GRU-ODE 隐状态的两个定理，以保证其在应用微分方程求解器时的鲁棒性和稳定性。

定理 4-1（有界性）：隐状态 $\boldsymbol{h}(t)$ 是有界的，范围为 $[-1,1]$。

证明：由于标准 GRU 网络的激活函数（如 Sigmoid、tanh）是有界函数，显然可得 $\boldsymbol{z} \in (0,1)$ 且 $\boldsymbol{g} \in (-1,1)$。因此，从式（4-7）易得

$$\begin{cases} \dfrac{\mathrm{d}\boldsymbol{h}(t)_j}{\mathrm{d}t}\Big|_{t:\boldsymbol{h}_j=1} \leqslant 0 \\ \dfrac{\mathrm{d}\boldsymbol{h}(t)_j}{\mathrm{d}t}\Big|_{t:\boldsymbol{h}_j=-1} \geqslant 0 \end{cases} \tag{4-8}$$

因而，$\boldsymbol{h}(t)_j \in [-1,1]$。

该性质对于模型的稳定性至关重要。若隐状态 $\boldsymbol{h}(0)$ 的值不在 $[-1,1]$ 范围内，式（4-8）的负反馈作用将把 $\boldsymbol{h}(t)$ 拉回该范围内，从而保证系统的鲁棒性。

定理 4-2（连续性）：隐状态 $\boldsymbol{h}(t)$ 是 Lipschitz 连续的，且 Lipschitz 常数 $K=2$。

证明：由式（4-7）可以看出，隐状态 $\boldsymbol{h}(t)$ 是关于时间连续且可微的。对于任意的时间 $t_{\mathrm{a}},t_{\mathrm{b}}\in t$，应用中值定理，存在一个时间 $t^{*}\in(t_{\mathrm{a}},t_{\mathrm{b}})$，使得

$$\boldsymbol{h}(t_{\mathrm{b}})-\boldsymbol{h}(t_{\mathrm{a}})=\frac{\mathrm{d}\boldsymbol{h}}{\mathrm{d}t}\bigg|_{t^{*}}(t_{\mathrm{b}}-t_{\mathrm{a}}) \tag{4-9}$$

对式（4-9）求二范数，可得

$$\left\|\boldsymbol{h}(t_{\mathrm{b}})-\boldsymbol{h}(t_{\mathrm{a}})\right\|_{2}=\left\|\frac{\mathrm{d}\boldsymbol{h}}{\mathrm{d}t}\bigg|_{t^{*}}(t_{\mathrm{b}}-t_{\mathrm{a}})\right\|_{2} \tag{4-10}$$

由于隐状态 $\boldsymbol{h}(t)$ 是在 $[-1,1]$ 范围内的有界变量，其激活函数（Sigmoid 和 tanh）也在该界之内，则容易得到 $\frac{\mathrm{d}\boldsymbol{h}(t)}{\mathrm{d}t}$ 是在 $[-2,2]$ 范围内的有界变量，从而可以得到隐状态 $\boldsymbol{h}(t)$ 是 Lipschitz 连续的，且 Lipschitz 常数 K 为 2。

定理 4-2 的结论表明，GRU-ODE 单元是关于隐状态 $\boldsymbol{h}(t)$ 的一个连续先验编码。

可通过神经微分方程的方法来求解式（4-7），其一般由下列方程组来刻画：

$$\begin{cases}\dfrac{\mathrm{d}\boldsymbol{h}(t)}{\mathrm{d}t}=f\left(\boldsymbol{h}(t),t;\theta\right)\\ \boldsymbol{h}(t_0)=\boldsymbol{h}_0\\ \boldsymbol{h}(t_i)=\boldsymbol{h}(t_0)+\displaystyle\int_{t_0}^{t_i}\frac{\mathrm{d}\boldsymbol{h}(t)}{\mathrm{d}t}\mathrm{d}t\end{cases} \tag{4-11}$$

式（4-11）即为神经微分方程的一般描述，$\boldsymbol{h}(t)$ 即为其描述的隐状态，这里为图的动态性描述；$f(\cdot)$ 为由一阶微分方程决定的动态过程刻画，这里即为由式（4-7）描述的 GRU-ODE 聚合函数的动态系统，其初值由 4.2.2 小节的初始特征来决定。因此，根据式（4-11）可以推测任意时刻的隐状态。

事实上，隐状态 $\boldsymbol{h}(t)$ 可以看作图上动态信息抽象的一个随机过程，图上节点的动态表示观测 $\boldsymbol{y}_{v}(t)$ 可以看作从该随机过程中采样得到的。那么，$\boldsymbol{h}(t)$ 可以被看作一个随机微分方程，$\boldsymbol{y}_{v}(t)$ 可以被看作隐状态的条件概率函数：

$$\mathrm{d}\boldsymbol{h}(t)=f\left(\boldsymbol{h}(t),t;\theta_{1}\right)\cdot\mathrm{d}t \tag{4-12}$$

$$\boldsymbol{y}(t)=m\left(\boldsymbol{h}(t),\theta_{2}\right) \tag{4-13}$$

其中，f 是一个神经网络，由 θ_1 和 t 参数化，其对潜在动态信息流进行建模；m 是一个多层感知机函数，由 θ_2 参数化；建模条件概率为 $p(\boldsymbol{y}|\boldsymbol{h})$。注意，式（4-12）将函数 f 的参数 t 单独分离，这样可以避免通过叠加聚合深度来更新状态，从而将参数量简化为常数阶。

GRU-ODE 对网络 f 这个随机微分方程建模，其主要由邻居交互过程确定。节点 $v \in V_t$ 与其一阶邻居 u 的一次交互被作为一个隐状态的更新过程。图 4-2 展示了这一思想。如果中心节点的邻居 v_1、v_2、v_3、v_4 在时刻 t_1、t_2、t_3、t_4 分别与中心节点 v_x 进行了交互，那么中心节点 v_x 的潜在隐状态 $\boldsymbol{h}(t)$ 将在相应的时刻进行更新，如图 4-2 右侧所示。而该连续随机过程将由 GRU-ODE 建模得到，即式（4-7）。该微分方程由数值求解器计算得出。中心节点的隐状态 $\boldsymbol{h}(t_0)$ 由输入特征决定，当前状态 $\boldsymbol{h}(t)$ 是 ODE 求解器对式（4-7）的初值问题在时刻 t 求得的解。一旦得到了基于随机微分方程的网络 f，隐状态在任意时刻的动态信息都可计算得到。通过聚合函数，可以得到中心节点的更新状态表示，GRU-ODE 聚合函数表示如下：

$$\boldsymbol{h}_v^{(k)} \leftarrow \sigma\left(W^k \cdot \text{GRU-ODE}\left(\boldsymbol{h}_v^{(k-1)}, \boldsymbol{h}_u^{(k-1)}, \forall u \in N(v)\right)\right) \tag{4-14}$$

该表达式可计算得到每个节点在任意时刻的潜在隐状态，然后对更新后得到的隐状态 $\boldsymbol{h}_v^{(k)}$ 进行归一化。进行该操作的原因有二：一是利用梯度下降法求解参数时，归一化方法可以避免梯度的爆炸或消失；二是在微分方程的求解过程中，对隐状态的数值范围有严格的要求（见定理 4-2），进行归一化可使隐状态 $\boldsymbol{h}(t)$ 保持数值的稳定性。

最后，经过 MLP 神经网络可以得到节点在时刻 t 的表示：

$$\boldsymbol{y}(t) \sim p\left(\boldsymbol{y} | \boldsymbol{h}(t)\right) = \text{MLP}\left(\boldsymbol{h}(t)\right) \tag{4-15}$$

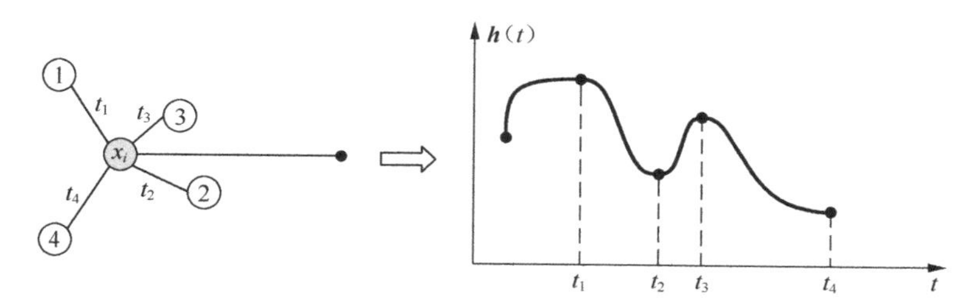

图 4-2　节点交互与隐状态变化

4.2.5　自定义损失函数与端到端优化

本小节将讨论本框架对接下游任务时所设计的自定义损失函数，以及可以应用的端到端优化。本框架中的损失函数是下游任务导向的，即本小节所设计的动态图表示学习算法和下游任务联合训练。本小节考虑了图表示学习中两类典型的任务：节点分类任务和链接预测任务。

节点分类任务。该任务是预测图上节点 v 在时刻 t 的标签。需要注意一个事实：图上节点的标签可能随时间发生变化。例如，社交网络中的用户在不同时刻的兴趣可能是不同的，Wikipedia 数据集上的用户在不同时刻的编辑权限可能不同。因此，在动态图上进行节点类别预测是有实际意义的。一旦通过上述算法得到了节点在当前时刻 t 的表示 $\boldsymbol{y}_v(t)$，令激活函数为 Softmax（二分类问题下激活函数为 Sigmoid），那么，在有真实值 $\boldsymbol{y}_v(t)$ 的情况下，训练损失为加权交叉熵，表达式为

$$L=-\sum_{v}\alpha_v\sum_{i}\left(\boldsymbol{y}_v(t)\right)_i\log\left(\sigma\left(\boldsymbol{y}_v(t)\right)_i\right) \tag{4-16}$$

其中，α_v 是超参数，用来缓解类别不平衡问题，i 表示类别。训练采用梯度下降法，使用 Adam 进行优化。预测时只需要计算 $\sigma\left(\boldsymbol{y}_v(t)\right)$ 即可。

链接预测任务。该任务与节点分类任务类似，利用节点 v 和节点 u 的历史信息，对这两个节点在当前时刻 t 形成边 (v,u) 的概率进行预测。在 GRU-ODE 捕捉到两个节点的历史动态信息的前提下，预测两个节点在当前的表示 $\boldsymbol{y}_v(t)$ 和 $\boldsymbol{y}_u(t)$。该训练损失是一个时间敏感的熵函数：

$$L=\sum_{(v,u,t)\in E_t}-y_p\log\left(\sigma\left(\boldsymbol{y}_v(t)^{\mathrm{T}}\boldsymbol{y}_u(t)\right)\right)-Q\cdot E_{q\sim P(n)}y_n\log\left(\sigma\left(-\boldsymbol{y}_v(t)^{\mathrm{T}}\boldsymbol{y}_q(t)\right)\right) \tag{4-17}$$

其中，σ 是一个 Sigmoid 激活函数，Q 是负样本数，$P(n)$ 是节点集上负样本的采样分布。该损失函数会迫使相似的节点具有相近的表示向量分布，而对表达不同的节点，会拉远它们的分布距离。经过此训练，样本可以得到合理且充分的利用。训练同样采用梯度下降法，使用 Adam 进行优化。

4.2.6 性能分析

上述部分详细介绍了 GraphODE 算法的各个关键步骤和各种优化方法，本小节将对 GraphODE 算法进行总体性能分析。

GraphODE 算法旨在捕捉动态网络上节点的不规则动态信息，并以归纳学习的方式对节点表示向量进行更新，从而使其具备增量学习能力，能够处理新生成的节点和边。首先，算法对输入数据进行处理，得到初始节点表示向量（高维），并将数据存储为字典形式，便于后续模块处理。节点邻居采样是归纳学习中必不可少的一个环节。4.2.3 小节结合问题背景提出时间感知采样和相似性采样两种采样策略，充分考虑了准确率与训练效率之间的平衡。对于动态场景下的聚合函数，本小节创新性地利用微分方程理论改写 GRU 网络的更新形式，并给出了该方法的理论分析，证明其连续性和有界性，可以利用常微分方程求解器对式（4-7）进行求解。利用 GRU-ODE 对图上的连续随机过程进行建模，并通过模拟条件概率得到节点在任意时刻的表示。最后，利用面向下游任务的自定义损失函数对整个框架进行优化。该监督学习方法在链接预测任务中也可应用到自监督场景上。

总体来看，本节所提出的模型具有以下几大优势。

一是对不确定性动态信息的捕捉能力。GraphODE 算法可以对节点的不规则动态信息进行建模，换句话说，它是一种时间连续的动态图表示学习算法。

二是新节点的归纳学习能力。本算法通过归纳式方法学习邻居的表示，即通过邻居的聚合和非线性变化来学习局部结构性，这种方式可以天然处理增量网络。

三是常数级的参数量。当节点的隐状态被参数化为时间的连续函数时，网络的参数与隐状态的单元无关，这与标准的 GRU 网络完全不同。一般来说，要想对更长的动态关系进行建模，需要加深 GRU 网络的聚合深度，也就意味着参数量的增加。但是，在连续可微 GRU-ODE 中，时间是一个独立参量，可由求解器来估计，这将极大地缩小模型的规模，减少训练和推理开销。

4.3 基于受控微分方程的改进算法 GraghCDE

4.3.1 问题引入

4.2 节针对现有的问题建模所提出的动态图表示学习算法——GraphODE，对图上节点的不规则动态信息具有良好的捕捉能力。尤其是算法中所提出的核心聚合函数——GRU-ODE，创新性地利用神经微分方程求解连续的 GRU 网络编码的网络隐状态，可以很好地对图上节点的表示进行连续时间的建模，从而捕捉每个节点不规则的动态信息，对任意时刻的事件进行预测。然而，GRU-ODE 函数的问题在于，其对网络动态性的建模由两部分确定：其一，图上节点在初始时刻的特征输入；其二，GRU-ODE 函数对图上节点的隐状态的连续函数建模 $f(\cdot)$，即由聚合函数确定图上隐状态。由上述两部分确定的动态性建模，对于实际图网络并非完全准确。

具体地，GraphODE 对动态性的建模很大程度上依赖初始特征输入，这与实际情况不符。GraphODE 的训练方式将导致随着观测时间的延长，训练代价增大，训练误差也将不可避免地增大。神经微分方程中并没有根据后续观测来调整动态隐变量轨迹的机制，整个过程由初始状态与一次观测量迭代确定。而实际情况中，图上节点的动态信息与最近一次的节点交互有很大关系，并且节点自身的属性也可能发生变化，神经微分方程的机制不能反映此类实际情况。虽然 4.2 节提出的采样策略中有针对时序信息的加强采样策略（即时间最近的邻居具有更大的采样概率），但是 GRU-ODE 本身借鉴神经微分方程思想所采用的前向传播机制并不能弥补其本身机制的缺点。

其次，对于中心节点与邻居的交互，GRU-ODE 的处理并不是十分合理。GRU-ODE 将中心节点与邻居的交互事件描述为随机过程中观测到的一个事件。若干个历史交互事件形成了一个动态过程，该动态性由 GRU-ODE 描述的连续过程确定。然而，邻居交互这种随机事件具有一定的缺陷：一是可能破坏其连续性，使整个系统不连续，形成有限个跳跃点与连续过程的混合过程；二是神经微分方程模拟的 Lipschitz 连续性，可能无法对交互事件对于未来动态性的影响进行有效建模。为解决上述问题，本节提出了基于受控微分方程的动态图表示算法——GraphCDE 来提升算法的表现。

4.3.2 解决方案与分析

针对 GraphODE 对图上节点的动态性建模的单一连续性带来的局限，一种直观的改进方法为，将图上节点的动态性由单一连续的随机过程修改为由两部分构成的随机过程：第一部分由连续过程确定，第二部分刻画交互事件对当前状态的影响。图上节点的动态性可表示为

$$\mathrm{d}\boldsymbol{h}(t)=f\left(\boldsymbol{h}(t),t;\theta\right)\cdot\mathrm{d}t+w\left(\boldsymbol{h}(t),\boldsymbol{y}(t),t;\theta\right)\cdot\mathrm{d}N(t) \tag{4-18}$$

其中，$\boldsymbol{h}(t)$ 为图上节点的隐状态；$\boldsymbol{y}(t)$ 为时刻 t 节点的表示向量；$f(\cdot)$ 和 $w(\cdot)$ 分别表示两个神经网络，$f(\cdot)$ 刻画了连续演变过程，$w(\cdot)$ 对由节点交互带来的变量突变进行建模；$N(t)$ 为截至时刻 t 节点交互的次数，即交互带来的影响强度由其交互次数确定。假设 $\boldsymbol{h}(t)$ 是左连续的，对于上述过程的学习，损失函数将定义为对交互事件的概率似然函数：

$$L=-\log P(H)=-\sum_j\log\lambda\left(\boldsymbol{h}(t_j)\right)-\sum_j\log p\left(\boldsymbol{y}_j|\boldsymbol{h}(t_j)\right)+\int_{t_0}^{t_N}\lambda\left(\boldsymbol{h}(\tau)\right)\mathrm{d}\tau \tag{4-19}$$

式（4-19）中的积分在实际中一般通过对离散事件的加权和来求得。$\lambda\left(\boldsymbol{h}(t)\right)$ 为隐状态的条件强度，也可以通过一个神经网络学习得到。

对于神经微分方程，一般利用文献[9]给出的伴随法进行求解。然而，针对式（4-19）所描述的混合随机过程，由于其存在不连续点，不能直接利用伴随法求解。换句话说，每当有交互事件发生时，$w(\cdot)$ 所刻画的突变影响会使隐变量产生突变，如图 4-3 中的虚线箭头所示。那么，其隐状态的变化量可以表示为

$$\Delta\boldsymbol{h}(t)=w\left(\boldsymbol{h}(t),\boldsymbol{y}(t),t;\theta\right) \tag{4-20}$$

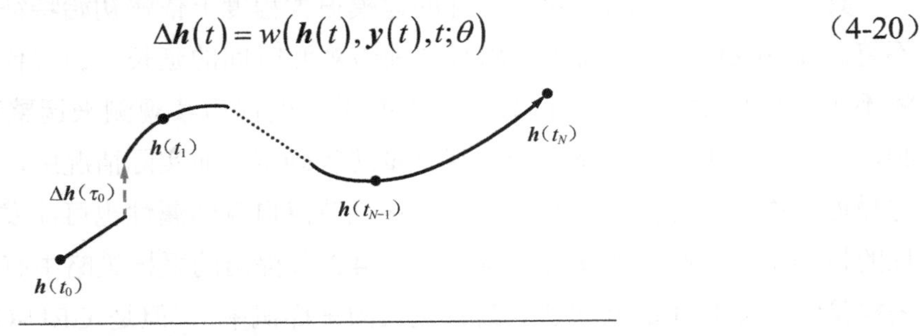

图 4-3　节点交互对动态过程的影响

根据伴随向量 $\boldsymbol{a}(t)$ 在不连续点的右极限关系，可以得出其前向积分过程，具体证明见文献[10]。然而，这种方法在计算前向积分时，需要计算雅可比矩阵，过程开销较大。另外，进行神经网络建模时，需要对隐状态进行正交划分[10]，这种强约束关系在建模时

不利于模型优化，也缺乏解释性。另外，损失函数的修改使得与下游任务之间的相关度变弱，可能不利于监督信息的利用。

另一种处理这种混合过程中突变 $\Delta \boldsymbol{h}(t)$ 的思路是利用贝叶斯网络。贝叶斯网络实际上是一种概率图模型，用于估计事件发生的概率，这是模拟人类推理过程中因果关系的不确定性的处理模型，即对交互事件前的状态与交互事件后的状态进行估计。采用标准的 GRU 网络进行概率估计，从而使隐向量每一维的输出值范围为 $[-1,1]$，这也是 GRU-ODE 所需要的特性。特别地，使用基于标准 GRU 网络的贝叶斯估计可以对隐状态的突变 $\Delta \boldsymbol{h}(t)$ 做出合理的估计。只需要给出一个单次观测，即可得到一次更新。

$$\boldsymbol{h}(t_+) = \mathrm{GRU}\left(\boldsymbol{h}(t_-), \boldsymbol{y}(t)\right) \tag{4-21}$$

其中，$\boldsymbol{h}(t_+)$ 和 $\boldsymbol{h}(t_-)$ 分别为一次 GRU 更新时突变后的状态和突变前的状态。

在这种方案下，损失函数分为两部分：一部分由连续过程中的更新过程产生，采用对数似然函数对其邻居交互事件进行估计；另一部分由邻居交互带来的突变产生。对于第二部分的损失估计，一般先计算贝叶斯更新的模拟量，然后计算贝叶斯估计量与状态更新后的观测值后验分布的 KL 散度，即

$$L_{\text{post}} = \sum_j D_{\text{KL}}\left(p_{\text{Bayes},j} \| p_{\text{post},j}\right) \tag{4-22}$$

针对贝叶斯方法，其一般假设先验分布为高斯分布，从而得到贝叶斯估计的分布。这种估计方法存在一定的局限性。

为了更好地处理图上动态建模过程给节点交互带来的影响，并解决神经微分方程对初值的严重依赖问题，受文献[11]的启发，本节利用神经受控微分方程（Controlled Differential Equations，CDE）对图上节点的动态过程进行建模，称之为 GraphCDE。其优势包括：一是神经受控微分方程可解决中心节点与邻居交互事件带来的系统性影响，与 GraphODE 相比，其可以对交互事件进行直接建模，而不是将节点当成轨迹上的一个点，需要多轮训练；二是削弱了对初始输入的依赖，使用神经网络对其初始状态进行处理，打破了平移不变性，加强了当前交互事件对系统隐状态的影响；三是端到端训练，GraphCDE 很好地保留了 GraphODE 框架的优点，可以无缝对接下游任务，进行端到端训练。其模型本身建模的隐状态依然保持了连续性，可以使用伴随反向传播的方法进行训练。

图上节点的交互可能带来隐状态的不连续性，这种不连续点会使神经微分方程的前向积分无法进行。神经受控微分方程的思想是，使用插值的方法对隐状态的有限不连续点进行近似处理，使隐状态关于时间的函数仍然是连续的。这种思路与 GraphODE 的思想一致，其具体方法描述如下。

假设中心节点 x_i 与一阶邻居的交互形成的序列为 $x_i:\left[(x_1,t_1),(x_2,t_2),\cdots,(x_n,t_n)\right], t_i \in \mathbb{R}$ 是每个交互事件的时间戳，且 $t_0 < \cdots < t_n$。令 $X:[t_0,t_n] \to \mathbb{R}^{F+1}$ 为交互序列的自然三次样

条抽样，交互序列可以看作潜在隐状态动态演变过程的离散化表现，那么 X 是该过程的近似。令 X 为自然三次样条抽样，其具有二阶导连续的属性，并且具有在边界处等于 0 的性质。

令函数 f_θ 为由参数 θ 确定的任一神经网络，函数 $\zeta_{\theta'}$ 为由参数 θ' 确定的另一神经网络。定义如下神经受控微分方程的解：

$$\boldsymbol{h}_t = \boldsymbol{h}_{t_0} + \int_{t_0}^{t} f_\theta(z_s)\mathrm{d}X_s \tag{4-23}$$

其中，$\boldsymbol{h}_{t_0} = \zeta_{\theta'}(x_0, t_0)$。对于任意的 $t \in (t_0, t_n]$，都有式（4-23）成立。该初始条件的设立是为了打破平移不变性。仿照 RNN 框架，模型的输出可以视作演变过程 $\boldsymbol{h}_t$ 或最终值 $\boldsymbol{h}_{t_n}$。预测值可参考式（4-15）。

式（4-23）与式（4-11）是相似的。然而，两者也有关键的不同之处。显然，式（4-23）是关于数据过程的积分，即隐状态由数据样本驱动。通过此处理，神经受控微分方程可以自然地获取节点交互时的数据，并改变图上隐状态的动态性。

式（4-23）的积分要求 X_s 是有界且连续的变量。该性质可通过对输入的归一化实现。对于任意的 $t \in (t_0, t_n]$，定义

$$g_{\theta,X_s}(h,s) = f_\theta(h)\frac{\mathrm{d}X_s}{\mathrm{d}s}(s) \tag{4-24}$$

该式将隐状态 h 与时间 s 分离。根据式（4-23）有以下等式成立：

$$z_t = z_{t_0} + \int_{t_0}^{t} g_{\theta,X_s}(h,s)\mathrm{d}s \tag{4-25}$$

因此，可以借鉴解决神经微分方程的方案，对神经受控微分方程采用相同的方法进行求解。

$$L = -\log P(H) = -\sum_j \log\lambda\left(\boldsymbol{h}(t_j)\right) - \sum_j \log p\left(\boldsymbol{y}_j \middle| \boldsymbol{h}(t_j)\right) + \int_{t_0}^{t_N} \lambda\left(\boldsymbol{h}(\tau)\right)\mathrm{d}\tau \tag{4-26}$$

图 4-4 阐述了神经受控微分方程的思路，它假设隐状态与观测量之间是连续依赖的关系，因此具备微分方程直接求解的特性。

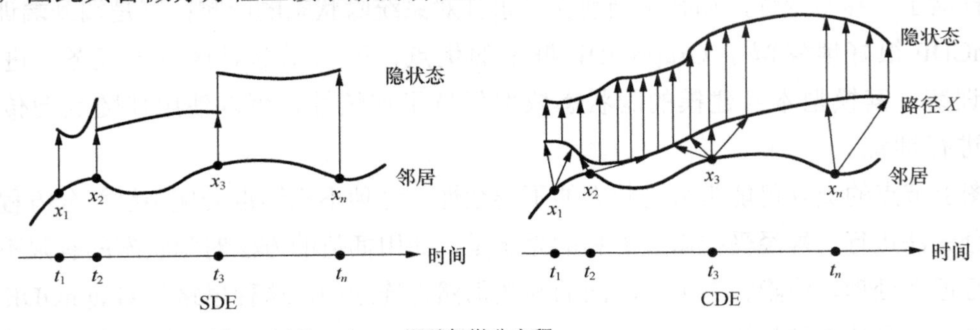

注：SDE，Stochastic Differential Equations，即随机微分方程。

图 4-4　神经受控微分方程示意

在得到任意时刻的隐状态 $\boldsymbol{h}(t)$ 后，可直接根据 GraphODE 的后续框架，利用式(4-15)得到节点的向量表示，然后直接根据下游任务进行监督训练，从而保持框架在应用时的一致性。

4.4　实验与分析

4.4.1　数据集

本节使用 5 个斯坦福公开数据集（见表 4-2）进行详尽的实验，各数据集介绍如下。

（1）Bitcoin OTC（BC-OTC）

BC-OTC 是一个比特币交易平台，在该平台上，用户基于信任度进行比特币交易。BC-OTC 平台上的用户会对其他用户进行评分，表示其对其他用户的信任度，评分取值范围是−10（完全不信任）～+10（完全信任），步进值为 1。该数据集在实验中用于预测一个用户是否会对另一个用户进行评分（链接预测）。此外，在其他模型中，还可用于预测评分的极性（正负性）。

（2）Bitcoin Alpha（BC-Alpha）

BC-Alpha 是一个和 BC-OTC 类似的比特币交易平台，其数据构造方式和 BC-OTC 一致。两个数据集的不同之处在于用户和评分来自不同的平台。

（3）Reddit-Hyperlink Network（Reddit-HL）

Reddit 代表两个子社区之间的直接链接，每个 subreddit 是一个社区。Hyperlink 以源社区的报文为源节点，指向目标社区的目标节点，链接来自不同社区的报文。每个 Hyperlink 都带有情感注释。该数据集用于链接预测任务。

（4）Reddit Post（Reddit-Post）

对于节点分类任务，选取 10 000 个最活跃的用户和 1000 个最活跃的社区，生成一个时序图，该图有 11 000 个节点和大约 700 000 条时序边，动态标签表示一个用户是否被禁止发送报文。

（5）Wikipedia

该公开数据集由维基百科网页上近一个月的编辑用户构成。选用编辑次数最多的网页和最活跃的用户，生成一个时序图，该图有约 9300 个节点和约 160 000 条时序边，动态标签表示用户是否被禁止编辑。节点特征由网页文本内容转化而成。

表 4-2　数据集统计

数据集	节点数	边数	持续时间（天）
BC-OTC	5881	35 588	1904

续表

数据集	节点数	边数	持续时间（天）
BC-Alpha	3777	24 173	1901
Reddit-HL	55 963	858 490	1186
Reddit-Post	11 000	700 000	30
Wikipedia	9300	160 000	30

4.4.2 评价指标

本小节在两种不同的任务下使用不同的度量标准来作为动态网络学习算法的评价指标：适用于链接预测任务的平均精度均值（Mean Average Precision，MAP）和适用于节点分类任务的曲线下面积（Area Under Curve，AUC）。

MAP 是适用于图表示学习中经典的链接预测任务的评价指标。链接预测任务用于衡量图表示学习算法中节点向量的质量。在给定的图 G 中，该任务基于图表示学习算法得到每个节点的低维向量表示，预测图 G 中两个节点 u、v 进行交互的概率，也就是形成边的概率，在动态图表示学习中，是预测两个节点 u、v 在时刻 t 形成边的概率。而 MAP 是衡量模型在所有类别上的分类性能。计算 MAP 需要知道不同类别下的 AP 指标，AP 是平均精度，即对 PR（Precision-Recall）曲线上的 Precision 值求均值。对于 PR 曲线来说，使用积分计算 AP：

$$\mathrm{AP}=\int_0^1 p(r)\mathrm{d}r$$

MAP 是将所有类别的 AP 进行加权平均得到的。

AUC 是适用于图表示学习中经典的节点分类任务的评价指标。在节点分类任务中，该评价指标用于直接衡量图表示学习算法中节点向量的质量。在给定的图 G 中，该任务根据算法得到节点的低维向量表示，预测节点 u 的类别，在动态图表示学习中，是学习节点 u 在时刻 t 的类别。AUC 可衡量模型二元分类的性能，即 ROC 曲线下的面积，其计算公式为

$$\mathrm{AUC}=\frac{\sum_{i\in\text{positive}}\mathrm{Rank}_i-M(M+1)/2}{MN}$$

AUC 可以真实衡量不均衡样本分布下的模型分类性能。

这两个指标的值处于 0 和 1 之间。当 MAP 或 AUC 趋近于 1 时，说明算法的性能较好。

横向指标相对提升表示不同指标的相对提升量，其定义如下：

$$\mathrm{RI}_{\mathrm{MAP}}=\left(\frac{\mathrm{MAP}_{\exp}}{\mathrm{MAP}_{\mathrm{base}}}-1\right)\times 100\%$$

$$\mathrm{RI}_{\mathrm{AUC}}=\left(\frac{\mathrm{MAP}_{\exp}-0.5}{\mathrm{MAP}_{\mathrm{base}}-0.5}-1\right)\times 100\%$$

简单来说，即本章所提的 GraphODE 算法相较基线算法的指标提升量，该指标可以直观表现算法性能。

4.4.3　对比方法

本小节选用了 4 种业界先进的开源算法作为基线算法，它们分为两类：静态图表示学习算法，如 GCN 和 GraphSAGE；动态图表示学习算法，如 CTDNE 和 EvolveGCN。通过与基线算法的对比实验，可直观看出本章方法的优越性。选用的基线算法介绍如下。

（1）GCN[1]

这是基于谱图理论（Spectral Graph Theory）的图卷积算法。该算法将图网络的节点属性信息与结构信息相结合，用于静态网络的端到端表示学习。

（2）GraphSAGE[2]

这是属于归纳式学习（Inductive Learning）的大规模静态图表示学习算法，其通过节点邻居采样操作和聚合函数操作，降低大规模图下的内存开销，学习节点的表示向量。原始论文中的 GraphSAGE 给出了多种不同聚合函数的范例，如平均聚合（Mean Aggregator）、池化聚合（Pooling Aggregator）和 LSTM 聚合。在动态场景下，本章采用 LSTM 聚合函数来达到较好的性能。

（3）CTDNE[12]

这是基于 DeepWalk 算法的动态图表示学习算法，它通过对随机游走序列的生成进行时间约束来学习时间连续的动态模式，是一种时间连续的动态图表示学习算法。

（4）EvolveGCN[13]

这是基于 GCN 的动态图表示学习算法。该算法利用标准的 GRU 网络来更新时间戳下的 GCN 网络参数，用于离散时间的动态预测。相较原论文，本节的设置减小了该算法的时间粒度，以期与所提算法公平地进行比较。

4.4.4　参数设置

本小节主要介绍实验环境，包括实验设置和相关配置等：实验设置详细介绍动态图表示学习算法中各个实验参数的设置，相关配置即进行本实验的软硬件环境配置。

1. 实验设置

为了衡量本章所提算法的有效性，本小节在两个任务下进行了详细的实验，实验在两种设置下进行，包括传导式学习和归纳式学习。

对于传导式学习，本小节学习训练集中已观测节点的表示，用于完成未来时刻的链接预测和节点分类任务。验证集上的节点交互发生在训练集上的所有观测时间之后。

对于归纳式学习，本小节学习训练集中未观测到的节点在未来时刻的推断表示，用于完成未来时刻的链接预测和节点分类任务。

本小节对上述数据集按照 70%、10%、20%的比例将数据集划分为训练集、验证集、测试集。在整个架构中使用 Adam 优化损失函数，并将初始学习率设置为 0.001，权重衰减系数设置为 0.0001，所有算法的节点嵌入表示维度设置为 128。

2. 相关配置

实验所使用的硬件配置见表 4-3。

表 4-3　硬件配置

硬件单元	说明
处理器	24 Intel Xeon CPU
内存	128GB
硬盘	2TB
操作系统	Ubuntu 1604
显卡	GTX 1080 Ti

实验所使用的软件环境配置见表 4-4。

表 4-4　软件环境配置

软件名称	说明
Python	编程语言：数据预处理、算法框架搭建
PyTorch	深度学习计算平台
Gensim	自然语言处理库
MATLAB，Matplotlib	绘图工具

4.4.5　主要结果和分析

本小节将展示两个不同任务的实验结果，并说明不同参数对实验结果的影响，最后通过一个消融实验来验证本章所提算法以及策略的有效性。

1. 链接预测

表 4-5 系统报告了各算法在传导式学习下链接预测任务的表现。在传导式学习下，GraphODE 算法与所有基线算法进行了对比，它均可以提升链接预测任务的性能。其中，GraphODE 算法与静态图表示学习算法 GCN 相比提升最为明显，在 4 个公开数据集上性能的平均提升率（Ratio of Improvement，RI）为 15.51%。可以看出，本算法相较静态图表示学习算法，在动态预测任务上优势明显。其次，虽然 GraphSAGE 属于静态图表示学习算法，但是本节所选用的 LSTM 聚合函数使其具备动态信息学习能力。因此，

GraphSAGE、CTDNE 和 EvolveGCN 均属于动态图表示学习算法。GraphODE 算法相较动态学习算法，性能亦均有一定程度的提升，幅度在 3.96%～5.08%之间，表明其连续性动态建模的监督学习对网络动态具有良好的捕捉能力。

表 4-5　传导式链接预测性能对比（MAP）

算法	BC-OTC	BC-Alpha	Reddit-HL	Wikipedia	RI 平均值
GCN	0.582	0.697	0.823	0.791	15.51%
GraphSAGE	0.694	0.752	0.902	0.853	3.96%
CTDNE	0.684	0.766	0.884	0.832	5.05%
EvolveGCN	0.692	0.741	0.890	0.843	5.08%
GraphODE	**0.715**	**0.782**	**0.934**	**0.898**	—

表 4-6 系统展现了各算法在归纳式学习下链接预测任务的表现。需要指出的是，基于 GCN 的算法（如 EvolveGCN）需要对全图节点进行关系建模，因而无法实现归纳式学习；基于 DeepWalk 的算法（如 CTDNE）的训练只能对出现在训练集中的节点进行学习，因而也无法进行归纳式学习。故本节采用 GraphSAGE 的变体聚合函数——标准 GRU 作为聚合函数（这里将此算法记为 GraphSAGE-GRU）与本算法进行比较。实验结果表明，本算法在归纳式学习设置下，较基线算法有 4.24%～6.02%的性能提升。在动态图表示学习算法中，模型对新节点的学习能力至关重要，特别是对于增长网络，增量学习将大大减少模型的参数开销。

表 4-6　归纳式链接预测性能对比（MAP）

算法	BC-OTC	BC-Alpha	Reddit-HL	Wikipedia	RI 平均值
GraphSAGE	0.672	0.745	0.883	0.846	4.24%
GraphSAGE-GRU	0.654	0.715	0.894	0.837	6.02%
GraphODE	**0.703**	**0.776**	**0.921**	**0.879**	—

2. 节点分类

表 4-7 给出了各算法在节点分类任务上的表现。在节点分类任务中，本算法的表现相比静态图表示学习算法 GCN 取得了最大的提升，在两个数据集上的指标平均有 17.4%的提升。相比 GraphSAGE，本算法的平均提升率为 5.38%；相比 CTDNE，本算法的平均提升率为 11.1%；相比离散式的学习算法 EvolveGCN，本算法亦有明显的性能提升，平均提升率达到 15.8%。需要注意的是，算法在 Wikipedia 数据集上的性能提升表现超过了在 Reddit-Post 数据集上的表现，这与数据集本身的表现有关。

表 4-7　归纳式节点分类性能对比（AUC）

算法	Reddit-Post	Wikipedia	RI 平均值
GCN	56.67%	72.38%	17.4%
GraphSAGE	61.08%	82.18%	5.38%
CTDNE	59.43%	75.89%	11.1%
EvolveGCN	57.85%	71.83%	15.8%
GraphODE	**66.02%**	**84.32%**	—

综上所述，实验结果验证了本章提出的 GraphODE 算法在两个下游任务上的优异性能。

3. 灵敏度分析

本小节针对所提算法进行了灵敏度分析，变量包括网络层数和邻居采样数，相关结果可以在图 4-5 和图 4-6 中看到。

对于模型的网络层数，本实验评估了网络层数在文献[14-15]设置下链接预测的性能。如图 4-5 所示，两层的模型性能表现普遍好于一层的模型。受限于实验硬件环境，本实验无法给出模型的网络层数为 3 层时的表现。需要指出的是，模型的训练时间开销随层数的增加呈指数增长趋势，需要综合考虑性能指标与时间开销的平衡。另外，本算法在一层的模型下的表现相较基线算法同样具有竞争力，这充分体现了本算法在连续性时间情况下建模的优秀性能。

对于邻居采样数，本实验在 Reddit-HL 数据集上评估了邻居采样数在文献[16]设置下的表现，结果如图 4-6 所示。可以看出，随着邻居采样数的增加，模型的性能不断提升，当采样数为 32 时表现最好，MAP 为 0.932。但是，当邻居采样数超过 32 时，模型的性能呈下降趋势，说明节点被采样的邻居并不总提供正向的有效信息，邻居中存在的噪声可能会影响算法的性能。另外需要指出的是，邻居采样数的增加同样会增加模型的内存开销和时间开销，实际应用中需要考虑二者的平衡。

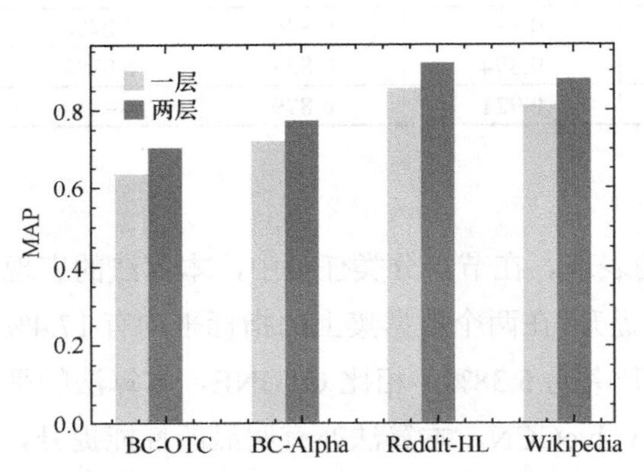

图 4-5　不同网络层数的链接预测性能比较

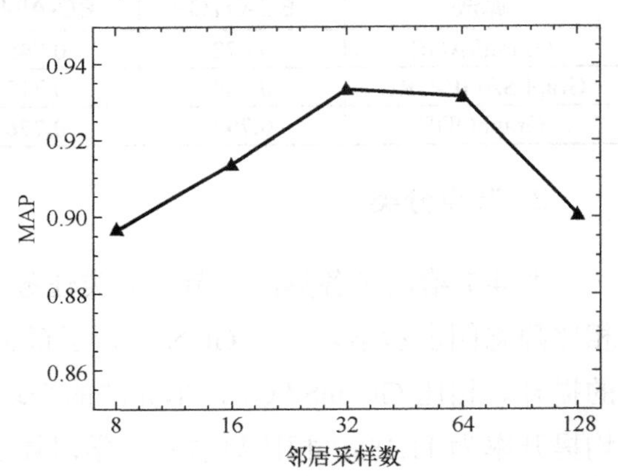

图 4-6　不同邻居采样数对链接预测任务的影响（Reddit-HL）

4. 消融实验

本小节进一步对 GraphODE 算法进行了一个消融实验来验证所提算法及策略的有效性。消融实验的实施思路是：分别对 GraphODE 算法的两个关键部分进行替换得到两个变种，即标准 GRU 网络和不进行时序采样的网络，将它们与完整的 GraphODE

算法进行比较，在两个不同的数据集上进行节点分类任务，记录其性能表现，结果如图 4-7 所示。

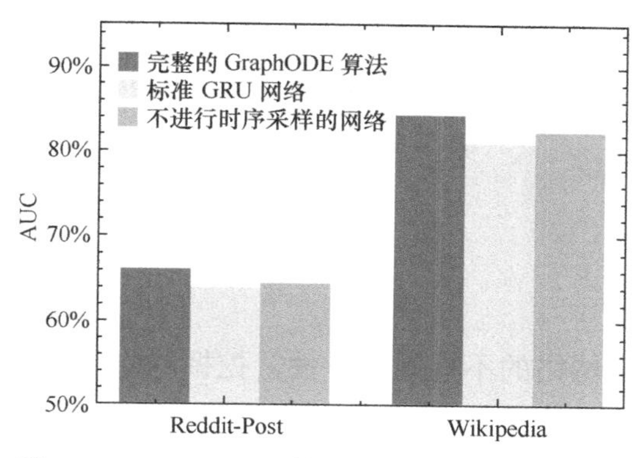

图 4-7　GraphODE 算法不同部分的策略表现

由图4-7可以看出GraphODE算法的时序采样策略和连续聚合函数这两个核心部分的有效性。相比完整的 GraphODE 算法，将连续聚合函数替换为标准 GRU 网络时，模型的分类性能明显下降，这说明本小节的 GRU-ODE 聚合函数具有捕捉图上节点的连续动态性的能力，从而可以处理不规则动态性。类似地，在不进行时序采样的网络，模型的性能低于进行时序采样时的网络，这充分说明了时序采样操作对 GraphODE 算法性能提升的帮助。图上的节点邻居采样可以类比深度学习中的 Dropout 策略[17]，可能具备一定的正则化能力，降低噪声节点对中心节点的影响，提升模型的泛化能力。由图 4-7 可以看出，连续聚合函数相较时序采样对模型的帮助更加明显。

4.4.6　其他结果

GraphCDE 算法的实验结果主要分为两部分，链接预测任务下的 MAP 和节点分类任务下的 AUC。两种任务均在归纳式学习方式下进行。对比算法为 GraphODE，记录结果见表 4-8 和表 4-9。

表 4-8　GraphCDE 与 GraphODE 算法的对比结果（链接预测任务）

算法	BC-OTC	BC-Alpha	Reddit-HL	Wikipedia	RI 平均值
GraphODE	0.703	0.776	0.921	0.879	3.8%
GraphCDE	0.742	0.812	0.942	0.903	—

表 4-9　GraphCDE 与 GraphODE 算法的对比结果（节点分类任务）

算法	Reddit-Post	Wikipedia	RI 平均值
GraphODE	66.02	84.32	4.8%
GraphCDE	69.17	88.45	—

实验结果表明，相较 GraphODE 算法，GraphCDE 算法可以较为显著地提升下游任

务的表现。具体地，在链接预测任务的 4 个数据集下，GraphCDE 算法的平均提升率为 3.8%；在节点分类任务的两个数据集下，GraphCDE 算法的平均提升率为 4.8%。其原因在于，GraphCDE 算法可对图上节点交互事件对系统的当前影响进行建模，并利用插值的方法将随机过程拟合为连续的轨迹，弥补了 GraphODE 算法对交互事件建模不足的缺点。

4.5 本章小结

本章主要考虑实际图网络的不规则动态性，挖掘网络节点结构与属性的动态特征，研究通过神经微分方程方法表示和学习网络的动态性；考虑到实际网络的增量变化，设计归纳式学习方法对网络节点进行学习，使模型具有增量学习能力；考虑到与下游任务的结合，设计端到端的任务导向型损失函数进行优化。模型统称为 GraphODE。

首先，本章对动态场景下的图网络进行建模，考虑到实际网络的各类动态变化，用广义的数学语言描述这些变化，刻画动态网络。其次，本章提出基于微分方程的表示模型，其核心是利用微分方程将图网络的动态建模为连续隐变量，刻画时间连续的动态网络。针对微分方程在建模图上节点动态的不足，本章提出了基于受控微分方程的表示算法 GraphCDE。最后，本章对所提出的动态图表示学习算法进行了详尽的实验验证，并对结果进行了分析与解释。实验结果表明，本章所提出的算法，较业界已有的静态及动态图表示学习算法在各个方面均有一定的优越性，有力地证明了微分方程方法在刻画图网络动态性方面的可行性与优势。GraphODE 及 GraphCDE 作为连续型模型，可以捕捉图上的任意不规则动态信息。

然而，需要指出的是，GraphODE 算法框架仍存在一定的改进空间。选用常微分方程求解器需要在性能与效率之间进行权衡，而且随着图网络数据的增加，问题的求解效率将会降低，导致模型训练缓慢。另外，GraphODE 建模的动态隐变量仍是连续过程，其对于节点交互现象带来的影响刻画不够准确，可考虑引入贝叶斯优化或跳变函数推断。最后，神经微分方程的方法受初值影响较大。然而，在实际网络中，随着时间的推移，节点的表示与初值的关系会逐渐削弱。如何加强近期事件的影响，并减少对初值的依赖，这是基于神经微分方程的建模方法应该思考的另一个关键问题。

动态网络建模复杂而又充满吸引力，已有工作对动态网络的建模仍缺乏共性的认识。本章认为，连续性动态建模是未来动态图表示学习的主要方向，其对细粒度时序信息的捕捉能力远远强于离散模型。基于该认识，如何提高动态模型的可扩展性，包括增量学习能力以及在线推断的效率，是决定未来动态图表示学习算法能否精确、有效地服务于现实生活（如推荐系统、风险控制等领域）的关键突破点。

参考文献

[1] KIPF T N, WELLING M. Semi-supervised classification with graph convolutional networks[J/OL]. (2017-2-22)[2023-2-14] arXiv:1609.02907.

[2] HAMILTON W L, YING R, LESKOVEC J. Inductive representation learning on large graphs[J/OL]. (2017-11-8)[2023-2-14]. arXiv.org/abs/1706.02216v2.

[3] VELIČKOVIĆ P, CUCURULL G, CASANOVA A, et al. Graph attention networks[J/OL]. (2018-2-4) [2023-2-14]. arXiv.org/abs/1710.10903.

[4] CHEN D, LIN Y, LI W, et al. Measuring and relieving the over-smoothing problem for graph neural networks from the topological view[C]//The Association for the Advance of Artificial Intelligence. Proceedings of the AAAI Conference on Artificial Intelligence. Los Angeles: AAAI Press, 2020: 3438-3445.

[5] LI J, DANI H, HU X, et al. Attributed network embedding for learning in a dynamic environment[C]// Association for Computing Machinery. Proceedings of the 2017 ACM on Conference on Information and Knowledge Management. New York: ACM, 2017: 387-396.

[6] HUTTO C J. vaderSentiment [EB/OL].(2022-4-1)[2023-2-14].

[7] TAUSCZIK Y R, PENNEBAKER J W. The psychological meaning of words: LIWC and computerized text analysis methods[J]. Journal of Language and Social Psychology, 2010, 29(1): 24-54.

[8] DE BROUWER E, SIMM J, ARANY A, et al. GRU-ODE-Bayes: continuous modeling of sporadically-observed time series[C]//NeurIPS Foundation. Proceedings of the 33rd International Conference on Neural Information Processing Systems. Cambridge, USA: MIT Press, 2019: 7377-7388.

[9] CHEN R T Q, RUBANOVA Y, BETTENCOURT J, et al. Neural ordinary differential equations[C]// NeurIPS Foundation. Proceedings of the 32nd International Conference on Neural Information Processing Systems. Cambridge, USA: MIT Press, 2018: 6572-6583.

[10] JIA J, BENSON A R. Neural jump stochastic differential equations[C]//NeurIPS Foundation. Proceedings of the 33rd International Conference on Neural Information Processing Systems. Cambridge, USA: MIT Press, 2019: 9843-9854.

[11] KIDGER P, MORRILL J, FOSTER J, et al. Neural controlled differential equations for irregular time series[C]//NeurIPS Foundation. Proceedings of the 34th International Conference on Neural Information Processing Systems. Cambridge, USA: MIT Press, 2020: 1-10.

[12] NGUYEN G H, LEE J B, ROSSI R A, et al. Continuous-time dynamic network embeddings[C]//Association for Computing Machinery. Proceedings of the 27th International Conference on World Wide Web. Republic and Canton of Geneva, Switzerland: International World Wide Web Conferences Steering Committee, 2018: 969-976.

[13] PAREJA A, DOMENICONI G, CHEN J, et al. EvolveGCN: evolving graph convolutional networks for

dynamic graphs[C]//The Association for the Advance of Artificial Intelligence. Proceedings of the 29th International Joint Conference on Artificial Intelligence. Los Angeles: AAAI Press, 2020: 5363-5370.

[14] HAMILTON W L, YING R, LESKOVEC J. Representation learning on graphs: Methods and applications[J/OL]. (2018-4-10)[2023-2-14]. arXiv. org/abs/1709.05584v3.

[15] BELKIN M, NIYOGI P. Laplacian eigenmaps and spectral techniques for embedding and clustering[C]// NeurIPS Foundation. Proceedings of the 15th International Conference on Neural Information Processing Systems. Cambridge, USA: MIT Press, 2001: 585-591.

[16] WU Z, PAN S, LONG G, et al. Graph wavenet for deep spatial-temporal graph modeling[C]//The Association for the Advance of Artificial Intelligence. Proceedings of the 28th International Joint Conference on Artificial Intelligence. Los Angeles: AAAI Press, 2019: 1907-1913.

[17] BALDI P, SADOWSKI P J. Understanding dropout[C]//NeurIPS Foundation. Proceedings of the 27th International Conference on Neural Information Processing Systems. Cambridge, USA: MIT Press, 2013: 2814-2822.

第 5 章　基于狄利克雷分布的知识图谱表示方法

在社交网络表示学习中，节点之间没有特定的关系，往往更注重拓扑结构信息的嵌入。然而，真实的社交网络中节点之间存在多种关系，知识图谱在保留拓扑结构信息的同时，也注重学习节点之间的关系。本质上，知识图谱也是社交网络的一种，不同于传统的社交网络只学习节点的表示，它同时学习关系的表示。

近年来，知识图谱在学术界和工业界都正蓬勃发展着，如链接预测[1-2]、知识问答[3-4]、推荐系统[5]，以及自然语言处理[6]。知识图谱建立以及广泛应用的例子包括 WordNet[7]、Dbpedia[8]、YAGO[9]和 Freebase[10]。知识图谱最基本的任务是知识表示学习（Knowledge Representation Learning，KRL），也称作知识图谱嵌入（Knowledge Graph Embedding，KGE），其旨在将实体和关系嵌入为低维向量的同时还能保持它们的语义。然而，由于巨量的事实和缺失的链接，知识图谱通常规模庞大且不完整，这会使它们的下游应用更加困难。因此，大量的研究开始关注链接预测。

近来，在不同的几何空间中学习知识图谱也吸引了越来越多的关注。已有模型巧妙地将不同几何空间的特征结合到嵌入表示中，使低维表示的研究取得了重要的进展。例如，欧氏空间被广泛用于嵌入实体和嵌入关系，将关系投影到向量或矩阵空间。复数向量空间利用实部来捕获对称关系，同时利用虚部来捕获反对称关系。此外，双曲空间有能力嵌入层次结构和大量节点[11-15]。然而，这些方法忽略了知识图谱的不确定性，这有可能导致无法处理噪声或度数较高的节点。随之而来的一些方法利用高斯分布嵌入知识图谱来建模不确定性。然而，由于模型设计的限制，它们不能表示复杂的关系模式。

本章介绍一种全新的基于狄利克雷分布和贝叶斯推理的 KRL 模型——DiriE 来建模知识图谱的不确定性，同时也能推断复杂的关系模式。本章中的不确定性关注现实世界的知识图谱中不可避免的不完全性和噪声带来的随机性。关系模式是指众多的三元组之间的链接形式，其挑战与难点在于：一是建模实体和关系的不确定性；二是推断关系模式，包括对称与反对称关系、逆关系与复合关系。首先，为了对知识图谱的不确定性进行建模，本章将实体和关系嵌入为概率分布。然后，当前问题就转化为需要找到一个能够衡量三元组分布的评分函数。由于贝叶斯推理提供了一种计算先验分布、似然函数和后验分布的方法，本章认为头实体 h 服从先验分布，关系 r 服从似然函数，尾实体 t 服从后验分布。为了保证先验分布和后验分布处于同一个分布族中，本章将实体嵌入为狄利克雷分布，将关系嵌入为多项式分布。最后，为了表达复杂的关系模式，本算法用二元嵌入来为每一个实体和关系建模。此外，本章还提出了一种两步负三元组生成方法，其能够有效消除实体和关系的歧义。

5.1 问题定义

5.1.1 符号与概念

贝叶斯推理可以推导得到两个先行因素的后验分布：先验分布和似然函数。其可以通过贝叶斯推理计算：

$$p(\theta|\boldsymbol{X},\alpha)=\frac{p(\boldsymbol{X}|\theta,\alpha)p(\theta|\alpha)}{p(\boldsymbol{X}|\alpha)}\propto p(\boldsymbol{X}|\theta,\alpha)p(\theta|\alpha) \tag{5-1}$$

其中，$p(\theta|\alpha)$是先验分布，$p(\boldsymbol{X}|\theta,\alpha)$是似然函数，$p(\theta|\boldsymbol{X},\alpha)$是后验分布，$\theta$是数据分布的参数，$\alpha$是概率分布的超参数，$\boldsymbol{X}$是观察到数据的样本。

另外，如果后验分布 $p(\theta|\boldsymbol{X},\alpha)$ 与先验分布 $p(\theta|\alpha)$ 在同一个分布族中，则先验分布与后验分布被称作共轭分布，并且先验分布被称作似然函数 $p(\boldsymbol{X}|\theta,\alpha)$ 的共轭先验分布。这种共轭分布用封闭形式的表达式为计算分布的参数提供了代数上的便利，而且揭示了似然函数是如何在先验分布和后验分布之间工作的。本章的算法中将狄利克雷分布作为多项式分布的共轭先验分布。

记狄利克雷分布为 $\mathrm{Dir}(\boldsymbol{\alpha})$，其是连续多元概率分布的一种。狄利克雷分布的概率密度函数（Probability Density Function，PDF）定义如下：

$$f(\boldsymbol{x}|\boldsymbol{\alpha})=\frac{1}{B(\boldsymbol{\alpha})}\prod_{i=1}^{d}x_i^{\alpha_i-1} \tag{5-2}$$

$$B(\boldsymbol{\alpha})=\frac{\prod_{i=1}^{d}\Gamma(\alpha_i)}{\Gamma\left(\sum_{i=1}^{d}\alpha_i\right)} \tag{5-3}$$

其中，$\boldsymbol{\alpha}=(\alpha_1,\alpha_2,\cdots,\alpha_d)>0$是分布参数，$B(\boldsymbol{\alpha})$是多元 β 函数，$\Gamma(\alpha)=\int_0^{\infty}t^{\alpha-1}\mathrm{e}^{-t}\mathrm{d}t$ 是γ函数。需要注意的是，分布中的样本 $\boldsymbol{x}$ 被 $d-1$ 维的概率单纯形限制，即 $\boldsymbol{x}\in S=\left\{\boldsymbol{x}\in\mathbb{R}^d|x_i\geqslant 0,\sum_{i=1}^{d}x_i=1\right\}$。

多项式分布是二项式分布的一种推广。在文献[16]的 2.2 节中，多项式分布的概率质量函数（Probability Mass Function，PMF）定义如下：

$$f\left(\boldsymbol{x}|\boldsymbol{\mu}\right)=\frac{\Gamma\left(\sum_{i}\mu_i+1\right)}{\prod_{i}\Gamma\left(\mu_i+1\right)}\prod_{i=1}^{k}x_i^{\mu_i} \tag{5-4}$$

其中，$\mu_i\in\mathbb{R}^+$ 是分布参数，而且 $\boldsymbol{x}$ 也属于概率单纯形 S。

5.1.2　问题描述

本小节考虑用链接预测任务来学习知识图谱的表示。知识图谱是由实体和关系组成的多关系图，其具体定义如下。

定义 5-1（知识图谱）：一个知识图谱被记作 $\mathcal{G}=\{\mathcal{E},\ \mathcal{R},\ \mathcal{F}\}$，其中 $\mathcal{E}$、$\mathcal{R}$ 和 $\mathcal{F}$ 分别表示实体集、关系集和事实集。一个事实可以被一个三元组 $(h,r,t)\in\mathcal{F}$ 表示。

定义 5-2（知识表示学习）：对于一个知识图谱 $\mathcal{G}=\{\mathcal{E},\ \mathcal{R},\ \mathcal{F}\}$，将实体 e 和关系 r 嵌入表示空间中。那么，表示学习问题就是找到一个评分函数 $f_r(h,t)$，使其可为三元组 (h,r,t) 计算一个得分，以此判断该三元组的真假。

5.2　利用狄利克雷分布的知识表示学习

为了对庞大且不完整的知识图谱中的不确定性进行建模，本节介绍 DiriE。DiriE 使用贝叶斯推理来衡量知识图谱中的三元组，并学习实体和关系的二元嵌入。

5.2.1　模型建立

为了自然地建模知识图谱的不确定性，本小节将嵌入实体和嵌入关系视为概率分布。以往为不确定性建模的方法通常将实体嵌入为高斯分布，与这类方法不同，本方法采用共轭分布来建模三元组。由于狄利克雷分布是多项式分布的共轭先验分布，该方法将实体嵌入为狄利克雷分布，将关系嵌入为多项式分布。

为了区分先验分布与后验分布，同时考虑每个实体的两个狄利克雷分布，三元组可捕获不同方面的特征。每个实体 e 可以嵌入为二元分布 p_e 与 q_e，其中 p_e 表示先验分布的概率密度函数，q_e 表示后验分布的概率密度函数。类似地，每一种关系 r 都可以被二元似然函数 b_r 和 $b_{r^{-1}}$ 表示。给出一个知识图谱 G 中的三元组 (h,r,t)，根据贝叶斯推理，不难假设尾实体的后验分布 q_t 可以由主实体的先验分布 p_h 与关系的似然函数 b_r 得到。类似地，q_h 也可以由 p_t 和 $b_{r^{-1}}$ 得到。为了更清楚地表达，可将上述内容归纳为式（5-5）：

$$q_t \propto b_r p_h$$
$$q_h \propto b_{r^{-1}} p_t \tag{5-5}$$

其中，p_t 与 q_t 是狄利克雷分布的概率密度函数，b_r 与 $b_{r^{-1}}$ 是多项式分布的概率质量函数。不难发现，似然函数 b_r 可以作为先验分布 p_h 与后验分布 q_t 两者之间的转换。

本小节利用共轭分布的性质来学习实体和关系的参数。以 $q_t \propto b_r p_h$ 为例，假设先验分布 $p_h = \frac{1}{B(\boldsymbol{\alpha})}\prod_{i=1}^{d} x_i^{\alpha_i - 1}$，其中参数 $\boldsymbol{\alpha} = (\alpha_1, \alpha_2, \cdots, \alpha_d)$。假设关系的似然函数 $b_r = \frac{\Gamma\left(\sum_i \mu_i + 1\right)}{\prod_i \Gamma(\mu_i + 1)}\prod_{i=1}^{k} x_i^{\mu_i}$，其中参数 $\boldsymbol{\mu} = (\mu_1, \mu_2, \cdots, \mu_d)$。那么，后验分布可以按式（5-6）计算：

$$\begin{aligned} q_t &\propto \frac{\Gamma\left(\sum_i \mu_i + 1\right)}{\prod_i \Gamma(\mu_i + 1)}\prod_{i=1}^{k} x_i^{\mu_i} \cdot \frac{1}{B(\boldsymbol{\alpha})}\prod_{i=1}^{d} x_i^{\alpha_i - 1} \\ &\propto \frac{1}{N}\prod_{i=1}^{d} x_i^{\alpha_i + \mu_i - 1} \sim \mathrm{Dir}(\boldsymbol{\alpha} + \boldsymbol{\mu}) \end{aligned} \tag{5-6}$$

其中，N 是归一化常数。应注意的是，q_t 是一个概率密度函数而且它与狄利克雷分布处于同一个分布族中。因此，可以得出后验分布 $q_t = \frac{1}{B(\boldsymbol{\beta})}\prod_{i=1}^{d} x_i^{\beta_i - 1}$，其中参数 $\boldsymbol{\beta} = (\alpha_1 + \mu_1, \alpha_2 + \mu_2, \cdots, \alpha_d + \mu_d)$。通过以上运算，关系 r 可被看作头实体 h 的分布与尾实体 t 的分布之间的一种转换。根据关系的影响，尾实体应该与头实体的分布相似。为了测量两种分布之间的差别，本方法利用 KL 散度来定义距离：

$$d_r(h,t) = \mathcal{D}_{\mathrm{KL}}\left(q_t, \frac{b_r p_h}{N_r}\right) + \mathcal{D}_{\mathrm{KL}}\left(q_h, \frac{b_{r^{-1}} p_t}{N_{r^{-1}}}\right) \tag{5-7}$$

其中，N_r 与 $N_{r^{-1}}$ 是证据因子。由于 q_t 与 $\frac{b_r p_h}{N_r}$ 都为狄利克雷分布，式（5-8）给出了两个狄利克雷分布之间的 KL 散度：

$$\begin{aligned} &\mathcal{D}_{\mathrm{KL}}\left[\mathrm{Dir}(\boldsymbol{X}|\boldsymbol{\alpha}) \| \mathrm{Dir}(\boldsymbol{Y}|\boldsymbol{\beta})\right] \\ &= \log\frac{B(\boldsymbol{\beta})}{B(\boldsymbol{\alpha})} + \sum_{i=1}^{d}(\alpha_i - \beta_i)\left[\psi(\alpha_i) - \psi(\beta_i)\right] \end{aligned} \tag{5-8}$$

其中，$\psi(x) = \frac{\mathrm{d}}{\mathrm{d}x}\ln\Gamma(x)$ 是 digamma 函数，$\boldsymbol{\alpha}$ 与 $\boldsymbol{\beta}$ 是 q_t 与 $\frac{b_r p_h}{N_r}$ 的参数。q_h 与 $\frac{b_{r^{-1}} p_t}{N_{r^{-1}}}$ 之间的 KL 散度计算方式类似。

5.2.2 优化目标

为训练本模型，采用了带负三元组的小批量梯度下降（Mini-Batch Gradient Descent，MBGD）法。在知识图谱数据集中，仅有正的事实三元组。因此，该方法需要为每一个正三元组 (h,r,t) 生成负三元组以防止过拟合与过收敛。大多数已有方法（如 TransE[11]）随机决定是破坏正三元组中的头实体还是尾实体，旨在识别不同的实体。然而，这种方法忽略了一个重要的部分——关系，这可能导致不同的关系训练后的结果相似。改进的方法是将实体与关系同时纳入考虑范畴。每个正三元组 (h,r,t) 对应的负三元组可以通过以下的两步法生成得到。

第一步：构建实体负三元组。因为实体规模庞大，为所有的实体正三元组计算实体负三元组是不可能的。相反，随机选择破坏正三元组更便捷有效。参照 TransE 模型的做法，对于一个正三元组 (h,r,t)，负三元组集按照式（5-9）给出：

$$\mathcal{F}_e'=\{(h',r,t)|h'\in\mathcal{E}-\{h\}\}\cup\{(h,r,t')|t'\in\mathcal{E}-\{t\}\} \tag{5-9}$$

实体负三元组在集合 $\mathcal{F}_e'$ 中随机选择。

第二步：构建关系负三元组。由于关系数远小于实体数，因此为所有正三元组计算负关系是可行的。受自我对抗负采样的启发[12]，本方法通过排序它们的影响因子来选择关系的负采样。对于一个正三元组 (h,r,t)，负关系的影响因子由以下 Softmax 函数定义：

$$p\left((h,r_i',t)|\{(h,r_j',t)\}\right)=\frac{\exp af_{r_i'}(h,t)}{\sum_j \exp af_{r_j'}(h,t)} \tag{5-10}$$

其中，a 是采样的温度系数。关系负三元组是从集合 $\mathcal{F}_r'=\{(h,r',t)|r'\in\mathcal{R}-\{r\}\}$ 中选取的排名最高的 k 个三元组。此外，影响因子可以被看作负三元组的权重。

本方法优化的目标是在最小化正三元组 $\mathcal{F}$ 之间的距离的同时，最大化负三元组 $\mathcal{F}_e'$ 与 $\mathcal{F}_r'$ 之间的距离。因此，定义损失函数如下：

$$\begin{aligned}L=&-\log\sigma(\gamma-d_r(h,t))-\frac{1}{k}\sum_{i=1}^{k}\log\sigma(d_r(h_i',t_i')-\gamma)\\&-\lambda\sum_{i=1}^{k}p(h,r_i',t)\log\sigma(d_{r_i'}(h,t)-\gamma)\end{aligned} \tag{5-11}$$

其中，$(h,r,t)\in\mathcal{F}$，$(h',r,t')\in\mathcal{F}_e'$ 且 $(h,r',t)\in\mathcal{F}_r'$。$\sigma$ 是 Sigmoid 激活函数，且 λ 是超参数。

5.3 DiriE 表现能力理论分析

5.3.1 实体与关系的二元嵌入

之前大多数方法是将实体嵌入一个单一向量中，将关系嵌入一个单一向量或矩阵中，与这些方法相比，DiriE 采用二元嵌入来提取实体与关系之间更多的特征，在提高精度的同时只需要少量的开销。举例来说，现在有两个三元组$(a,\text{friend},b)\in\mathcal{F}$与$(b,\text{friend},a)\in\mathcal{F}$。若基于类似 TransE 模型的方法来翻译这两个三元组，则会得到$a+\text{friend}=b$与$b+\text{friend}=a$，那么有可能推导出$a\approx b$，这会导致实体歧义。若采用类似 TuckER[13]模型的矩阵分解法，则会得到$\phi_1=W\times_1 a\times_2 \text{friend}\times_3 b$与$\phi_2=W\times_1 b\times_2 \text{friend}\times_3 a$，其中$\phi_1$与$\phi_2$是评分函数。由于两个三元组均为正，该方法可能无法区分 a 与 b。为了消除实体之间的歧义，本方法使用二元分布来分别捕捉实体的先验分布与后验分布的特征。仍然考虑三元组(a,friend,b)，DiriE 将其建模为$q_b\propto p_a b_{\text{friend}}$与$q_a\propto p_b b_{\text{friend}^{-1}}$。而对于三元组$(b,\text{friend},a)$，DiriE 则会建模为$q_a\propto p_b b_{\text{friend}}$与$q_b\propto p_a b_{\text{friend}^{-1}}$。可以发现，$b_{\text{friend}}=b_{\text{friend}^{-1}}$但$q_b\neq p_a$。通过利用先验分布和后验分布隐式表达实体的不同方面，DiriE 区分出了近似语义的不同实体（如上文中的 a 与 b）。

对于一个三元组$(h,r,t)\in\mathcal{F}$，如果关系 r 被嵌入为单一的分布 b_r，则有$q_t\propto b_r p_h$。在训练过程中，仅有参数 p_h 与 q_t 会被更新，而 q_h 与 p_t 则不会被提及。考虑到这种情况，DiriE 模型将每一个关系 r 建模为一个前向似然函数 b_r 与一个后向似然函数 $b_{r^{-1}}$，则三元组中所有的相关参数都会被一起训练。此外，将关系嵌入为二元似然函数也改善了许多三元组之间的相关性。举例来说，假设 $\text{family}(m,n)$ 表示 m 与 n 同属一个家庭，且 $\text{live}(n,w)$ 表示 n 住在一个叫 w 的地方。如果忽略了后向似然函数 $b_{r^{-1}}$，则有 $q_n\propto p_m b_{\text{family}}$ 与 $q_w\propto p_n b_{\text{live}}$。然而，该方法无法推断出 p_m 与 q_w 之间的关系，这是因为它们之间没有共同的因子。因此，在 DiriE 模型中，$b_{r^{-1}}$ 这样的反向关系对于解决两个事实的独立性问题是很有必要的。值得注意的是，在张量分解法方面，SimplE[14]模型通过为每个关系 r 考虑两个向量 $\boldsymbol{v}_r,\boldsymbol{v}_{r^{-1}}\in\mathbb{R}^d$，改进了规范多元论分解法。这也从侧面证明了本章方法的有效性。

5.3.2 复杂关系的表现能力

近来有一些方法[12,15]将关注点放在表达复杂的关系模式上，希望能够预测知识图谱中缺失的链接。就两个或多个三元组的交互形式而言，关系可以被分类为不同的模式，包括**对称关系模式与反对称关系模式**、**逆关系模式与复合关系模式**。

定义 5-3：如果一个关系 r 满足 $\forall e_i,e_j\in\mathcal{E}$，$(e_i,r,e_j)\in\mathcal{F}$ 可推导出 $(e_j,r,e_i)\in\mathcal{F}$，则称关系 r 是对称的，且这种形式被称作对称关系。

定义 5-4：如果一个关系 r 满足 $\forall e_i,e_j\in\mathcal{E}$，$(e_i,r,e_j)\in\mathcal{F}$ 可推导出 $(e_j,r,e_i)\notin\mathcal{F}$，则称关系 r 是反对称的，且这种形式被称作反对称关系。

定义 5-5：如果两个关系 r_1、r_2 满足 $\forall e_i,e_j\in\mathcal{E}$，$(e_i,r_1,e_j)\in\mathcal{F}$ 可推导出 $(e_j,r_2,e_i)\in\mathcal{F}$，则称关系 r_1 是关系 r_2 的逆，且这种形式被称作逆关系。

定义 5-6：如果三个关系 r_1、r_2、r_3 满足 $\forall e_i,e_j,e_k\in\mathcal{E}$，$(e_i,r_1,e_j)\in\mathcal{F}\wedge(e_j,r_2,e_k)\in\mathcal{F}$

可推导出 $(e_i, r_3, e_k) \in \mathcal{F}$，则称关系 r_3 是关系 r_1 与关系 r_2 的复合，且这种形式被称作复合关系。

通过将事实视为贝叶斯推理，并通过二元嵌入来表示实体与关系，DiriE 在表达复杂的关系的同时，可以减少不同关系的相似性。本节提出如下定理。

定理 5-1：DiriE 可以推理出对称关系。

证明：对于一个对称关系，如果 $(e_i, r, e_j) \in \mathcal{F}$ 与 $(e_j, r, e_i) \in \mathcal{F}$ 均成立，则同时有 $q_{e_j} \propto b_r p_{e_i}$ 与 $q_{e_j} \propto b_{r^{-1}} p_{e_i}$ 成立。通过学习 b_r 与 $b_{r^{-1}}$ 相同，DiriE 可以为对称关系建模。

定理 5-2：DiriE 可以推理出反对称关系。

证明：对于一个反对称关系，如果 $(e_i, r, e_j) \in \mathcal{F}$ 与 $(e_j, r, e_i) \notin \mathcal{F}$ 均成立，则同时有 $q_{e_j} \propto b_r p_{e_i}$ 与 $q_{e_j} \neq b_{r^{-1}} p_{e_i}$ 成立。通过学习 b_r 与 $b_{r^{-1}}$ 无关，DiriE 可以为反对称关系建模。

定理 5-3：DiriE 可以推理出逆关系。

证明：对于一对逆关系，如果 $(e_i, r_1, e_j) \in \mathcal{F}$ 与 $(e_j, r_2, e_i) \in \mathcal{F}$ 均成立，则同时有 $q_{e_j} \propto b_{r_1} p_{e_i}$ 与 $q_{e_i} \propto b_{r_1^{-1}} p_{e_j}$ 成立，$q_{e_i} \propto b_{r_2} p_{e_j}$ 与 $q_{e_j} \propto b_{r_2^{-1}} p_{e_i}$ 成立。通过学习 b_{r_1} 与 $b_{r_2^{-1}}$ 相同、b_{r_2} 与 $b_{r_1^{-1}}$ 相同，DiriE 可以为逆关系建模。

定理 5-4：DiriE 可以推理出复合关系。

证明：对于一组复合关系，如果 $(e_i, r_1, e_j) \in \mathcal{F}$、$(e_j, r_2, e_k) \in \mathcal{F}$ 与 $(e_i, r_3, e_k) \in \mathcal{F}$ 均成立，则同时有 $q_{e_k} \propto b_{r_2} p_{e_j}$ 与 $q_{e_k} \propto b_{r_3} p_{e_i}$ 成立，$q_{e_i} \propto b_{r_1^{-1}} p_{e_j}$ 与 $q_{e_i} \propto b_{r_3^{-1}} p_{e_k}$ 成立。通过学习 $b_{r_2} p_{e_j}$ 与 $b_{r_3} p_{e_i}$ 相同、$b_{r_1^{-1}} p_{e_j}$ 与 $b_{r_3^{-1}} p_{e_k}$ 相同，DiriE 可以为复合关系建模。

5.3.3 知识图谱的不确定性

由于知识图谱本身存在不完整与噪声的问题，知识图谱的不确定性建模使链接预测与推理的效果有了很大的提升。将实体和关系嵌入为高斯分布是为不确定性建模的一种常规方法。然而，这些方法忽略了多个三元组之间的相关性且无法处理复杂的关系模式。反而，由于通过贝叶斯推理可以方便地推导出三元组，本章采用狄利克雷分布来嵌入实体。假设一个实体的不确定性与处于同一个三元组中的关联关系和实体有关，为了测量不确定性，可以定义狄利克雷分布的微分熵如下：

$$\begin{aligned}\mathcal{H}(\boldsymbol{X}) &= -\int \cdots \int f(x) \log f(x) \mathrm{d}x_1 \cdots \mathrm{d}x_d \\ &= \log B(\boldsymbol{\beta}) + (a_0 - d)\psi(a_0) - \sum_i^d (a_i - 1)\psi(a_i)\end{aligned} \tag{5-12}$$

其中，$a_0 = \sum_i^d a_i$ 与 $\psi(x)$ 是 digamma 函数。在式（5-8）中，曾用 KL 散度来测量一个三元组的散度，此处也可以按如下方式计算：

$$
\begin{aligned}
\mathcal{D}_{\mathrm{KL}}(\boldsymbol{X}\|\boldsymbol{Y}) &= \int\cdots\int f(\boldsymbol{x})\log\frac{f(\boldsymbol{x})}{g(\boldsymbol{x})}\mathrm{d}x_1\cdots\mathrm{d}x_d \\
&= \mathcal{H}(\boldsymbol{X},\boldsymbol{Y}) - \mathcal{H}(\boldsymbol{X})
\end{aligned} \tag{5-13}
$$

其中，$\mathcal{H}(\boldsymbol{X},\boldsymbol{Y})$是交叉熵，$\mathcal{H}(\boldsymbol{X})$是微分熵。因此，实体的不确定性可以通过 KL 散度来学习。由于可为不确定性建模，DiriE 在建立复杂的知识图谱时能展现出更强的准确性和鲁棒性。

5.4 实验与分析

5.4.1 数据集

本实验在 5 个标准数据集上评估本章方法，统计数据展示在表 5-1 中。

表 5-1 数据集的统计数据

数据集	$\lvert\mathcal{E}\rvert$	$\lvert\mathcal{R}\rvert$	训练集大小	验证集大小	测试集大小
WN18	40 943	18	141 442	5000	5000
WN18RR	40 943	11	86 835	3034	3134
FB15k	14 951	1345	483 142	50 000	59 071
YAGO3-10	123 182	37	1 079 040	5000	5000
NELL-995	75 492	200	149 678	543	3992

5.4.2 相关任务

由于在人类的能力范围内抽取所有事实是不可能的，因此知识图谱通常是不完整的，那么链接预测在推断缺失的链接并补全知识图谱中扮演着至关重要的角色。对于测试集中的每一个三元组(h,r,t)，头实体h或尾实体t将被随机删除并被实体集词典中的实体随机替换。那么此时，候选集就是$\{(?,r,t)|?\in\mathcal{E}\}$或$\{(h,r,?)|?\in\mathcal{E}\}$。计算所有候选对象的得分，然后将它们按降序排序，再找出真正的候选对象。

5.4.3 评价指标

$\mathrm{MRR}=\frac{1}{N}\sum_{i=1}^{N}\frac{1}{\mathrm{Rank}_i}$，其中$\mathrm{Rank}_i$是第$i$个三元组在测试集中的排名，$N$是测试集的大小。平均排名倒数（Mean Reciprocal Rank，MRR）具有稳定性与可观察性，其表现力比平均排名更优秀。

$\mathrm{H@}k=\frac{1}{N}\sum_{i=1}^{N}I(\mathrm{Rank}_i\leqslant k)$，其中$I(\cdot)$是指示函数。H@$k$ 意味着真正的三元组出现在候选集的前k个三元组内。

5.4.4 链接预测结果和分析

本小节对 DiriE 与当前已有最先进模型的表现进行了对比，包括 TransE[11]、KG2E[9]、SimplE[14]、ComplEx[15]、RotatE[12]、MuRP[2]、TuckER[13]、HAKE[16]、DualE[6]与 GaussianPath[17]。在 WN18、WN18RR、FB15k 和 YAGO3-10 这 4 个数据集中进行实验，并部署了两个版本的 DiriE，分别标记为 DiriE1 与 DiriE2。DiriE1 仅生成实体负三元组，DiriE2 通过两步法生成负三元组。下文将对每个数据集进行详细分析，实验结果见表 5-2。

表 5-2　WN18、WN18RR、FB15k 与 YAGO3-10 数据集上的链接预测结果

方法	WN18 数据集			WN18RR 数据集			FB15k 数据集			YAGO3-10 数据集		
	MRR	H@1	H@10	MRR	H@1	H@10	MRR	H@1	H@10	MRR	H@1	H@10
TransE	0.495	0.113	0.943	0.226	—	0.501	0.463	0.297	0.749	0.294	—	0.465
KG2E	—	0.541	0.928	—	—	—	—	0.404	0.740	—	—	—
SimplE	0.942	0.939	0.947	0.398	0.383	0.427	0.727	0.660	0.838	0.453	0.358	0.632
ComplEx	0.941	0.936	0.947	0.458	0.426	0.521	0.692	0.599	0.840	0.360	0.260	0.550
RotatE	0.949	0.944	0.959	0.476	0.428	0.571	0.797	0.746	0.884	0.495	0.402	0.670
MuRP	—	—	—	0.481	0.440	0.566	—	—	—	0.283	0.187	0.478
TuckER	0.953	0.949	0.958	0.470	0.443	0.526	0.795	0.741	0.892	—	—	—
HAKE	—	—	—	**0.497**	**0.452**	0.582	—	—	—	0.545	0.462	0.694
DualE	0.952	0.946	0.962	0.492	0.444	0.584	0.813	0.766	0.896	—	—	—
GaussianPath	—	—	—	0.446	0.437	0.651	—	—	—	0.440	0.316	0.638
DiriE1	0.951	0.945	0.962	0.491	0.442	0.653	0.814	0.758	0.895	0.553	0.465	0.702
DiriE2	**0.955**	**0.950**	**0.967**	0.495	0.448	**0.657**	**0.827**	**0.774**	**0.906**	**0.570**	**0.486**	**0.713**

注：粗体为最优结果，带下划线的为次优结果。

由于 WN18 数据集中仅包含了 18 种关系且大多数是对称关系模式与逆关系模式，则可推断数据集中多为这两种关系模式的模型通常能取得较好的实验结果。DiriE 的评价指标仅比这些方法提高了 1%～2%。相同的情况在 WN18RR 数据集中也有发生。然而，对于 FB15k 数据集，它包含了 1345 种关系，DiriE 在所有指标上均有 3%～5% 的性能提升。此外，在大规模数据集 YAGO3-10 上，DiriE 性能提升达到了 10%，体现了本模型的优越性。另外，与仅生成实体负三元组的 DiriE1 相比，采用两步负三元组生成方法的 DiriE2 在性能指标方面取得了很大的提升。原因在于，仅观察实体负三元组时只将实体分离，在这样的情况下，关系会被训练得很相似，更进一步导致了实体的歧义。而将实体负三元组与关系负三元组同时纳入考虑，是 DiriE 做出的重大改进。

就像 SimplE、RotatE 以及其他模型可以建模对称关系、反对称关系与逆关系一样，DiriE 有能力在 WN18 数据集与 FB15k 数据集上表现良好。由于该方法区分了不同的关

系，DiriE 在拥有超过 1000 种关系的 FB15k 数据集上表现出了性能指标的重大提升。此外，DiriE 能够推断复合关系的能力使其在 WN18RR 数据集上也表现不错。更进一步，由于某些特定的关系入度过高、实体与事实的数量庞大，建模不确定性、推断复杂关系模式成为在 YAGO3-10 数据集上实现链接预测任务的关键因素。前述的类似于 KG2E、GaussianPath 这样的方法在处理高度数任务时受到限制，而像 RotatE 与 HAKE 这样的方法则完全没有考虑知识图谱的不确定性。与此相反，DiriE 不受上述限制且在所有评价指标方面取得了改善。

5.4.5 关系模式与不确定性分析

本小节将继续讨论 DiriE 表达复杂关系模式的能力。WN18 数据集与 YAGO3-10 数据集中的关系模式使 DiriE 在这两个数据集上更容易理解语义并观测模式。以这两个数据集中的例子来分析结果，关系与关系对应的模式见表 5-3，其中一种关系的 MRR 定义为所有包含它的三元组的 MRR。

表 5-3　DiriE 推断的关系模式

数据集	关系	模式	MRR
WN18	_similar_to	对称关系	1.000
	_hypernym	逆关系	0.965
	_hyponym	逆关系	0.916
YAGO3-10	isMarriedTo	对称关系	0.867
	hasChild	复合关系	0.814
	hasGender	复合关系	0.991
	actedIn	无	0.492
	测试集中的全部关系	全部	0.570

WN18 数据集基本是由对称关系模式与逆关系模式构成的。在 WN18 数据集中，如果实体 h 相似于（_similar_to）实体 t，则实体 t 一定相似于（_similar_to）实体 h。这样，相似于（_similar_to）的 MRR 就达到了最大值 1。如果实体 h 上位于（_hypernym）实体 t，则实体 t 有概率（并不总是）下位于（_hyponym）实体 h。因此，上位于（_hypernym）或下位于（_hyponym）的 MRR 超过 0.9 但低于 1。在 YAGO3-10 数据集中，如果实体 h 与实体 t 结婚了（isMarriedTo），且实体 t 有孩子（hasChild）c，那么实体 h 有孩子（hasChild）c，这就形成了复合关系模式。此外，如果实体 h 与实体 t 结婚了（isMarriedTo），且实体 t 的性别为（hasGender）male，那么实体 h 的性别为（hasGender）female。对于这些符合特定模式的关系，DiriE 拥有大于 0.8 的 MRR，而如 actedIn 这类不属于任何模式的关系，其 MRR 低于 0.57。通过观察不同关系的 MRR 可以发现，DiriE 擅长表达复杂的关系模式，这也通过实验验证了定理 5-1 至定理 5-4。

为了进一步进行可视化分析，需要绘制实体和关系的概率分布图。由于多维分布图不容易绘制，本实验将 WN18 数据集和 FB15k 数据集作为二维的研究案例，因此狄利克雷分布退化为β分布，多项式分布退化为二项式分布。一些关系模式绘制在图 5-1 中。值得注意的是，由于采用随机初始化与不同的训练参数，因此每次分布图可能并不相同，但每次分布图的模式应该是相同的。

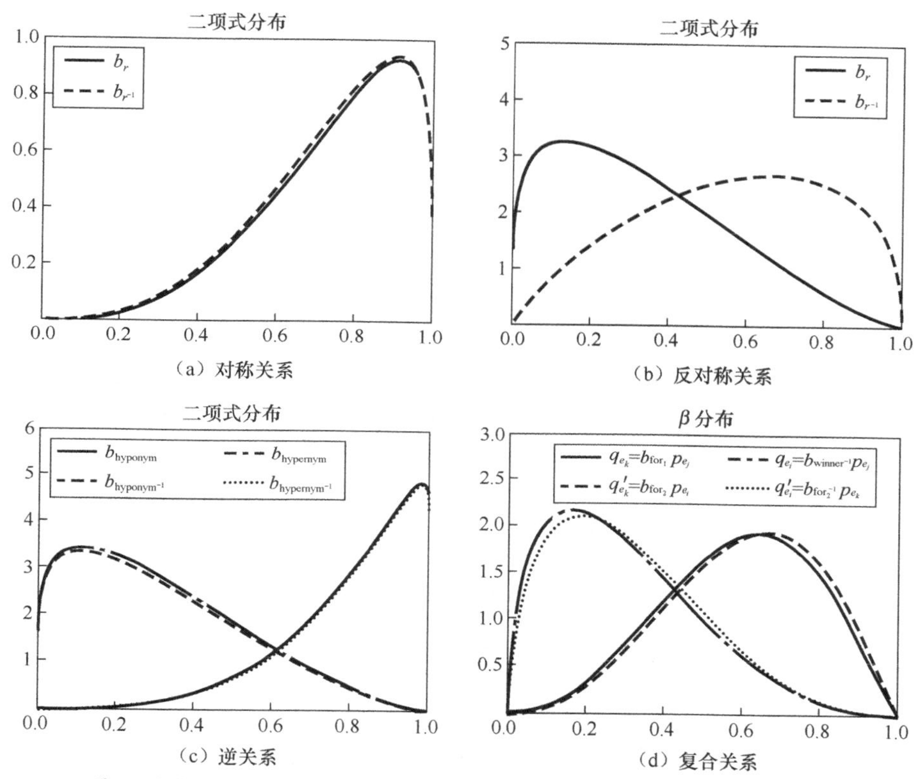

图 5-1　4 种关系模式的可视化图（关系是从 WN18 数据集与 FB15k 数据集中抽取的）

对于类似“相似于（_similar_to）”这样的对称关系模式，图 5-1（a）展示出 b_r 与 $b_{r^{-1}}$ 的曲线十分接近。对于类似“书/杂志/艺术类型（book/magazine/genre）”这样的反对称关系模式，图 5-1（b）展示出 b_r 与 $b_{r^{-1}}$ 的曲线远离。对于图 5-1（c）所示的逆关系模式，可以发现，b_{hyponym} 与 $b_{\text{hypernym}^{-1}}$ 的曲线接近，b_{hypernym} 与 $b_{\text{hyponym}^{-1}}$ 的曲线接近。最后，对于图 5-1（d）所示的复合关系模式，首先计算后验分布 $q_{e_k}=b_{\text{for}_1}p_{e_j}$，$q'_{e_k}=b_{\text{for}_2}p_{e_i}$，$q_{e_i}=b_{\text{winner}^{-1}}p_{e_j}$ 及 $q'_{e_i}=b_{\text{for}_2^{-1}}p_{e_k}$，可以发现，$q_{e_k}$ 与 q'_{e_k} 的曲线接近，q_{e_i} 与 q'_{e_i} 的曲线接近。简言之，本章定理 5-1 至定理 5-4 与实验结果一致，这证明了本章方法的可行性。

此外，有部分方法将特定的关系模式嵌入为一个固定值，这可能导致关系混淆。比如，RotatE[12]将所有对称关系嵌入为 0π、1π与 2π。HAKE[16]将所有连接了同一层次结构级别实体的关系嵌入在 1 附近，这将导致模式相同的不同关系会学习到相同的嵌入表示。幸运的是，DiriE 模型解决了这个问题，并在模型和技术上具有区分不同关系的更强大的能力。

上文分析了 DiriE 在传统数据集上的表现，且实验结果证明了它的优秀性能。然而，这些数据集最初是为三元组确定且毫无缺失的知识图谱设计的。而真实世界中，大多数知识图谱中的三元组是不完整、有噪声且充满了不确定性的，这可能导致链接预测的失败。为了证实本章方法对知识图谱的不确定性建模的能力，实验中采用了 NELL-995 数据集及其变体。

由于 NELL-995 数据集是从 Web 构建的，因此其自然具有不确定性。为了深入比较不确定性对不同方法的影响，本实验基于 NELL-995 数据集生成了两个新的数据集，记作 NELL-995-90 和 NELL-995-110。对于 NELL-995-90 数据集，实验随机删除了训练集中 10%的三元组以模拟不完整性。相反，对于 NELL-995-110 数据集，实验随机生成了 10%的负三元组并将其加入训练集中以模拟噪声。实验结果见表 5-4。

表 5-4　基于 NELL-995 数据集的不确定性学习

方法	NELL-995 数据集				NELL-995-90 数据集				NELL-995-110 数据集			
	MRR	H@1	H@3	H@10	MRR	H@1	H@3	H@10	MRR	H@1	H@3	H@10
TransE[11]	0.316	0.245	0.359	0.429	0.255	0.178	0.305	0.391	0.233	0.161	0.273	0.353
DistMult[18]	0.187	0.141	0.208	0.284	0.172	0.127	0.203	0.268	0.180	0.139	0.204	0.276
ComplEx[15]	0.227	0.176	0.241	0.319	0.194	0.148	0.206	0.279	0.203	0.154	0.225	0.287
RotatE[12]	0.367	0.310	0.391	0.472	0.221	0.181	0.243	0.296	0.356	**0.305**	0.373	0.453
MuRP[2]	0.360	0.274	0.401	0.529	0.302	0.216	0.361	0.488	0.289	0.206	0.325	0.446
AttE[14]	0.373	0.276	0.448	0.591	0.357	0.262	0.423	0.540	0.225	0.103	0.316	0.449
DiriE1	0.401	0.304	0.468	0.560	0.368	0.287	0.430	0.522	0.363	0.267	0.459	0.554
DiriE2	**0.422**	**0.319**	**0.495**	**0.598**	**0.392**	**0.303**	**0.469**	**0.574**	**0.395**	0.292	**0.474**	**0.587**

注：粗体为最优结果，带下划线的为次优结果。

下面首先讨论利用不同几何空间的其他方法。对于原始的 NELL-995 数据集，在所有评价指标上，相较于其他方法中的最优方法，DiriE 均拥有 5%～10%的性能提升。尤其对于 NELL-995-90 数据集与 NELL-995-110 数据集，在相关评价指标上，DiriE 的性能提升了 10%～20%。结果表明，与其他经典方法相比，DiriE 具有显著的不确定性建模能力。此外，从纵向比较来看，在建立 NELL-995-90 数据集与 NELL-995-110 数据集时，与采用 NELL-995 数据集时相比，DiriE 损失了 1%～3%的性能，而其他方法则普遍损失了 5%以上的性能。因此，DiriE 在处理不完整性和噪声方面也比其他方法具有更强的鲁棒性和稳定性。相比之下，无论是采用了欧氏空间的 TransE 模型与 DistMult 模型，还是采用了复数空间的 ComplEx 模型与 RotatE 模型，又或是采用了双曲空间的 MuRP 模型，它们均没有能力建模不确定性。而对于 AttE 模型，其在建模原始数据集 NELL-995 与不完全数据集 NELL-995-90 时效果良好，但当它面对噪声数据集 NELL-995-110 时，其评价指标显著降低。与上述方法不同，DiriE 采用狄利克雷分布来嵌入实体，这自然就能为知识图谱的不确定性建模。

5.5 本章小结

本章介绍了 DiriE——一种基于贝叶斯推理与共轭分布的全新知识图谱嵌入方法。为了对知识图谱的不确定性进行建模，DiriE 将实体嵌入为狄利克雷分布，将关系嵌入为多项式分布。对于知识图谱中的每一个三元组，DiriE 将头实体视作一种先验分布，将尾实体视作一种后验分布，将关系视作似然函数。为了区分每个实体的先验分布与后验分布，DiriE 学习了实体与关系的二元嵌入，同时也可以推理出复杂关系模式。最后，大量的理论和实验分析证明了 DiriE 模型的优越性。

参考文献

[1] ANTOINE B, NICOLAS U, ALBERTO G, et al. Translating embeddings for modeling multi-relational data[C]//NeurIPS Foundation. Proceedings of the 26th International Conference on Neural Information Processing Systems. Cambridge, USA: MIT Press, 2013: 2787-2795.

[2] KAZEMI S M, POOLE D. SimplE embedding for link prediction in knowledge graphs[C]//NeurIPS Foundation. Proceedings of the 32nd International Conference on Neural Information Processing Systems. Cambridge, USA: MIT Press, 2018: 4289-4300.

[3] REN H, HU W, LESKOVEC J. Query2box: reasoning over knowledge graphs in vector space using box embeddings[C]//International Conference on Learning Representation. The 8th International Conference on Learning Representations (ICLR). Addis Ababa, Ethiopia: International Conference on Learning Representation, 2020.

[4] REN H, LESKOVEC J. Beta embeddings for multi-hop logical reasoning in knowledge graphs[C]//NeurIPS Foundation. Proceedings of the 33rd International Conference on Neural Information Processing Systems. Cambridge, USA: MIT Press, 2020.

[5] WANG X, HE X, CAO Y, et al. KGAT: knowledge graph attention network for recommendation[C]//Association for Computing Machinery. Proceedings of the 25th ACM SIGKDD International Conference on Knowledge Discovery and Data Mining. New York: Association for Computing Machinery, 2019: 950-958.

[6] LOGAN R, LIU N F, PETERS M E, et al. Barack's wife Hillary: using knowledge graphs for fact-aware language modeling[C]//Association for Computational Linguistics. Proceedings of the 57th Annual Meeting of the Association for Computational Linguistics. Florence, Italy: Association for Computational Linguistics, 2019: 5962-5971.

[7] GEORGE A M. WordNet: a Lexical database for English[J]. Communications of the ACM , 1995, 38(11): 39-41.

[8] SÖREN A, CHRISTIAN B, GEORGI K, et al. DBpedia: a nucleus for a web of open data[C]//Springer-

Verlag. Proceedings of the 6th international semantic web & the 2nd Asian conference on Asian semantic web conference. Berlin, Heidelberg: Springer, 2007: 722-735.

[9] SUCHANEK F M, KASNECI G, Weikum G. Yago: a core of semantic knowledge[C]//Association for Computing Machinery. In Proceedings of the 16th International Conference on World Wide Web. New York: Association for Computing Machinery, 2007: 697-706.

[10] KURT B, COLIN E, PRAVEEN P, et al. Freebase: a collaboratively created graph database for structuring human knowledge[C]//Association for Computing Machinery. Proceedings of the 2008 ACM SIGMOD international conference on Management of data. New York: Association for Computing Machinery, 2008: 1247-1250.

[11] ANTOINE B, NICOLAS U, ALBERTO G, et al. Translating embeddings for modeling multi-relational data[C]//NeurIPS Foundation. Advances in Neural Information Processing Systems 26. Cambridge, USA: MIT Press, 2013: 2787-2795.

[12] SUN Z, DENG Z, NIE J, et al. RotatE: knowledge graph embedding by relational rotation in complex space[C]//International Conference on Representation Learning. The 7th International Conference on Learning Representations (Poster). Los Angeles: International Conference on Representation Learning, 2019.

[13] IVANA B, CARL A, TIMOTHY H. TuckER: tensor factorization for knowledge graph completion[C]//Association for Computational Linguistics. Proceedings of the 2019 Conference on Empirical Methods in Natural Language Processing and the 9th International Joint Conference on Natural Language Processing (EMNLP-IJCNLP). Hong Kong: Association for Computional Linguistics, 2019: 5185-5194.

[14] KAZEMI E, HASSANI S H, GROSSGLAUSER M. Growing a graph matching from a handful of seeds [C]//VLDB Endowment. Proceedings of the 41st International Conference on Very Large Databases. Honolulu, USA: VLDB Endowment, 2015: 1010-1021.

[15] TROUILLON T, WELBL J, RIEDEL S, et al. Complex embeddings for simple link prediction[C]//International Conference on Machine Learning. Proceedings of the 33rd International Conference on Machine Learning. New York: International Conference on Machine Learning, 2016: 2071-2080.

[16] ZHANG Z, CAI J, ZHANG Y, et al. Learning hierarchy-aware knowledge graph embeddings for link prediction[C]//The Association for the Advance of Artificial Intelligence. Proceedings of the 34th AAAI Conference on Artificial Intelligence. Los Angeles: AAAI Press, 2020: 3065-3072.

[17] WAN G, DU B. GaussianPath: a bayesian multi-hop reasoning framework for knowledge graph reasoning[C]//The Association for the Advance of Artificial Intelligence. Proceedings of the 35th AAAI Conference on Artificial Intelligence. Los Angeles: AAAI Press, 2021: 4393-4401.

[18] YANG B, YI H W, HE X, et al. Embedding entities and relations for learning and inference in knowledge bases[C]//International Conference on Representation Learning. The 3rd International Conference on Learning Representations (Poster). Los Angeles: International Conference on Representation Learning, 2015.

第三部分

社交网络对齐方法

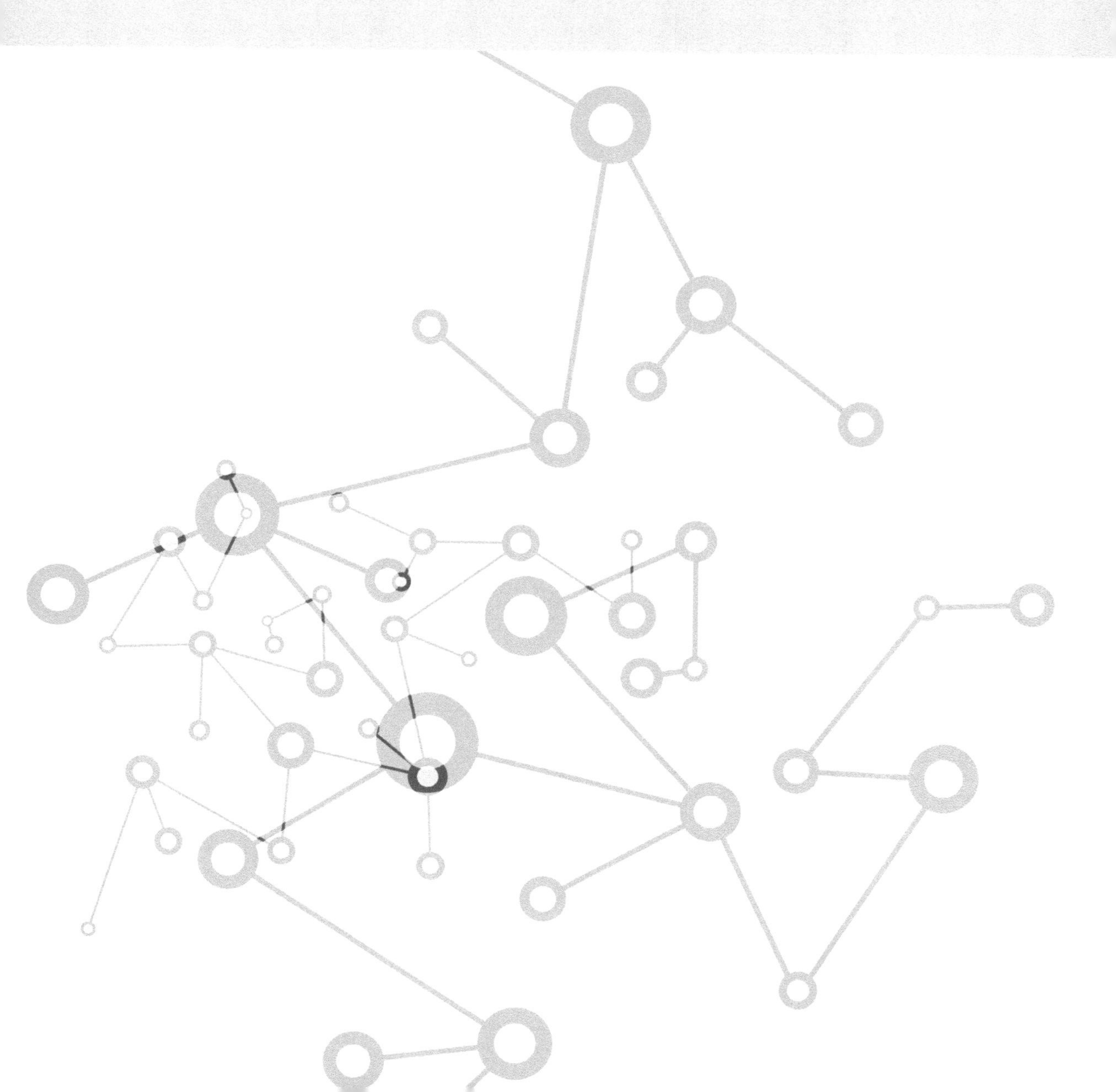

第 6 章　静态的社交网络用户对齐方法

本章将研究静态社交网络间的用户对齐问题，即在结构相对稳定的社交网络间发现用户的对应关系。已有文献对本问题进行了初步的探索：MOBIUS 方法[1]深入挖掘用户名中的潜在模式以对齐用户；MNA 方法[2]在由联合异质相似度构建的二分图上匹配用户；POIS 方法[3]和 Chen-18 方法[4]通过挖掘轨迹信息对齐社交网络间的用户；Korula-14 方法[5]和 Kazemi-15 方法[6]通过对比网络结构，利用基于传播的方式对齐社交网络；PALE 方法[7]和 IONE 方法[8]通过对社交网络的表示学习对齐两个社交网络。本章对相关文献进行总结，指出已有工作在以下两方面存在局限性。一是多网络。在现实生活中，人们通常会同时加入多个社交网络，而绝大多数已有的研究工作仅关注两个社交网络之间的用户对齐。实际上，由于全局不一致性（Global Inconsistency）[9]等原因，解决两个社交网络对齐的方法无法通过简单的扩展直接应用于多个社交网络的对齐。二是鲁棒性。所获取的社交数据通常存在数据稀疏、具有噪声等不理想的情况。因此，本章希望用户对齐方法具有高鲁棒性的特点，即所提出的方法不依赖某些特定数据，在数据不理想的情况下仍能较为有效地对齐用户。

面对上述局限性，自然出现了对于能否鲁棒地对齐多个静态社交网络的研究。为此，本章提出一种基于矩阵分解的表示学习算法（across Multiple social networks，integrate Attribute and Structure Embedding for Reconciliation，MASTER）。为解决本问题，需要面临如下三大挑战。

挑战一：问题建模。已有文献中鲜有可以实现多个社交网络对齐的表示学习算法。为解决本问题，本表示学习模型应有效地结合属性和结构两类数据空间的信息，与此同时，该模型也不应存在固有的全局不一致性问题。

挑战二：模型求解。表示学习模型一般会显式或隐式地被构建为一个最优化问题，而现实问题的复杂性导致其所构建的最优化问题将更为复杂。由于本问题的内在复杂性，典型的凸优化模型不足以刻画本问题所蕴含的最优化问题，而非凸优化模型不存在其最优值的解析解，这使得模型求解更为艰难。

挑战三：高效性。现实中的社交网络数据规模极为庞大，因此，提高对齐方法的效率成为解决本问题的又一挑战。其难点在于，在追求高效实现社交网络对齐的同时，如何有效保障其准确性。

为解决挑战一（问题建模）和挑战二（模型求解），本章首先提出一种基于矩阵分解的表示学习算法；为解决挑战三（高效性），本章进一步提出一个面向上述社交网络用户对齐方法的基于模糊聚类的并行化框架 MASTER+。

6.1 问题定义

6.1.1 符号与概念

如无特殊说明，在本章中，花体的大写字母 $\mathcal{X}$ 表示数域，加粗的斜体大写字母 $\boldsymbol{X}$ 表示矩阵，斜体的大写字母 X 表示常数，加粗的斜体小写字母 $\boldsymbol{x}$ 表示向量，斜体的小写字母 x 表示标量。

一般地，令社交网络为二元组 $G=(\boldsymbol{G},\boldsymbol{A})$。该社交网络的节点集为 $V=\{v_i\}$，其基数（Cardinality）$|V|$ 为 N。那么，N 阶方阵 $\boldsymbol{G}$ 为社交网络的结构矩阵。具体地，若节点 v_i 和节点 v_j 间存在一条边，则该矩阵的第 i 行第 j 列上的元素值 $\boldsymbol{G}_{ij}$ 为正实数，代表两节点间的连接强度；否则，$\boldsymbol{G}_{ij}=0$。$N\times F$ 阶矩阵 $\boldsymbol{A}$ 为社交网络的属性矩阵，该矩阵的第 i 行 $\boldsymbol{A}_i$ 为节点 v_i 的 F 维属性向量。

现有一组社交网络，为不失一般性，令社交网络的个数为 M。现给出其符号说明：以上标 m 区分各社交网络，以下标 i、j、k 及 n 区分用户。本章观察到的现象是：一个人同时加入多个社交网络时，其在不同的社交网络中行为相近，抑或各有侧重。本章将社交网络中的节点作为自然人用户的像（image），相应地，自然人用户为社交网络中的节点的原像。以两个网络为例，定义这类用户。不失一般性，设两社交网络分别为源（Source）网络 G^{S} 和目标（Target）网络 G^{T}。

定义 6-1（锚用户，Anchor User）：若一自然人用户在源网络 G^{S} 中存在像节点，记为 v_i^{S}，且在目标网络 G^{T} 中存在像节点，记为 v_k^{T}，则该用户被称为锚用户。

定义 6-2（锚链接，Anchor Link）：令节点 v_i^{S} 和节点 v_k^{T} 分别为源节点集 V^{S} 和目标节点集 V^{T} 的节点，若两者为同一用户在源网络 G^{S} 和目标网络 G^{T} 中的像，则构建网际边（Inter-network Link），称之为锚链接，记作二元组 $\left(v_i^{\mathrm{S}},v_k^{\mathrm{T}}\right)$。

易知，源网络与目标网络以锚链接相互关联。

定义 6-3（锚用户集，The Union of Anchor User Sets）：现有一组静态社交网络 $\{G^m\},m=1,2,\cdots,M$，给出其中的任意两网络 G^{S} 和 G^{T}，锚用户集 A_{ST} 为两网络间已知锚用户的全体。穷举这组社交网络中的两网络组，将这些锚用户集的全体称为锚用户集，记作集合 A。

6.1.2　问题描述

下面给出静态社交网络用户对齐问题的定义。

问题定义 6-1（静态社交网络用户对齐问题，The Problem of User Alignment across Social Networks）：已知一组静态社交网络$\{G^m\}, m=1,2,\cdots,M$ 及其锚用户集 A，静态社交网络用户对齐问题欲通过一个法则求得这组社交网络间的全体未知锚用户。形式化地，给出该对应法则$\Phi(\cdot)$，其使得等式$\Phi(v^1)=\Phi(v^2)=\cdots=\Phi(v^M)$成立。也即，该法则使同一自然人用户在不同的社交网络中节点互相对齐。

6.2　基于矩阵分解的用户对齐方法

为解决静态社交网络用户对齐在多网络对齐和对齐鲁棒性方面的局限性，本节提出了一种基于矩阵分解的用户对齐方法 MASTER。在 MASTER 中，本章提出了一个具有创造性的、有约束的双重表示学习（Constrained Dual Embedding，CDE）模型。

6.2.1　方法概述

CDE 模型的主要思想是：通过独立表示（Uni-embedding）和联合表示（Joint-embedding），在多个拟对齐社交网络的公共子空间中同时进行社交网络的表示和对齐。独立表示时，CDE 模型采用协同矩阵，利用社交网络中的属性和网络结构数据，以有限的数据观察刻画用户之间的内在关系，进而提高用户对齐的鲁棒性。联合表示时，CDE 模型利用锚用户构建多个社交网络间的公共子空间，并在此公共子空间中对齐用户。本节将 CDE 模型形式化为一非凸矩阵优化问题。为求解本问题，本节提出了一种最优化算法 NS-Alternating（6.2.3 小节）。更进一步地，本节对 NS-Alternating 算法进行收敛性分析（6.2.4 小节），并给出 KKT 收敛定理。

6.2.2　CDE 模型

1. 独立表示

对于社交网络组中的第 m 个网络，令节点独立表示（Uni-embedding）向量的维度为 d，则其表示矩阵 $\boldsymbol{H}^{(m)}$ 的维度为 $N^{(m)}\times d$ 。独立表示包含节点在网络结构和属性两方面的信息。

本小节构建结构亲密度矩阵 $\boldsymbol{M}^{(m)}$，其包括了一阶和二阶亲密度。如文献[10]所述，一阶亲密度由两相邻节点的连接强度组成，即网络结构 $G_{ij}^{(m)}$ 。一阶亲密度无法刻画非相邻节点的亲密度，因此本小节定义二阶亲密度如下。

定义 6-4（二阶亲密度，Second-order Proximity）：对于给定的一阶亲密度矩阵 $\boldsymbol{G}^{(m)}$，节点 $v_i^{(m)}$ 与 $v_j^{(m)}$ 之间的二阶亲密度为一阶亲密度矩阵第 i 行（列）和第 j 行（列）的相似度，记作 $\overline{\boldsymbol{G}_{ij}}^{(m)}$。

本小节使用向量的内积的相似度。因为 $\boldsymbol{G}^{(m)}$ 对称，有 $\overline{\boldsymbol{G}}^{(m)}=\boldsymbol{G}^{(m)^2}$。令结构亲密度矩阵为一阶和二阶亲密度矩阵的线性和，即 $\boldsymbol{M}^{(m)}=\boldsymbol{G}^{(m)}+\eta\overline{\boldsymbol{G}}^{(m)}$，其中，$\eta$ 为非负权重。

类似地，本小节构建属性亲密度矩阵 $\boldsymbol{W}^{(m)}$，令其为属性矩阵的内积，即 $\boldsymbol{W}^{(m)}=\boldsymbol{A}^{(m)}\boldsymbol{A}^{(m)\mathrm{T}}$。

在表示空间中，每一节点对应一个表示向量 $\boldsymbol{h}_i^{(m)}$。表示向量以不同的映射 $\varphi(\cdot)$ 投影到网络结构和属性两个数据空间上。基于核技巧，将表示向量 $\boldsymbol{h}_i^{(m)}$ 与其映射 $\varphi\left(\boldsymbol{h}_i^{(m)}\right)$ 的内积 $\langle\cdot,\cdot\rangle$ 联系，投影内积的计算公式为 $\left\langle\varphi\left(\boldsymbol{h}_i^{(m)}\right),\varphi\left(\boldsymbol{h}_j^{(m)}\right)\right\rangle=\boldsymbol{h}_i^{(m)}\boldsymbol{K}_\varphi^{(m)}\boldsymbol{h}_j^{(m)}$，其中，投影矩阵 $\boldsymbol{K}_\varphi^{(m)}$ 半正定。映射的内积即为数据空间的亲密度。令 $\boldsymbol{B}^{(m)}$ 和 $\boldsymbol{C}^{(m)}$ 分别为结构空间和属性空间的投影矩阵。表示矩阵（即式（6-1）中的优化目标）可由下述协同矩阵分解学得：

$$\begin{aligned}&\min_{\boldsymbol{H}^{(m)},\boldsymbol{B}^{(m)},\boldsymbol{C}^{(m)}} && \frac{\alpha}{2}d\left(\boldsymbol{M}^{(m)},\boldsymbol{H}^{(m)}\boldsymbol{B}^{(m)}\boldsymbol{H}^{(m)^\mathrm{T}}\right)+\frac{\beta}{2}d\left(\boldsymbol{W}^{(m)},\boldsymbol{H}^{(m)}\boldsymbol{C}^{(m)}\boldsymbol{H}^{(m)^\mathrm{T}}\right)\\&\text{s.t.} && \boldsymbol{B}^{(m)},\boldsymbol{C}^{(m)}\in\mathbb{S}_+^d\end{aligned}\tag{6-1}$$

其中，距离 $d(\cdot,\cdot)$ 为矩阵的 F 范数，$\mathbb{S}_+^d$ 表示半定锥，α 和 β 分别为结构和属性的权重。

2. 联合表示

进一步约束各对齐网络的独立表示，得到联合表示（Joint-embedding）向量，将其张成的空间作为社交网络组的公共子空间，该子空间满足下述条件：一是同一用户（锚用户）在不同网络中的节点表示一致；二是节点表示刻画其在网络中结构上和属性上的亲密度。本章中，锚用户作为半监督学习的标签（Label），将锚用户集记为 L。

为实现条件一，可以施加等式约束，即锚用户在各网络中的节点表示向量相等。为形式化此约束，引入初等矩阵 $\boldsymbol{E}^{(m)}$，其由行向量组成。行向量的唯一非零元素值为 1，用以指示节点表示向量的位置。对于第 m 个和第 n 个网络间的锚用户集 $L(m,n)$，有如下等式：

$$\forall L(m,n)\in\hat{L}:\qquad \boldsymbol{E}^{(m)}\boldsymbol{H}^{(m)}=\boldsymbol{E}^{(n)}\boldsymbol{H}^{(n)}\tag{6-2}$$

其中，$\boldsymbol{E}^{(m)}\in\mathbb{R}^{|L(m,n)|\times N^{(m)}}$，$\boldsymbol{E}^{(n)}\in\mathbb{R}^{|L(m,n)|\times N^{(n)}}$。对于拟对齐网络组，该方程组由 $\left|\hat{L}\right|=M\cdot(M-1)$ 个方程组成。下面将其重构为等价的增广形式。为此，定义旋转矩阵 $\tilde{\boldsymbol{D}}_p$ 和 $\tilde{\boldsymbol{D}}_q$。若 M 为奇数，

$$\tilde{\boldsymbol{D}}_p=\begin{bmatrix}\boldsymbol{D} & & & \\ & \boldsymbol{D} & & \\ & & \ddots & \\ & & & \boldsymbol{I}\end{bmatrix},\tilde{\boldsymbol{D}}_q=\begin{bmatrix}\boldsymbol{I} & & & \\ & \boldsymbol{D} & & \\ & & \ddots & \\ & & & \boldsymbol{D}\end{bmatrix}$$

否则，

$$\tilde{\boldsymbol{D}}_p=\begin{bmatrix}\boldsymbol{D} & & & \\ & \boldsymbol{D} & & \\ & & \ddots & \\ & & & \boldsymbol{D}\end{bmatrix},\tilde{\boldsymbol{D}}_q=\begin{bmatrix}\boldsymbol{I} & & & \\ & \boldsymbol{D} & & \\ & & \ddots & \\ & & & \boldsymbol{I}\end{bmatrix}$$

其中，$\boldsymbol{D}=\begin{bmatrix}\boldsymbol{I} & \\ & \boldsymbol{I}\end{bmatrix}$，定义旋转算子 $R_p\left(\boldsymbol{X}\right)=\tilde{\boldsymbol{D}}_p\boldsymbol{X}\tilde{\boldsymbol{D}}_p,R_q\left(\boldsymbol{X}\right)=\tilde{\boldsymbol{D}}_q\boldsymbol{X}\tilde{\boldsymbol{D}}_q$。令标记~表示块对角矩阵，即 $\tilde{\boldsymbol{X}}=\mathrm{diag}\left(\left\{\boldsymbol{X}^{(m)}\right\}\right)$。可得下述等价增广方程组：

$$\begin{aligned}&L_{(\cdot)}\left(\tilde{\boldsymbol{H}}\right)=d\left(\tilde{\boldsymbol{E}}\tilde{\boldsymbol{H}},R_{(\cdot)}\left(\tilde{\boldsymbol{E}}\tilde{\boldsymbol{H}}\right)\right)\\&L_p\left(\tilde{\boldsymbol{H}}\right)=0,L_q\left(\tilde{\boldsymbol{H}}\right)=0\end{aligned}\tag{6-3}$$

其中，$(\cdot)=\{p,q\}$。

为实现条件二，联立各网络的 Uni-embedding 目标函数。由 $\sum_i\|\boldsymbol{X}\|_{\mathrm{F}}^2=\|\tilde{\boldsymbol{X}}\|_{\mathrm{F}}^2$，给出如下增广形式：

$$\frac{\alpha}{2}\left\|\tilde{\boldsymbol{M}}-\tilde{\boldsymbol{H}}\tilde{\boldsymbol{B}}\tilde{\boldsymbol{H}}^{\mathrm{T}}\right\|_{\mathrm{F}}^2+\frac{\beta}{2}\left\|\tilde{\boldsymbol{W}}-\tilde{\boldsymbol{H}}\tilde{\boldsymbol{C}}\tilde{\boldsymbol{H}}^{\mathrm{T}}\right\|_{\mathrm{F}}^2\tag{6-4}$$

其中，$\tilde{\boldsymbol{B}}$ 和 $\tilde{\boldsymbol{C}}$ 继承了半正定性，$\tilde{\boldsymbol{M}}$ 和 $\tilde{\boldsymbol{W}}$ 仍为对称矩阵。

最后，引入罚系数 γ，以惩罚项的形式将等式约束写入目标函数中。给出增广形式的矩阵优化目标如下：

$$\begin{aligned}\min_{\tilde{\boldsymbol{H}},\tilde{\boldsymbol{B}},\tilde{\boldsymbol{C}}}\quad&\frac{\alpha}{2}\left\|\tilde{\boldsymbol{M}}-\tilde{\boldsymbol{H}}\tilde{\boldsymbol{B}}\tilde{\boldsymbol{H}}^{\mathrm{T}}\right\|_{\mathrm{F}}^2+\frac{\beta}{2}\left\|\tilde{\boldsymbol{W}}-\tilde{\boldsymbol{H}}\tilde{\boldsymbol{C}}\tilde{\boldsymbol{H}}^{\mathrm{T}}\right\|_{\mathrm{F}}^2+\frac{\gamma}{2}\left(L_p\left(\tilde{\boldsymbol{H}}\right)+L_q\left(\tilde{\boldsymbol{H}}\right)\right)\\\text{s.t.}\quad&\tilde{\boldsymbol{B}},\tilde{\boldsymbol{C}}\in\mathbb{S}_+^{M\times d}\end{aligned}\tag{6-5}$$

本模型给出了社交网络用户对齐的统一增广形式，该模型全面利用了属性和结构数据。

6.2.3　NS-Alternating 算法

为求解式(6-5)中的最优化问题，本小节提出了非凸解耦的交替(Non-convex Spitting Alternating，NS-Alternating）优化算法。本算法的基本思路如下：首先构建原最优化问题的等价问题，将等价问题分解为两个子问题，即表示矩阵最优化子问题和核矩阵最优化子问题；再迭代地交替优化最优化子问题，进而有效地实现原最小化目标。本小节将这一求解过程总结在算法 6-1 中。

算法 6-1 NS-Alternating

输入：社交网络组 $\left\{\boldsymbol{G}^m\right\}, m=1,2,\cdots,M$ ，锚用户集 A

输出：社交网络表示矩阵 $\left\{\boldsymbol{H}^i\right\}, i=1,2,\cdots,M$

1：计算亲密度矩阵 $\boldsymbol{M}$、$\boldsymbol{W}$ 和对齐矩阵 $\boldsymbol{E}$；// 初始化

2：初始化增广核矩阵、表示矩阵和辅助矩阵 $\boldsymbol{V}$;

3： $n=0$；

4：**while** 未收敛 **do**

5： $\left(\tilde{\boldsymbol{H}},\boldsymbol{V}\right)^{(n+1)}=\underset{\tilde{\boldsymbol{H}},\boldsymbol{V}}{\operatorname{argmin}}\,\mathcal{J}\left(\tilde{\boldsymbol{H}},\boldsymbol{V},\tilde{\boldsymbol{B}}^{(n+1)},\tilde{\boldsymbol{C}}^{(n+1)}\right)$；// 求解表示矩阵最优化子问题

6： $\left(\tilde{\boldsymbol{B}},\tilde{\boldsymbol{C}}\right)^{(n+1)}=\underset{\tilde{\boldsymbol{B}},\tilde{\boldsymbol{C}}\in\mathbb{S}_{+}^{M\times d}}{\operatorname{argmin}}\,\mathcal{J}\left(\tilde{\boldsymbol{H}}^{(n)},\boldsymbol{V}^{(n)},\tilde{\boldsymbol{B}},\tilde{\boldsymbol{C}}\right)$；// 求解核矩阵最优化子问题

7： $n=n+1$；

8：**end while**

9：**return** 社交网络表示矩阵 $\left\{\boldsymbol{H}^i\right\}, i=1,2,\cdots,M$

1. 等价问题构建

最优化目标函数为一高阶矩阵函数。易知，其关于 $\tilde{\boldsymbol{H}}$ 、$\tilde{\boldsymbol{B}}$ 和 $\tilde{\boldsymbol{C}}$ 非联合凸。本节引入辅助矩阵 $\boldsymbol{V}$，令 $\boldsymbol{V}=\tilde{\boldsymbol{H}}$ 以降阶。现给出其降阶后的等价问题如下：

$$\begin{aligned}&\min_{\tilde{\boldsymbol{H}},\tilde{\boldsymbol{B}},\tilde{\boldsymbol{C}},\boldsymbol{V}} && \mathcal{J}\left(\tilde{\boldsymbol{H}},\tilde{\boldsymbol{B}},\tilde{\boldsymbol{C}},\boldsymbol{V}\right)\\ &\text{s.t.} && \tilde{\boldsymbol{B}},\tilde{\boldsymbol{C}}\in\mathbb{S}_{+}^{M\times d},\tilde{\boldsymbol{H}}=\boldsymbol{V},\left\|\boldsymbol{V}_i\right\|_{\mathrm{F}}^2<\tau,\forall i\end{aligned} \tag{6-6}$$

其中，目标函数为

$$\mathcal{J}\left(\tilde{\boldsymbol{H}},\tilde{\boldsymbol{B}},\tilde{\boldsymbol{C}},\boldsymbol{V}\right)=\frac{\alpha}{2}\left\|\tilde{\boldsymbol{M}}-\tilde{\boldsymbol{H}}\tilde{\boldsymbol{B}}\boldsymbol{V}^{\mathrm{T}}\right\|_{\mathrm{F}}^2+\frac{\beta}{2}\left\|\tilde{\boldsymbol{W}}-\tilde{\boldsymbol{H}}\tilde{\boldsymbol{C}}\boldsymbol{V}^{\mathrm{T}}\right\|_{\mathrm{F}}^2+\frac{\gamma}{2}\left(L_p\left(\tilde{\boldsymbol{H}}\right)+L_q\left(\tilde{\boldsymbol{H}}\right)\right) \tag{6-7}$$

根据文献[11]可知，若 $\tau=\sqrt{C}$ 足够大 $\left(C=\max\left\{\left\|\tilde{\boldsymbol{M}}\right\|_{\mathrm{F}}^2,\left\|\tilde{\boldsymbol{W}}\right\|_{\mathrm{F}}^2\right\}\right)$，在 KKT 点的意义下，上述降阶问题与原问题等价，即两问题的 KKT 点一一对应。

易知，通过引入辅助矩阵 $\boldsymbol{V}$，本小节将式（6-5）中的高阶问题转化为式（6-6）中的低阶问题。在下述两个子问题中将发现，该等价构建未改变核矩阵的二次型半正定，且引入了表示矩阵变元的校验变元。收敛性分析将进一步展现该等价构建的巧妙之处。

2. 表示矩阵子问题

固定核矩阵，给出表示矩阵子问题的更新法则。

$$
\begin{aligned}
&\boldsymbol{V}^{(t+1)}=\underset{\|V_i\|_2^2<\tau,\forall i}{\operatorname{argmin}}\,\mathcal{L}\left(\tilde{\boldsymbol{H}}^{(t)},\boldsymbol{V};\boldsymbol{\Lambda}^{(t)}\right)+\frac{\xi^{(t)}}{2}\left\|\boldsymbol{V}-\boldsymbol{V}^{(t)}\right\|_{\mathrm{F}}^{2}\\
&\tilde{\boldsymbol{H}}^{(t+1)}=\operatorname{argmin}\,\mathcal{L}\left(\tilde{\boldsymbol{H}},\boldsymbol{V}^{(t+1)};\boldsymbol{\Lambda}^{(t)}\right)\\
&\boldsymbol{\Lambda}^{(t+1)}=\boldsymbol{\Lambda}^{(t)}+\rho\left(\boldsymbol{V}^{(t+1)}-\tilde{\boldsymbol{H}}^{(t+1)}\right)\\
&\xi^{(t+1)}=\frac{6}{\rho}\cdot\mathcal{J}\left(\tilde{\boldsymbol{H}}^{(t+1)},\tilde{\boldsymbol{B}},\tilde{\boldsymbol{C}},\boldsymbol{V}^{(t+1)}\right)\\
&\mathcal{L}\left(\tilde{\boldsymbol{H}},\boldsymbol{V};\boldsymbol{\Lambda}\right)=\mathcal{J}\left(\tilde{\boldsymbol{H}},\tilde{\boldsymbol{B}},\tilde{\boldsymbol{C}},\boldsymbol{V}\right)+\frac{\rho}{2}\left\|\boldsymbol{V}-\tilde{\boldsymbol{H}}+\boldsymbol{\Lambda}/\rho\right\|_{\mathrm{F}}^{2}
\end{aligned}
\tag{6-8}
$$

其中，$\mathcal{L}\left(\tilde{\boldsymbol{H}},\boldsymbol{V};\boldsymbol{\Lambda}\right)$是增广的拉格朗日目标函数，$\boldsymbol{\Lambda}$ 为拉格朗日乘子矩阵。与文献[12]类似，引入近似项（proximal term）$\left\|\boldsymbol{V}-\boldsymbol{V}^{(t)}\right\|_{\mathrm{F}}^{2}$ 和罚参数 $\beta^{(t)}$ 。

关于 $\boldsymbol{V}$ 的最优化问题由 k 个行分解问题组成，其中，k 为 $\boldsymbol{V}$ 的行数。每个行分解问题都可由梯度投影法（gradient projection）求解。

$$
\begin{aligned}
&\boldsymbol{V}_{[i]}^{(r+1)}=\operatorname{proj}_{\boldsymbol{V}}\left(\boldsymbol{V}_{[i]}^{(r)}-\lambda\left(\boldsymbol{A}_{\boldsymbol{V}}^{(t)}\boldsymbol{V}_{[i]}^{(r)}-\boldsymbol{B}_{\boldsymbol{V}_{[i]}^{(t)}}\right)\right)\\
&\boldsymbol{A}_{\boldsymbol{V}}^{(t)}=\alpha\tilde{\boldsymbol{B}}\tilde{\boldsymbol{H}}^{\mathrm{T}}\tilde{\boldsymbol{H}}\tilde{\boldsymbol{B}}+\beta\tilde{\boldsymbol{C}}^{\mathrm{T}}\tilde{\boldsymbol{H}}^{\mathrm{T}}\tilde{\boldsymbol{H}}\tilde{\boldsymbol{C}}+\left(\xi^{(t)}+\rho\right)\boldsymbol{I}\\
&\boldsymbol{B}_{\boldsymbol{V}}^{(t)}=\alpha\tilde{\boldsymbol{M}}\tilde{\boldsymbol{H}}\tilde{\boldsymbol{B}}+\beta\tilde{\boldsymbol{S}}^{\mathrm{T}}\tilde{\boldsymbol{H}}\tilde{\boldsymbol{C}}+\xi^{(t)}\boldsymbol{V}^{(t)}+\rho\tilde{\boldsymbol{H}}-\boldsymbol{\Lambda}\\
&\operatorname{proj}_{\boldsymbol{V}}(w)=\sqrt{\tau}\boldsymbol{w}/\max\left\{\sqrt{\tau},\|\boldsymbol{w}\|_2\right\},\forall\boldsymbol{w}\in\mathbb{R}^n
\end{aligned}
\tag{6-9}
$$

其中，r 表示内迭代数，α 为步长，$\boldsymbol{V}_{[i]}$ 为矩阵 $\boldsymbol{V}$ 的第 i 列。给定向量 $\boldsymbol{w}$，投影算子 $\operatorname{proj}_{\boldsymbol{V}}(\cdot)$ 将其投影到 $\boldsymbol{V}_{[i]}$ 的可行集上。

关于 $\tilde{\boldsymbol{H}}$ 的最优化问题可由梯度方法求解，其梯度为

$$
\begin{aligned}
\nabla_{\tilde{\boldsymbol{H}}}\mathcal{L}&=\nabla_{\tilde{\boldsymbol{H}}}\mathcal{J}+\frac{\rho}{2}\nabla_{\tilde{\boldsymbol{H}}}\left\|\boldsymbol{V}-\tilde{\boldsymbol{H}}+\boldsymbol{\Lambda}/\rho\right\|_{\mathrm{F}}^{2}\\
&=\alpha\left(\tilde{\boldsymbol{H}}\tilde{\boldsymbol{B}}\boldsymbol{V}^{(t+1)^{\mathrm{T}}}-\tilde{\boldsymbol{M}}\right)\boldsymbol{V}^{(t+1)}\tilde{\boldsymbol{B}}^{\mathrm{T}}+\beta\left(\tilde{\boldsymbol{H}}\tilde{\boldsymbol{C}}\boldsymbol{V}^{(t+1)^{\mathrm{T}}}-\tilde{\boldsymbol{S}}\right)\boldsymbol{V}^{(t+1)}\tilde{\boldsymbol{C}}^{\mathrm{T}}\\
&\quad+\gamma\tilde{\boldsymbol{E}}\left[\mathcal{R}_p\left(\tilde{\boldsymbol{E}}\tilde{\boldsymbol{H}}\right)+\mathcal{R}_q\left(\tilde{\boldsymbol{E}}\tilde{\boldsymbol{H}}\right)\right]+2\gamma\tilde{\boldsymbol{E}}^{\mathrm{T}}\tilde{\boldsymbol{E}}\tilde{\boldsymbol{H}}+\rho\left(\tilde{\boldsymbol{H}}-\boldsymbol{V}^{(t+1)}-\boldsymbol{\Lambda}/\rho\right)
\end{aligned}
\tag{6-10}
$$

其中，$\boldsymbol{D}_p=\boldsymbol{D}_p^{-1}$ 且 $\boldsymbol{D}_q=\boldsymbol{D}_q^{-1}$，即旋转矩阵自逆。

3. 核矩阵子问题

核矩阵子问题结构相同，下面以 $\tilde{\boldsymbol{B}}$ 子问题为例阐述其求解方法。由$\|\boldsymbol{X}\|_{\mathrm{F}}^{2}=\operatorname{tr}\left(\boldsymbol{X}^{\mathrm{T}}\boldsymbol{X}\right)$，

将本子问题转化为其内积形式：

$$\min_{\tilde{\boldsymbol{B}}} \operatorname{tr}\left(\tilde{\boldsymbol{H}}\tilde{\boldsymbol{B}}\boldsymbol{V}^{\mathrm{T}}\tilde{\boldsymbol{B}}\tilde{\boldsymbol{H}}^{\mathrm{T}}\right)-2\operatorname{tr}\left(\boldsymbol{M}\tilde{\boldsymbol{H}}\tilde{\boldsymbol{B}}\boldsymbol{V}^{\mathrm{T}}\right)=\left\langle Q\left(\tilde{\boldsymbol{B}}\right),\tilde{\boldsymbol{B}}\right\rangle-2\left\langle \boldsymbol{A},\tilde{\boldsymbol{B}}\right\rangle,\tilde{\boldsymbol{B}}\in\mathbb{S}_{+}^{M\times d} \tag{6-11}$$

其中，$Q\left(\tilde{\boldsymbol{B}}\right)=\boldsymbol{V}^{\mathrm{T}}\boldsymbol{V}\tilde{\boldsymbol{B}}\tilde{\boldsymbol{H}}^{\mathrm{T}}\tilde{\boldsymbol{H}},\boldsymbol{A}=\boldsymbol{V}^{\mathrm{T}}\tilde{\boldsymbol{M}}\tilde{\boldsymbol{H}}$。表示矩阵子问题收敛时，有等式 $\tilde{\boldsymbol{H}}=\boldsymbol{V}$。

引理 6-1（算子 Q 的性质）：算子 $Q(\cdot)$ 为一 ***PXP*** 型自反（Self-adjoint）半正定算子。

证明：对称矩阵锥上的算子 Q 从希尔伯特内积空间映射到其自身，当且仅当其满足自反$\left(即\left\langle Q(\boldsymbol{X}),\boldsymbol{Y}\right\rangle=\left\langle Q(\boldsymbol{Y}),\boldsymbol{X}\right\rangle\right)$和半正定（即$\left\langle Q(\boldsymbol{X}),\boldsymbol{Y}\right\rangle$非负）对于任意的 $\boldsymbol{X}$、$\boldsymbol{Y}$ 恒成立时，该算子为自反半正定算子。令 $\tilde{\boldsymbol{H}}^{\mathrm{T}}\tilde{\boldsymbol{H}}=\boldsymbol{P}$，则 $\boldsymbol{P}$ 在对称矩阵锥上，且 $Q(\boldsymbol{X})=\boldsymbol{PXP}$。由 $\left\langle \boldsymbol{X},\boldsymbol{Y}\right\rangle=\operatorname{tr}(\boldsymbol{XY})$ 可知 $Q(\boldsymbol{X})$ 自反，

$$\left\langle Q(\boldsymbol{X}),\boldsymbol{Y}\right\rangle=\operatorname{tr}(\boldsymbol{PXPY})=\operatorname{tr}(\boldsymbol{XPYP})=\left\langle Q(\boldsymbol{Y}),\boldsymbol{X}\right\rangle \tag{6-12}$$

亦可知 $Q(\boldsymbol{X})$ 半正定，

$$\left\langle Q(\boldsymbol{X}),\boldsymbol{X}\right\rangle=\operatorname{tr}(\boldsymbol{PXPX})=\|\boldsymbol{PX}\|_{\mathrm{F}}^{2}\geqslant 0 \tag{6-13}$$

证毕。

定理 6-1（二次半定规划，Quadratic Semi-Definite Programming，QSDP）：核矩阵最优化子问题为一 ***PXP*** 型二次半定规划，且二次收敛于最优解。

证明：引理 6-1 给出了 Q 为 ***PXP*** 型半正定算子的结论，核矩阵最优化子问题为一 ***PXP*** 型二次半定规划。二次半定规划存在唯一最优解，且二次收敛于该最优解[13]。

证毕。

6.2.4 收敛性分析

本小节首先给出 3 个引理，然后给出 NS-Alternating 算法解序列 KKT 收敛的充分条件。

引理 6-2（差分有界，Bounded Successive Difference）：乘子矩阵的差分有界，即下述不等式成立：

$$\begin{aligned}\left\|\boldsymbol{\Lambda}^{(t+1)}-\boldsymbol{\Lambda}^{(t)}\right\|_{\mathrm{F}}^{2}\leqslant 3c_1\cdot\left\|\tilde{\boldsymbol{H}}^{(t+1)}-\tilde{\boldsymbol{H}}^{(t)}\right\|_{\mathrm{F}}^{2}+3c_2\cdot\left\|\boldsymbol{V}^{(t+1)}-\boldsymbol{V}^{(t)}\right\|_{\mathrm{F}}^{2}+\\ 3c_3\cdot\left\|\tilde{\boldsymbol{H}}^{(t+1)}\left(\boldsymbol{V}^{(t+1)}-\boldsymbol{V}^{(t)}\right)\right\|_{\mathrm{F}}^{2}\end{aligned} \tag{6-14}$$

其中，c_i 为正实数（$i=1,2,3$）：

$$
\begin{aligned}
c_1 &= \left(16N + \tau N\left(\left\|\tilde{\boldsymbol{B}}\right\|_{\mathrm{F}}^2 + \left\|\tilde{\boldsymbol{C}}\right\|_{\mathrm{F}}^2\right)\right)^2 \\
c_2 &= \left\|\tilde{\boldsymbol{B}}\right\|_{\mathrm{F}}^2 \cdot \left\|\tilde{\boldsymbol{H}}^{(t)}\left(\boldsymbol{V}^{(t)}\tilde{\boldsymbol{B}}\right)^{\mathrm{T}} - \tilde{\boldsymbol{M}}\right\|_{\mathrm{F}}^2 + \left\|\tilde{\boldsymbol{C}}\right\|_{\mathrm{F}}^2 \cdot \left\|\tilde{\boldsymbol{H}}^{(t)}\left(\boldsymbol{V}^{(t)}\tilde{\boldsymbol{C}}\right)^{\mathrm{T}} - \tilde{\boldsymbol{W}}\right\|_{\mathrm{F}}^2 \\
c_3 &= N\tau \cdot \left(\left\|\tilde{\boldsymbol{B}}\right\|_{\mathrm{F}}^4 + \left\|\tilde{\boldsymbol{C}}\right\|_{\mathrm{F}}^4\right)
\end{aligned} \tag{6-15}
$$

证明：

联立乘子矩阵的更新法则与最优性条件可得：

$$
\begin{aligned}
\boldsymbol{\Lambda}^{(t+1)} = &\left(\tilde{\boldsymbol{H}}^{(t+1)}\tilde{\boldsymbol{B}}\boldsymbol{V}^{(t+1)^{\mathrm{T}}} - \tilde{\boldsymbol{M}}\right)\cdot \boldsymbol{V}^{(t+1)}\tilde{\boldsymbol{B}}^{\mathrm{T}} + \left(\tilde{\boldsymbol{H}}^{(t+1)}\tilde{\boldsymbol{C}}\boldsymbol{V}^{(t+1)^{\mathrm{T}}} - \tilde{\boldsymbol{W}}\right)\cdot \boldsymbol{V}^{(t+1)}\tilde{\boldsymbol{C}}^{\mathrm{T}} \\
&+ 2\left(\boldsymbol{E}_1^{\mathrm{T}}\boldsymbol{E}_1 - \boldsymbol{E}_1^{\mathrm{T}}\boldsymbol{E}_2 - \boldsymbol{E}_2^{\mathrm{T}}\boldsymbol{E}_1 + \boldsymbol{E}_2^{\mathrm{T}}\boldsymbol{E}_2\right)\tilde{\boldsymbol{H}}^{(t+1)}
\end{aligned} \tag{6-16}
$$

乘子矩阵的连续差分如下：

$$
\begin{aligned}
&\boldsymbol{\Lambda}^{(t+1)} - \boldsymbol{\Lambda}^{(t)} \\
=&\left(\tilde{\boldsymbol{H}}^{(t)}\left(\boldsymbol{V}^{(t)}\tilde{\boldsymbol{B}}^{\mathrm{T}}\right)^{\mathrm{T}} - \tilde{\boldsymbol{M}}\right)\left(\boldsymbol{V}^{(t+1)}\tilde{\boldsymbol{B}}^{\mathrm{T}} - \boldsymbol{V}^{(t)}\tilde{\boldsymbol{B}}^{\mathrm{T}}\right) + \tilde{\boldsymbol{H}}^{(t)}\left[\left(\boldsymbol{V}^{(t+1)}\tilde{\boldsymbol{B}}^{\mathrm{T}} - \boldsymbol{V}^{(t)}\tilde{\boldsymbol{B}}^{\mathrm{T}}\right)^{\mathrm{T}}\left(\boldsymbol{V}^{(t+1)}\tilde{\boldsymbol{B}}^{\mathrm{T}}\right)\right] \\
&-\left(\tilde{\boldsymbol{H}}^{(t)}\left(\boldsymbol{V}^{(t)}\tilde{\boldsymbol{C}}^{\mathrm{T}}\right)^{\mathrm{T}} - \tilde{\boldsymbol{W}}\right)\left(\boldsymbol{V}^{(t+1)}\tilde{\boldsymbol{C}}^{\mathrm{T}} - \boldsymbol{V}^{(t)}\tilde{\boldsymbol{C}}^{\mathrm{T}}\right) + \tilde{\boldsymbol{H}}^{(t)}\left[\left(\boldsymbol{V}^{(t+1)}\tilde{\boldsymbol{C}}^{\mathrm{T}} - \boldsymbol{V}^{(t)}\tilde{\boldsymbol{C}}^{\mathrm{T}}\right)^{\mathrm{T}}\left(\boldsymbol{V}^{(t+1)}\tilde{\boldsymbol{C}}^{\mathrm{T}}\right)\right] \\
&+\left[\tilde{\boldsymbol{H}}^{(t+1)} - \tilde{\boldsymbol{H}}^{(t)}\right]\left[\left(\boldsymbol{V}^{(t+1)}\tilde{\boldsymbol{B}}^{\mathrm{T}}\right)^{\mathrm{T}}\left(\boldsymbol{V}^{(t+1)}\tilde{\boldsymbol{B}}^{\mathrm{T}}\right)\right] + \left[\tilde{\boldsymbol{H}}^{(t+1)} - \tilde{\boldsymbol{H}}^{(t)}\right]\left[\left(\boldsymbol{V}^{(t+1)}\tilde{\boldsymbol{C}}^{\mathrm{T}}\right)^{\mathrm{T}}\left(\boldsymbol{V}^{(t+1)}\tilde{\boldsymbol{C}}^{\mathrm{T}}\right)\right] \\
&+2\left[\tilde{\boldsymbol{H}}^{(t+1)} - \tilde{\boldsymbol{H}}^{(t)}\right]\left(\boldsymbol{E}_1^{\mathrm{T}}\boldsymbol{E}_1 - \boldsymbol{E}_1^{\mathrm{T}}\boldsymbol{E}_2 - \boldsymbol{E}_2^{\mathrm{T}}\boldsymbol{E}_1 + \boldsymbol{E}_2^{\mathrm{T}}\boldsymbol{E}_2\right)
\end{aligned} \tag{6-17}
$$

由三角不等式可得：

$$
\begin{aligned}
&\left\|\boldsymbol{\Lambda}^{(t+1)} - \boldsymbol{\Lambda}^{(t)}\right\|_{\mathrm{F}} \\
\leqslant&\left\|\tilde{\boldsymbol{H}}^{(t+1)} - \tilde{\boldsymbol{H}}^{(t)}\right\|_{\mathrm{F}}\left\|\left(\boldsymbol{V}^{(t+1)}\tilde{\boldsymbol{B}}^{\mathrm{T}}\right)^{\mathrm{T}}\left(\boldsymbol{V}^{(t+1)}\tilde{\boldsymbol{B}}^{\mathrm{T}}\right) + 2\boldsymbol{\Psi} + \left(\boldsymbol{V}^{(t+1)}\tilde{\boldsymbol{C}}^{\mathrm{T}}\right)^{\mathrm{T}}\left(\boldsymbol{V}^{(t+1)}\tilde{\boldsymbol{C}}^{\mathrm{T}}\right)\right\|_{\mathrm{F}} \\
&+\left\|\tilde{\boldsymbol{H}}^{(t)}\left(\boldsymbol{V}^{(t)}\tilde{\boldsymbol{B}}^{\mathrm{T}}\right)^{\mathrm{T}} - \tilde{\boldsymbol{M}}\right\|_{\mathrm{F}}\left\|\boldsymbol{V}^{(t+1)}\tilde{\boldsymbol{B}}^{\mathrm{T}} - \boldsymbol{V}^{(t)}\tilde{\boldsymbol{B}}^{\mathrm{T}}\right\|_{\mathrm{F}} + \left\|\tilde{\boldsymbol{H}}^{(t)}\left(\boldsymbol{V}^{(t+1)}\tilde{\boldsymbol{B}}^{\mathrm{T}} - \boldsymbol{V}^{(t)}\tilde{\boldsymbol{B}}^{\mathrm{T}}\right)^{\mathrm{T}}\right\|_{\mathrm{F}}\left\|\boldsymbol{V}^{(t+1)}\tilde{\boldsymbol{B}}^{\mathrm{T}}\right\|_{\mathrm{F}} \\
&+\left\|\tilde{\boldsymbol{H}}^{(t)}\left(\boldsymbol{V}^{(t)}\tilde{\boldsymbol{C}}^{\mathrm{T}}\right)^{\mathrm{T}} - \tilde{\boldsymbol{W}}\right\|_{\mathrm{F}}\left\|\boldsymbol{V}^{(t+1)}\tilde{\boldsymbol{C}}^{\mathrm{T}} - \boldsymbol{V}^{(t)}\tilde{\boldsymbol{C}}^{\mathrm{T}}\right\|_{\mathrm{F}} + \left\|\tilde{\boldsymbol{H}}^{(t)}\left(\boldsymbol{V}^{(t+1)}\tilde{\boldsymbol{C}}^{\mathrm{T}} - \boldsymbol{V}^{(t)}\tilde{\boldsymbol{C}}^{\mathrm{T}}\right)^{\mathrm{T}}\right\|_{\mathrm{F}}\left\|\boldsymbol{V}^{(t+1)}\tilde{\boldsymbol{C}}^{\mathrm{T}}\right\|_{\mathrm{F}}
\end{aligned} \tag{6-18}
$$

其中，

$$
\boldsymbol{\Psi} = \boldsymbol{E}_1^{\mathrm{T}}\boldsymbol{E}_1 - \boldsymbol{E}_1^{\mathrm{T}}\boldsymbol{E}_2 - \boldsymbol{E}_2^{\mathrm{T}}\boldsymbol{E}_1 + \boldsymbol{E}_2^{\mathrm{T}}\boldsymbol{E}_2 \tag{6-19}
$$

由 $\|\boldsymbol{V}\|_{\mathrm{F}} \leqslant \sqrt{N\tau}$ 易得结论。在各引理的证明过程中，将由旋转算子描述的锚用户对齐变换记作 $\boldsymbol{E}_1$ 和 $\boldsymbol{E}_2$。

证毕。

引理 6-3（单调不增，Monotonously Nonincreasing）：若下述等式成立，

$$\begin{aligned}\rho_1 &= 6N_{\mathcal{T}}\left(\left\|\tilde{\boldsymbol{B}}\right\|_{\mathrm{F}}^4+\left\|\tilde{\boldsymbol{C}}\right\|_{\mathrm{F}}^4\right)\Big/\left(\left\|\tilde{\boldsymbol{B}}\right\|_{\mathrm{F}}^2+\left\|\tilde{\boldsymbol{C}}\right\|_{\mathrm{F}}^2\right)\\ \rho_2 &= \frac{6}{\rho_2}\left(16N+N_{\mathcal{T}}\left(\left\|\tilde{\boldsymbol{B}}\right\|_{\mathrm{F}}^2+\left\|\tilde{\boldsymbol{C}}\right\|_{\mathrm{F}}^2\right)\right)^2-2\left\|\tilde{\boldsymbol{E}}\right\|_{\mathrm{F}}^2\end{aligned} \tag{6-20}$$

令 $\rho=\max\{\rho_1,\rho_2\}$，且有

$$\beta^{(t)} > -\rho+\frac{6}{\rho}\left\|\tilde{\boldsymbol{B}}\right\|_{\mathrm{F}}^2\cdot\left\|\tilde{\boldsymbol{H}}^{(t)}\left(\boldsymbol{V}^{(t)}\tilde{\boldsymbol{B}}^{\mathrm{T}}\right)^{\mathrm{T}}-\tilde{\boldsymbol{M}}\right\|_{\mathrm{F}}^2+\frac{6}{\rho}\left\|\tilde{\boldsymbol{C}}\right\|_{\mathrm{F}}^2\cdot\left\|\tilde{\boldsymbol{H}}^{(t)}\left(\boldsymbol{V}^{(t)}\tilde{\boldsymbol{C}}^{\mathrm{T}}\right)^{\mathrm{T}}-\tilde{\boldsymbol{W}}\right\|_{\mathrm{F}}^2 \tag{6-21}$$

则存在 c_i $(i=1,2,3,4)$ 为正实数，使增广的拉格朗日目标函数单调不增，即

$$\begin{aligned}&\mathcal{L}\left(\tilde{\boldsymbol{H}}^{(t+1)},\boldsymbol{V}^{(t+1)},\boldsymbol{\Lambda}^{(t+1)}\right)-\mathcal{L}\left(\tilde{\boldsymbol{H}}^{(t)},\boldsymbol{V}^{(t)},\boldsymbol{\Lambda}^{(t)}\right)\\ &< -c_1\left\|\tilde{\boldsymbol{H}}^{(t+1)}-\tilde{\boldsymbol{H}}^{(t)}\right\|_{\mathrm{F}}^2-c_2\left\|\left(\tilde{\boldsymbol{H}}^{(t+1)}-\tilde{\boldsymbol{H}}^{(t)}\right)\boldsymbol{V}^{(t+1)\mathrm{T}}\right\|_{\mathrm{F}}^2\\ &-c_3\left\|\boldsymbol{V}^{(t+1)}-\boldsymbol{V}^{(t)}\right\|_{\mathrm{F}}^2-c_4\left\|\tilde{\boldsymbol{H}}^{(t)}\left(\boldsymbol{V}^{(t+1)}-\boldsymbol{V}^{(t)}\right)\right\|_{\mathrm{F}}^2\end{aligned} \tag{6-22}$$

证明：

定义下述常数

$$\begin{aligned}A &\triangleq \mathcal{L}\left(\tilde{\boldsymbol{H}}^{(t)},\boldsymbol{V}^{(t+1)},\boldsymbol{\Lambda}^{(t)}\right)-\mathcal{L}\left(\tilde{\boldsymbol{H}}^{(t)},\boldsymbol{V}^{(t)},\boldsymbol{\Lambda}^{(t)}\right)\\ B &\triangleq \mathcal{L}\left(\tilde{\boldsymbol{H}}^{(t+1)},\boldsymbol{V}^{(t+1)},\boldsymbol{\Lambda}^{(t)}\right)-\mathcal{L}\left(\tilde{\boldsymbol{H}}^{(t)},\boldsymbol{V}^{(t+1)},\boldsymbol{\Lambda}^{(t)}\right)\\ C &\triangleq \mathcal{L}\left(\tilde{\boldsymbol{H}}^{(t+1)},\boldsymbol{V}^{(t+1)},\boldsymbol{\Lambda}^{(t+1)}\right)-\mathcal{L}\left(\tilde{\boldsymbol{H}}^{(t+1)},\boldsymbol{V}^{(t+1)},\boldsymbol{\Lambda}^{(t)}\right)\\ \hat{A} &= \hat{\mathcal{L}}\left(\tilde{\boldsymbol{H}}^{(t)},\boldsymbol{V}^{(t+1)},\boldsymbol{\Lambda}^{(t)}\right)-\mathcal{L}\left(\tilde{\boldsymbol{H}}^{(t)},\boldsymbol{V}^{(t)},\boldsymbol{\Lambda}^{(t)}\right)\end{aligned} \tag{6-23}$$

其中，

$$\begin{aligned}\hat{\mathcal{L}}\left(\tilde{\boldsymbol{H}}^{(t)},\boldsymbol{V},\boldsymbol{\Lambda}^{(t)}\right) &\triangleq \frac{1}{2}\left\|\tilde{\boldsymbol{H}}^{(t)}\tilde{\boldsymbol{B}}\boldsymbol{V}^{\mathrm{T}}-\tilde{\boldsymbol{M}}\right\|_{\mathrm{F}}^2+\frac{1}{2}\left\|\tilde{\boldsymbol{H}}^{(t)}\tilde{\boldsymbol{C}}\boldsymbol{V}^{\mathrm{T}}-\tilde{\boldsymbol{W}}\right\|_{\mathrm{F}}^2+\left\|\boldsymbol{E}_1\tilde{\boldsymbol{H}}-\boldsymbol{E}_2\tilde{\boldsymbol{H}}\right\|_{\mathrm{F}}^2\\ &+\frac{\rho}{2}\left\|\tilde{\boldsymbol{H}}^{(t)}-\boldsymbol{V}+\boldsymbol{\Lambda}^{(t)}/\rho\right\|_{\mathrm{F}}^2+\frac{\beta^{(t)}}{2}\left\|\boldsymbol{V}-\boldsymbol{V}^{(t)}\right\|_{\mathrm{F}}^2\end{aligned} \tag{6-24}$$

为增广的拉格朗日目标函数的上界函数。

有下述不等式恒成立：

$$\mathcal{L}\left(\tilde{\boldsymbol{H}}^{(t+1)},\boldsymbol{V}^{(t+1)},\boldsymbol{\Lambda}^{(t+1)}\right)-\mathcal{L}\left(\tilde{\boldsymbol{H}}^{(t)},\boldsymbol{V}^{(t)},\boldsymbol{\Lambda}^{(t)}\right)=A+B+C\leqslant\hat{A}+B+C \tag{6-25}$$

具体地，

$$
\begin{aligned}
\hat{A} &\overset{(a)}{\leqslant} \left\langle \boldsymbol{V}^{(t+1)} \tilde{\boldsymbol{B}}^{\mathrm{T}} \tilde{\boldsymbol{H}}^{(t)^{\mathrm{T}}} \tilde{\boldsymbol{H}}^{(t)} \tilde{\boldsymbol{B}} - \tilde{\boldsymbol{B}}^{\mathrm{T}} \tilde{\boldsymbol{H}}^{(t)^{\mathrm{T}}} \tilde{\boldsymbol{M}}, \boldsymbol{V}^{(t+1)} - \boldsymbol{V}^{(t+1)} \right\rangle - \frac{\rho}{2} \left\| \boldsymbol{V}^{(t+1)} - \boldsymbol{V}^{(t)} \right\|_{\mathrm{F}}^{2} \\
&\quad + \left\langle \boldsymbol{V}^{(t+1)} \tilde{\boldsymbol{C}}^{\mathrm{T}} \tilde{\boldsymbol{H}}^{(t)^{\mathrm{T}}} \tilde{\boldsymbol{H}}^{(t)} \tilde{\boldsymbol{C}} - \tilde{\boldsymbol{C}}^{\mathrm{T}} \tilde{\boldsymbol{H}}^{(t)^{\mathrm{T}}} \tilde{\boldsymbol{W}}, \boldsymbol{V}^{(t+1)} - \boldsymbol{V}^{(t+1)} \right\rangle + \frac{\beta^{(t)}}{2} \left\| \boldsymbol{V}^{(t+1)} - \boldsymbol{V}^{(t)} \right\|_{\mathrm{F}}^{2} \\
&\quad - \frac{1}{2} \left\| \tilde{\boldsymbol{B}} \right\|_{\mathrm{F}}^{2} \cdot \left\| \tilde{\boldsymbol{H}}^{(t)} \cdot \left(\boldsymbol{V}^{(t+1)} - \boldsymbol{V}^{(t)} \right) \right\|_{\mathrm{F}}^{2} - \frac{1}{2} \left\| \tilde{\boldsymbol{C}} \right\|_{\mathrm{F}}^{2} \cdot \left\| \tilde{\boldsymbol{H}}^{(t)} \cdot \left(\boldsymbol{V}^{(t+1)} - \boldsymbol{V}^{(t)} \right) \right\|_{\mathrm{F}}^{2} \\
&\quad + \rho \left\langle \tilde{\boldsymbol{H}}^{(t)} - \boldsymbol{V}^{(t+1)} + \frac{\boldsymbol{\Lambda}^{(t)}}{\rho}, \boldsymbol{V}^{(t+1)} - \boldsymbol{V}^{(t)} \right\rangle \\
&\overset{(b)}{\leqslant} - \frac{1}{2} \left\| \tilde{\boldsymbol{B}} \right\|_{\mathrm{F}}^{2} \cdot \left\| \tilde{\boldsymbol{H}}^{(t)} \cdot \left(\boldsymbol{V}^{(t+1)} - \boldsymbol{V}^{(t)} \right) \right\|_{\mathrm{F}}^{2} - \frac{1}{2} \left\| \tilde{\boldsymbol{C}} \right\|_{\mathrm{F}}^{2} \cdot \left\| \tilde{\boldsymbol{H}}^{(t)} \cdot \left(\boldsymbol{V}^{(t+1)} - \boldsymbol{V}^{(t)} \right) \right\|_{\mathrm{F}}^{2} \\
&\quad - \frac{\rho}{2} \left\| \boldsymbol{V}^{(t+1)} - \boldsymbol{V}^{(t)} \right\|_{\mathrm{F}}^{2} + \frac{\beta^{(t)}}{2} \left\| \boldsymbol{V}^{(t+1)} - \boldsymbol{V}^{(t)} \right\|_{\mathrm{F}}^{2}
\end{aligned} \tag{6-26}
$$

其中，放缩（a）为泰勒展开，放缩（b）为最优性条件。

类似地，常数 B 和 C 分别为

$$
B \leqslant -\frac{1}{2} \left(\left\| \tilde{\boldsymbol{B}} \right\|_{\mathrm{F}}^{2} + \left\| \tilde{\boldsymbol{C}} \right\|_{\mathrm{F}}^{2} \right) \left\| \left(\tilde{\boldsymbol{H}}^{(t+1)} - \tilde{\boldsymbol{H}}^{(t)} \right) \boldsymbol{V}^{(t+1)^{\mathrm{T}}} \right\|_{\mathrm{F}}^{2} - \left(\frac{\rho}{2} + \left\| \boldsymbol{E}_{1} - \boldsymbol{E}_{2} \right\|_{\mathrm{F}}^{2} \right) \left\| \tilde{\boldsymbol{H}}^{(t+1)} - \tilde{\boldsymbol{H}}^{(t)} \right\|_{\mathrm{F}}^{2} \tag{6-27}
$$

$$
C = \frac{\rho}{2} \left\| \boldsymbol{V}^{(t+1)} - \tilde{\boldsymbol{H}}^{(t+1)} + \frac{\boldsymbol{\Lambda}^{(t+1)}}{\rho} \right\|_{\mathrm{F}}^{2} - \frac{\rho}{2} \left\| \boldsymbol{V}^{(t+1)} - \tilde{\boldsymbol{H}}^{(t+1)} + \frac{\boldsymbol{\Lambda}^{(t)}}{\rho} \right\|^{2} = \frac{1}{\rho} \left\| \boldsymbol{\Lambda}^{(t+1)} - \boldsymbol{\Lambda}^{(t)} \right\|_{\mathrm{F}}^{2} \tag{6-28}
$$

代入引理 6-2 的结论，得到增广的拉格朗日目标函数的差分如式（6-22）所示。

证毕。

引理 6-4（下界为零，Zero Lower Bound）：若下述不等式成立，

$$
\rho \geqslant \left\| \tilde{\boldsymbol{B}} \right\|_{\mathrm{F}}^{2} + \left\| \tilde{\boldsymbol{C}} \right\|_{\mathrm{F}}^{2} + 2 \left\| R_{p}\left(\tilde{\boldsymbol{E}} \right) + R_{q}\left(\tilde{\boldsymbol{E}} \right) \right\|_{\mathrm{F}}^{2} \tag{6-29}
$$

则增广的拉格朗日目标函数的下界为 0，即

$$
\mathcal{L}\left(\tilde{\boldsymbol{H}}^{(t+1)}, \boldsymbol{V}^{(t+1)}, \boldsymbol{\Lambda}^{(t+1)} \right) \geqslant 0
$$

证明：

重写增广的拉格朗日目标函数如下：

$$
\begin{aligned}
\mathcal{L}\left(\tilde{\boldsymbol{H}}^{(t+1)}, \boldsymbol{V}^{(t+1)}, \boldsymbol{\Lambda}^{(t+1)} \right) &= \frac{1}{2} \left\| \tilde{\boldsymbol{H}}^{(t+1)} \tilde{\boldsymbol{B}} \boldsymbol{V}^{(t+1)^{\mathrm{T}}} - \tilde{\boldsymbol{M}} \right\|_{\mathrm{F}}^{2} + \frac{1}{2} \left\| \tilde{\boldsymbol{H}}^{(t+1)} \tilde{\boldsymbol{C}} \boldsymbol{V}^{(t+1)^{\mathrm{T}}} - \tilde{\boldsymbol{W}} \right\|_{\mathrm{F}}^{2} \\
&\quad + \left\| \boldsymbol{E}_{1} \tilde{\boldsymbol{H}}^{(t+1)} - \boldsymbol{E}_{2} \tilde{\boldsymbol{H}}^{(t+1)} \right\|_{\mathrm{F}}^{2} + \frac{\rho}{2} \left\| \boldsymbol{V}^{(t+1)} - \tilde{\boldsymbol{H}}^{(t+1)} + \frac{\boldsymbol{\Lambda}^{(t+1)}}{\rho} \right\|_{\mathrm{F}}^{2}
\end{aligned} \tag{6-30}
$$

由内积恒等式$\left\langle (X-Y)Y^{\mathrm{T}}, XY-Z \right\rangle = \left\langle X-Y, (XY-Z)Y \right\rangle$，得下述不等式：

$$\begin{aligned}0 &\leqslant \left\| \left(\tilde{H}^{(t+1)} - V^{(t+1)}\right)\tilde{B}V^{(t+1)^{\mathrm{T}}} + \left(\tilde{H}^{(t+1)}\tilde{B}V^{(t+1)^{\mathrm{T}}} - \tilde{M}\right) \right\|_{\mathrm{F}}^2 \\ &= \left\| \tilde{H}^{(t+1)}\tilde{B}V^{(t+1)^{\mathrm{T}}} - \tilde{M} \right\|_{\mathrm{F}}^2 + 2\left\langle \tilde{H}^{(t+1)} - V^{(t+1)}, \left(\tilde{H}^{(t+1)}\tilde{B}V^{(t+1)^{\mathrm{T}}} - \tilde{M}\right)V^{(t+1)}\tilde{B}^{\mathrm{T}} \right\rangle \\ &\quad + \left\| \left(\tilde{H}^{(t+1)} - V^{(t+1)}\right)\tilde{B}V^{(t+1)^{\mathrm{T}}} \right\|_{\mathrm{F}}^2\end{aligned} \tag{6-31}$$

即有下述不等式成立：

$$\begin{aligned}&\frac{1}{2}\left\| \tilde{H}^{(t+1)}\tilde{B}V^{(t+1)^{\mathrm{T}}} - \tilde{M} \right\|_{\mathrm{F}}^2 + \left\langle \left(\tilde{H}^{(t+1)} - V^{(t+1)}\right), \left(\tilde{H}^{(t+1)}\tilde{B}V^{(t+1)^{\mathrm{T}}} - \tilde{M}\right)V^{(t+1)}\tilde{B}^{\mathrm{T}} \right\rangle \\ &\geqslant -\frac{1}{2}\left\|\tilde{B}\right\|_{\mathrm{F}}^2 N\tau \cdot \left\| \tilde{H}^{(t+1)} - V^{(t+1)} \right\|_{\mathrm{F}}^2\end{aligned} \tag{6-32}$$

类似地，给出下列不等式：

$$\begin{aligned}&\frac{1}{2}\left\| \tilde{H}^{(t+1)}\tilde{C}V^{(t+1)^{\mathrm{T}}} - \tilde{W} \right\|_{\mathrm{F}}^2 + \left\langle \left(\tilde{H}^{(t+1)} - V^{(t+1)}\right), \left(\tilde{H}^{(t+1)}\tilde{C}V^{(t+1)^{\mathrm{T}}} - \tilde{W}\right)V^{(t+1)}\tilde{C}^{\mathrm{T}} \right\rangle \\ &\geqslant -\frac{1}{2}\left\|\tilde{C}\right\|_{\mathrm{F}}^2 N\tau \cdot \left\| \tilde{H}^{(t+1)} - V^{(t+1)} \right\|_{\mathrm{F}}^2\end{aligned} \tag{6-33}$$

$$\begin{aligned}&2\left\langle \tilde{H}^{(t+1)} - V^{(t+1)}, \left(E_1^{\mathrm{T}}E_1 - E_1^{\mathrm{T}}E_2 - E_2^{\mathrm{T}}E_1 + E_2^{\mathrm{T}}E_2\right)\tilde{H}^{(t+1)} \right\rangle + \left\| \left(E_1 - E_2\right)\tilde{H}^{(t+1)} \right\|_{\mathrm{F}}^2 \\ &\geqslant -\left\| \left(E_1 - E_2\right) \right\|_{\mathrm{F}}^2 \left\| \tilde{H}^{(t+1)} - V^{(t+1)} \right\|_{\mathrm{F}}^2\end{aligned} \tag{6-34}$$

综上，得到增广的拉格朗日目标函数的下界表达式如下：

$$\mathcal{L}\left(\tilde{H}^{(t+1)}, V^{(t+1)}, \Lambda^{(t+1)}\right) \geqslant c \cdot \left\| \tilde{H}^{(t+1)} - V^{(t+1)} \right\|_{\mathrm{F}}^2 \tag{6-35}$$

证毕。

由引理 6-2 至引理 6-4 可知下述两命题成立。

（1）乘子矩阵的差分有界，且受限于主变元的差分。

（2）增广的拉格朗日目标函数单调不增且下界等于 0。

进一步地，根据上述两命题并结合文献[14]中的结论，可得：

定理 6-2（KKT 收敛的充分条件，Sufficient Condition of KKT Convergence）：给定任意的半正定矩阵 $\tilde{B}$ 和 $\tilde{C}$，若 $\rho = \max\left\{\rho_1, \rho_2, \rho_3\right\}$，其中

$$
\begin{aligned}
\rho_1 &= 6N\tau\left(\left\|\tilde{\boldsymbol{B}}\right\|_{\mathrm{F}}^4+\left\|\tilde{\boldsymbol{C}}\right\|_{\mathrm{F}}^4\right)\Big/\left(\left\|\tilde{\boldsymbol{B}}\right\|_{\mathrm{F}}^2+\left\|\tilde{\boldsymbol{C}}\right\|_{\mathrm{F}}^2\right)\\
\rho_2 &= \frac{6}{\rho_2}\left(16N+N\tau\left(\left\|\tilde{\boldsymbol{B}}\right\|_{\mathrm{F}}^2+\left\|\tilde{\boldsymbol{C}}\right\|_{\mathrm{F}}^2\right)\right)^2-2\left\|\tilde{\boldsymbol{E}}\right\|_{\mathrm{F}}^2\\
\rho_3 &= \left\|\tilde{\boldsymbol{B}}\right\|_{\mathrm{F}}^2+\left\|\tilde{\boldsymbol{C}}\right\|_{\mathrm{F}}^2+2\left\|\mathcal{R}_p\left(\tilde{\boldsymbol{E}}\right)+\mathcal{R}_q\left(\tilde{\boldsymbol{E}}\right)\right\|_{\mathrm{F}}^2
\end{aligned} \tag{6-36}
$$

则下述命题成立。

（1）关于辅助矩阵的等式约束在极限定义下恒成立，即 $\lim\limits_{t\to\infty}\left\|\tilde{\boldsymbol{H}}^{(t)}-\boldsymbol{V}^{(t)}\right\|_{\mathrm{F}}^2=0$。

（2）由 NS-Alternating 算法生成的序列 $\left\{\tilde{\boldsymbol{H}}^{(t)},\boldsymbol{V}^{(t)},\boldsymbol{\Lambda}^{(t)}\right\}$ 有界，其聚点是原最优化问题的 KKT 点。

可知，当 ρ 满足定理 6-2 的条件时，NS-Alternating 算法所得解序列收敛于原问题，即收敛于式（6-5）的一个 KKT 点。

算法 6-1 的外循环可通过有限的几次迭代有效收敛。其中，QSDP 中的 $\tilde{\boldsymbol{B}}$ 和 $\tilde{\boldsymbol{C}}$，以及 $\tilde{\boldsymbol{H}}$ 中的对角块 $\boldsymbol{H}$ 和 $\boldsymbol{V}$ 中的各列均可并行计算。计算复杂度主要取决于更新法则中的矩阵运算：矩阵求逆的复杂度是 $O\left(d^3\right)$，矩阵乘法的复杂度是 $O\left(N_{\max}^2 d\right)$，其中，$N_{\max}=\max\left\{N\left(m\right)\right\}, d\ll\min\left\{N\left(m\right)\right\}$。因此，算法 6-1 的计算复杂度为 $O\left(T_1N_{R\max}^2 d+T_2d^3\right)$，其中，$T_1$、$T_2$ 为运算次数。

6.3 基于模糊聚类的并行化对齐框架

研究人员观察到，现实中的社交网络所拥有的数据量极为庞大，如微信的数据规模达到了十亿量级，因此，用户对齐的效率成为本节的研究重点。为此，本节提出一个并行化框架 MASTER+以提高 MASTER 方法的效率。MASTER+框架的主要思想是：首先将用户聚合为 K 个簇，然后在各个簇中并行地使用 MASTER 方法进行对齐。由此可见，MASTER+框架的核心在于用户的分簇。如前文所述，其难点在于如何同时保证用户对齐的高效率和高准确率。为此，本节提出了一种高效的社交网络用户对齐的两阶段用户分簇方法——APE-BFC。在第一阶段，即增强预嵌入（Augmented Pre-Embedding，APE）阶段，该方法利用对称矩阵分解为用户分簇构造辅助表示空间；在第二阶段，即平衡感知的模糊 C-均值（Balance-aware Fuzzy C-Means，BFC）聚类算法阶段，该方法以模糊聚类算法的模糊 C-均值为基础。本节将上述两阶段均形式化为矩阵优化问题，并分别利用一阶方法和固定点迭代法进行求解。并行化方法通过平衡感知和模糊聚类的特性实现高效率和高准确率。

6.3.1 方法概述

本小节将求解过程总结在算法 6-2 中，MASTER+框架的核心在于用户的分簇。本小节提出了一种高效的社交网络用户对齐的轻量化两阶段用户分簇方法。在第一阶段（即 APE 阶段），为了构建辅助表示空间，本小节提出一个基于对称矩阵分解的矩阵优化问题，并给出一阶求解方法（6.3.2 小节）。在第二阶段（即 BFC 阶段），进行平衡感知的模糊聚类，给出了其矩阵优化问题和固定点迭代求解方法（6.3.3 小节）。

算法 6-2 MASTER+框架

输入：社交网络组 $\{\boldsymbol{G}^m\}, m=1,2,\cdots,M$，锚用户集 A

输出：社交网络表示矩阵 $\{\boldsymbol{H}^i\}, i=1,2,\cdots,M$

// 软聚类第一阶段（APE）：构建辅助表示空间

1：构建增广图（即计算结构亲密度矩阵）$\boldsymbol{G}_P$；

2：计算增广图属性亲密度矩阵 $\boldsymbol{W}_P$；

3：以 SGD 算法求解最优化问题；

// 软聚类第二阶段（BFC）：平衡感知的模糊聚类

4：**while** 未收敛 **do**

5：　计算固定点迭代方程式；

6：**end while**

// 各软类簇并行用户对齐

7：**for each** 软类簇 **do**

8：　调用 NS-Alternating 算法对齐簇内用户；

9：**end for**

10：**return** 社交网络表示矩阵 $\{\boldsymbol{H}^i\}, i=1,2,\cdots,M$

6.3.2 增广图辅助表示阶段

增广图预表示首先构建拟对齐网络组的增广图，记作二元组 $(\boldsymbol{G}_P, \boldsymbol{A}_P)$，然后构建增广图的辅助表示空间，记作 $\boldsymbol{H}^{(P)}$。

增广图 $(\boldsymbol{G}_P, \boldsymbol{A}_P)$ 包含拟对齐网络组中的所有节点，若节点为已知锚用户的像，则将这些节点聚合为一个节点。$\boldsymbol{G}_P$ 为增广图的邻接矩阵。记增广图的节点数为 N_{sum}，则邻接矩阵为 N_{sum} 阶方阵。聚合后，若两节点在任一网络中存在连接，则邻接矩阵对应元素的值为 1，否则为 0。$\boldsymbol{A}_P$ 为增广图的属性矩阵。节点的属性向量维度为 l，则属性矩阵的维度为 $N_{\text{sum}} \times l$。

在辅助表示空间中，每个节点对应一个辅助向量。本小节以辅助向量的内积刻画增广图中的结构亲密度和属性亲密度：结构亲密度由一阶亲密度定义，即 $\boldsymbol{G}_P$；属性亲密度由属性矩阵的内积定义，即 $\boldsymbol{W}_P = \boldsymbol{A}_P^{\mathrm{T}}\boldsymbol{A}_P$。本小节使用结构亲密度和属性亲密度之和，并以对称矩阵分解学习辅助向量，其目标函数如下：

$$\min d\left(\boldsymbol{G}_P + \boldsymbol{W}_P, \boldsymbol{H}^{(P)}\boldsymbol{H}^{(P)^{\mathrm{T}}}\right) \tag{6-37}$$

其中，$d(\boldsymbol{X},\boldsymbol{Y}) = \|\boldsymbol{X}-\boldsymbol{Y}\|_{\mathrm{F}}^2$。本小节以 SGD 这一轻量化方法求解此优化目标，先给出关于辅助向量的梯度如下：

$$\nabla_{\boldsymbol{h}_i^{(P)}} d = -\sum_{j\in N(i)}\left(\left[\boldsymbol{G}_P + \boldsymbol{W}_P\right]_{ij} - \left\langle \boldsymbol{h}_i^{(P)}, \boldsymbol{h}_j^{(P)}\right\rangle\right)\boldsymbol{h}_j \tag{6-38}$$

其中，$N(i) = \left\{j | \left[\boldsymbol{G}_P\right]_{ij} = 1\right\}$ 为增广图上的相邻节点集。该辅助向量刻画了网络内和网络间的亲密度。

6.3.3 平衡感知的模糊聚类阶段

本小节在上述辅助表示空间中分簇，以在每个类簇中并行地进行用户对齐。为此，以模糊 C-均值聚类算法[15]为基础，本小节提出一种 BFC 聚类算法。令类簇数为 K，给出模糊 C-均值目标函数的矩阵形式：

$$\begin{aligned} &\min_{U,\{\boldsymbol{c}\}} && \left\|\boldsymbol{U}_m(\boldsymbol{U},m)\odot \boldsymbol{D}\left(\boldsymbol{h}^{(P)},\boldsymbol{c}\right)\right\|_{\mathrm{F}}^2 (m>1) \\ &\text{s.t.} && \left\|\boldsymbol{U}_{[j]}\right\|_{p|p=1} = 1, \forall j \end{aligned} \tag{6-39}$$

其中，

$$\begin{aligned} \left[\boldsymbol{U}_m(\boldsymbol{U},m)\right]_{ij} &= u_{ij}^m \\ \left[\boldsymbol{D}\left(\boldsymbol{h}^{(P)},\boldsymbol{c}\right)\right]_{ij} &= \left\|\boldsymbol{h}_j^{(P)} - \boldsymbol{c}_i\right\|_{\mathrm{F}}^2 \end{aligned} \tag{6-40}$$

维度为 $K\times N_{\text{sum}}$ 的 $\boldsymbol{U}$ 为隶属度矩阵，其第 i 行第 j 列上的元素为节点 j 隶属于簇心为 $\boldsymbol{c}_i$ 的类簇的概率。$\boldsymbol{U}_m(\boldsymbol{U},m)$ 为矩阵函数，m 为关于模糊程度的超参数。$\boldsymbol{U}_{[j]}$ 为矩阵 $\boldsymbol{U}$ 的第 j 列，$\boldsymbol{D}(\cdot,\cdot)$ 为矩阵函数，其各元素为节点 j 到簇心 $\boldsymbol{c}_i$ 的距离。$\|\cdot\|_p$ 为矩阵的 p 范数，为实现平衡感知，本小节设计了平衡感知罚项 $\|\boldsymbol{U}\|_p$，该罚项可提高节点隶属于较小类簇的概率，以促进类簇的相对平衡。现给出 BFC 阶段的最优化问题：

$$\begin{aligned} &\min_{U,\{\boldsymbol{c}\}} && \left\|\boldsymbol{U}_m(\boldsymbol{U},m)\odot \boldsymbol{D}\left(\boldsymbol{h}^{(P)},\boldsymbol{c}\right)\right\|_{\mathrm{F}}^2 + \zeta\|\boldsymbol{U}\|_{p|p=m}^m (m>1) \\ &\text{s.t.} && \left\|\boldsymbol{U}_{[j]}\right\|_{p|p=1} = 1, \forall j \end{aligned} \tag{6-41}$$

其中，ζ 为优化目标的权重超参数。

以拉格朗日乘子法求解上述最优化问题。引入拉格朗日乘子，构建拉格朗日目标函数如下：

$$\mathcal{L}_B=\sum_{i=1}^{K}\sum_{j=1}^{N_{\text{sum}}}u_{ij}^{m}\left(\left\|\boldsymbol{h}_j^{(P)}-\boldsymbol{c}_i\right\|^2+\zeta\right)+\sum_{j=1}^{N_{\text{sum}}}\lambda_j\sum_{i=1}^{K}\left(u_{ij}^{m}-1\right) \tag{6-42}$$

根据最优性条件，令各变元偏导为0。求解该零偏导方程组，得到如下的固定点迭代方程：

$$\begin{aligned}\boldsymbol{c}_i&=\left(\sum_{j=1}^{N_{\text{sum}}}u_{ij}^{m}\boldsymbol{h}_j^{(P)}\right)\left(\sum_{i=1}^{K}u_{ij}^{m}\right)^{-1}\\ u_{ij}&=\sum_{k=1}^{K}\left(\frac{\left\|\boldsymbol{h}_j^{(P)}-\boldsymbol{c}_i\right\|^2+\zeta}{\left\|\boldsymbol{h}_j^{(P)}-\boldsymbol{c}_k\right\|^2+\zeta}\right)^{-\frac{1}{m-1}}\end{aligned} \tag{6-43}$$

在算法 6-2 中，APE 阶段由有限的几次梯度下降实现，梯度的计算复杂度为 $O\left(E_{\text{sum}}\right)$，其中 E_{sum} 为增广矩阵 $\boldsymbol{G}_P$ 中的非零元素个数。BFC 阶段由有限的几次固定点迭代实现，每次固定点迭代的计算复杂度为 $O\left(KdN_{\text{sum}}\right)$。每个簇内 MASTER 方法的计算复杂度为 $O\left(T_1N_{R\max}^2d+T_2d^3\right)$，其中，$N_{R\max}=\max\left\{NR^{(m)}\right\}$。因此，算法 6-2 的计算复杂度为 $O\left(T_1N_{R\max}^2d+T_2d^3+T_3E_{\text{sum}}+T_4KdN_{\text{sum}}\right)$，其由最大簇的节点数决定。

6.4 实验与分析

6.4.1 数据集

本节在标准的开源数据集 Twitter-Foursquare 网络（TF 网络组）[2]上展开实验。其中，Twitter 网络的节点数为 5220，边数为 164 917；Foursquare 网络的节点数为 5315，边数为 76 972；两网络间的对齐节点数为 1610。为进行全面实验以验证本章方法的效果，本节基于此数据集构建两网络组和四网络组，具体说明如下。

两网络组。基于 TF 网络组，构建一系列不同重叠率（overlap）λ 的两网络组。令 $\lambda=\dfrac{2|A|}{|T|+|F|}$，其中，$|A|$、$|T|$ 和 $|F|$ 分别是锚用户数、T 网络用户数和 F 网络用户数。本节通过随机删除用户的方法来生成给定重叠率 λ 的网络组，称为 λ 重叠数据集，并构建 λ 重叠数据集对应的稀疏数据集，即随机删除其中 30%的边。未进行随机删除的数据集即为稠密数据集。

四网络组。本节通过将 TF 网络组中的每个网络再生成两个网络来构建四网络组。每个生成网络继承其对应原始网络中的所有节点，随机保留对应原始网络中 70%的边。稠密与稀疏数据场景的设置方式与两网络组相同。

6.4.2 评价指标

为量化社区对齐效果，本节采用标准评价指标 Hit-precision。该评价指标的计算公式如下：

$$\frac{1}{N}\sum_{i=1}^{N_A}\frac{(K+1)-\mathrm{hit}(v_i)}{K} \tag{6-44}$$

其中，K 为候选列表长度，N_A 为用于测试的真实锚用户数。一般地，对于 $\boldsymbol{G}^1$ 中的节点 v_i，在 $\boldsymbol{G}^2$ 中求得长度为 K 的候选列表 $\{v_j\}, j=1,2,\cdots,K$。若节点 v_k 与节点 v_i 对齐（自然人用户身份相同），则 $\mathrm{hit}(v_i)=k$。若出现节点 v_i 对齐节点在该列表中不存在的特殊情况，则定义 $\mathrm{hit}(v_i)=K+1$。

6.4.3 对比方法

为分析 MASTER 方法与 MASTER+框架的实验结果，本节将其与其他文献中的主要用户对齐方法进行了对比。

ULink 方法[5]。该方法以属性数据为基础，有监督地构建潜在用户空间，给出最优化模型。本节利用 CCCP（Convex-ConCave Procedure，凹凸过程）算法优化 ULink 方法来对齐多个社交网络。

PALE 方法[7]。该方法通过一个有监督的“表示—匹配”两阶段框架对齐两个社交网络间的用户，提供了两种匹配模型，本节采用了其中效果更好的多层感知机模型。该方法在多网络对齐方面具有一定的局限性。

COSNET 方法[9]。该方法可从局部一致性和全局一致性出发对齐多个社交网络，构建了一个基于能量模型的最优化目标，给出其对偶问题，并以一种基于次梯度方法的优化方法来求解。该方法在对齐的鲁棒性方面具有一定的局限性。

NR-GL 方法[16]。该方法以种子锚用户节点为基础，通过一种迭代算法不断扩充对齐节点集合。该方法提出了一种结合局部一致性和全局一致性的度量方法 UniRank，在多网络对齐和对齐的鲁棒性方面具有一定的局限性。

CoLink 方法[17]。该方法是一种有监督的协同训练（Co-training）算法，以无监督的方式交替训练基于属性的模型和基于结构的模型。该方法在多网络对齐和对齐的鲁棒性方面具有一定的局限性。

MASTER-方法。为分析网络结构和属性数据的重要程度，本节设计了一种退化的 MASTER 方法。该方法不再考虑属性数据，即将属性数据的权重系数设置为 0。

6.4.4 参数设置

在所有实验中，如无特殊说明，所有基于网络表示学习的对齐方法的表示空间的维度均为 128。在 MASTER 方法中，罚系数设置为 10^6，即要求锚用户对应节点的表示向量在表示空间中位置一致。

6.4.5 结果和分析

本节将分别展示并分析 MASTER 方法和 MASTER+框架的实验结果。为了避免实验误差，得到准确的实验结果，各实验均在相同的条件下重复 10 次，报告其均值和 95%的置信区间。

1. MASTER 方法的实验结果和分析

在两网络数据集上，本实验分别在稠密和稀疏两种数据场景下对比各方法，重叠率 λ 分别设置为 5%、10%、15%、20%、25%和 30%，实验结果如图 6-1（a）和图 6-1（c）所示。如图 6-1 所示，在所有实验中，MASTER 方法均取得了最高的 Hit-precision。与 COSNET、PALE 和 ULink 3 种方法相比，MASTER 方法在各重叠率下的平均 Hit-precision 分别提高了 4.92%、6.21%和 9.40%。该实验结果其实是必然的，原因如下：一是 MASTER 方法综合利用了属性和网络结构两方面的数据；二是 MASTER 方法生成的表示向量刻画了用户之间的内在关系，进而促进了高鲁棒性的用户对齐。MASTER 方法较 MASTER– 方法表现出了更好的实验效果，说明了综合利用属性和网络结构两方面数据的必要性。实验中发现，COSNET 方法在通过属性数据挖掘用户一致性的环节表现不佳；ULink 方法的实验效果最差，其原因在于，其仅考虑了属性数据，且噪声较大。

在四网络数据集上，本实验分别在稠密和稀疏两种数据场景下对比各方法，仍将重叠率 λ 分别设置为 5%、10%、15%、20%、25%和 30%，实验如图 6-1（b）和图 6-1（d）所示，在所有实验中，MASTER 方法均取得了最好的实验效果。该实验结果也存在必然性，原因在于：MASTER 方法综合利用了属性和网络结构两方面的数据，在多个社交网络的表示公共子空间中，高鲁棒性地实现了用户对齐。PALE 方法是为两个社交网络间的用户对齐而设计的，当将其用于多个社交网络的用户对齐时不再适用，效果较差。MASTER–、COSNET 和 ULink 3 种方法可用于对齐多个社交网络，但是 MASTER–方法忽略了属性数据中的信息，COSNET 方法的实验效果在数据稀疏的场景下表现欠佳，而 ULink 方法仍然受到了属性数据中噪声的影响。

为分析 MASTER 方法的鲁棒性，在实验中设置了稠密和稀疏两种数据场景。如图 6-1（a）～（d）所示，在稀疏与稠密两种数据场景、两网络与四网络用户对齐的实验设置下，MASTER 方法始终优于其他方法，展现出了高鲁棒性。对比图 6-1（a）和

图 6-1（c）中的实验结果可以发现，MASTER 方法在稠密与稀疏两种数据场景下的用户对齐效果相近，进一步展现出了高鲁棒性。原因如下：一是 CDE 模型综合利用了属性和网络结构两方面的数据，以用户亲密度刻画用户之间的内在关系，可以有效地学习用户的表示向量；二是 NS-Alternating 算法可以有效地求解 CDE 模型，使该矩阵优化问题 KKT 收敛。因此，MASTER 方法可以通过对部分数据的观察有效地挖掘社交网络的结构特点和用户之间的内在关系，进而使其较其他方法具有更高的鲁棒性。

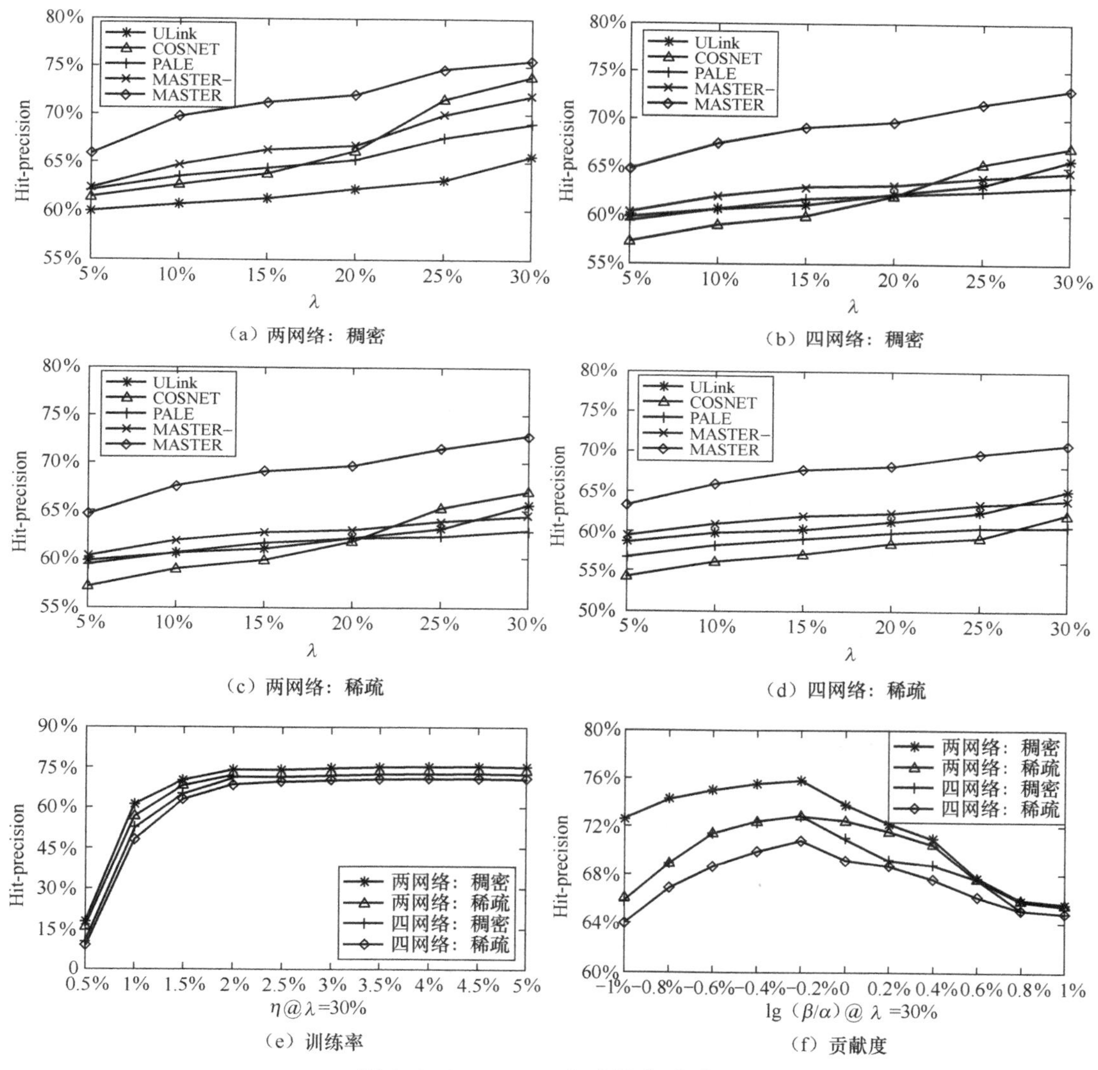

图 6-1　MASTER 方法的实验结果

实验进一步分析了训练率（Training Ratio）对实验结果的影响以及属性数据和网络结构数据的贡献。首先对本实验中的训练率 η 进行说明，对于一个给定的数据集，设其中的锚用户总数为 X，如训练率为 η ，则在训练过程中锚用户数为 ηX ，在测试过程中检验剩余锚用户能否被发现。为分析训练率 η 对实验结果的影响，本小节将数据集的重叠率 λ 设置为 30%，将式（6-1）中的 β 与 α 之比固定为 2/3，将训练率 η 分别设置为 0.5%, 1%, 1.5%, …, 5%，实验结果如图 6-1（e）所示，随着训练率从 0.5%增至 2%，MASTER 方法的 Hit-precision 迅速提高，而当训练率超过 2%时，MASTER 方法的 Hit-precision 增长缓慢，趋于饱和。也就是说，MASTER 方法在少量的标签信息（锚用户）下即可获得良好的用户对齐效果。为分析每个数据空间对用户对齐的贡献，实验将数据集的重叠率设置为 30%，训练率固定为 5%，$\lg\left(\dfrac{\beta}{\alpha}\right)$ 的值分别设为−1, −0.8, −0.6, …, 1，实验结果如图 6-1（f）所示。可以推断出：在本实验中，网络结构数据比属性数据在用户对齐中具有更大的贡献。原因如下：一是人们不愿意提供真实的个人信息（如年龄、生日、家庭住址和所属单位），通常使用缺省值或虚假数据，这导致属性数据中噪声较多；二是 MASTER 方法中所设计的图表示学习算法可以利用部分网络结构数据有效地挖掘社交网络的结构特点和用户之间的内在关系。

2. MASTER+框架的实验结果和分析

本实验首先分析 MASTER+框架（在评价指标 Hit-precision 下）的准确性。在两网络数据集上，本实验分别在稠密和稀疏两种数据场景下分析 MASTER+框架，重叠率 λ 设置为 30%，将类簇数 K 分别设置为 1、3、5、7 和 9，实验结果如图 6-2（a）所示。当 $K=1$ 时，MASTER+框架退化为 MASTER 方法；当 K=3、5 和 7 时，MASTER+框架的 Hit-precision 相对稳定；当 $K>7$ 时，MASTER+框架的 Hit-precision 有所下滑。MASTER+框架在稠密和稀疏两种数据场景下的平均 Hit-precision 分别达到 MASTER 方法的 94.46%和 95.25%。实验发现，MASTER+框架的 Hit-precision 会在一个可接受的范围内略低于 MASTER 方法。原因如下：一是简单而又有效的辅助表示方法刻画了用户网内和网络间的亲密度，使得同一用户在不同社交网络上的表示向量在辅助表示空间中距离较近；二是 BFC 方法使各软类簇（soft cluster）可在相对充足的空间中对齐用户。但是，当类簇数过大（如在 TF 数据集上，$K>7$）时，软类簇中的有限空间可能无法包含那些处于不同社交网络且表示向量相距较远的用户。

在四网络数据集上，实验分别在稠密和稀疏两种数据场景下分析 MASTER+框架，重叠率 λ 设置为 30%，仍将类簇数 K 分别设置为 1、3、5、7 和 9，实验结果如图 6-2（b）所示，MASTER+框架在四网络数据集上的实验效果与两网络数据集相似。在两种场景下，MASTER+框架的 Hit-precision 仍高于其他效果最优的对比方法。该实验结果表明，MASTER+框架可以有效地对齐用户。在稠密和稀疏两种数据场景下，MASTER+框架的平均 Hit-precision 分别达到了 MASTER 方法的 95.62%和 95.52%。MASTER+框架在稀疏数据场景下的用户对齐效果接近其在稠密数据场景下的对齐效果，展示了 MASTER+

框架的高鲁棒性。在两网络数据集和四网络数据集情况下，MASTER+框架在稀疏数据场景中的性能可以与稠密数据场景中的性能相媲美甚至更好。综上所述，大量实验结果表明，两网络数据集和四网络数据集上的MASTER+框架不仅可以有效对齐用户，而且继承了 MASTER 方法的高鲁棒性。

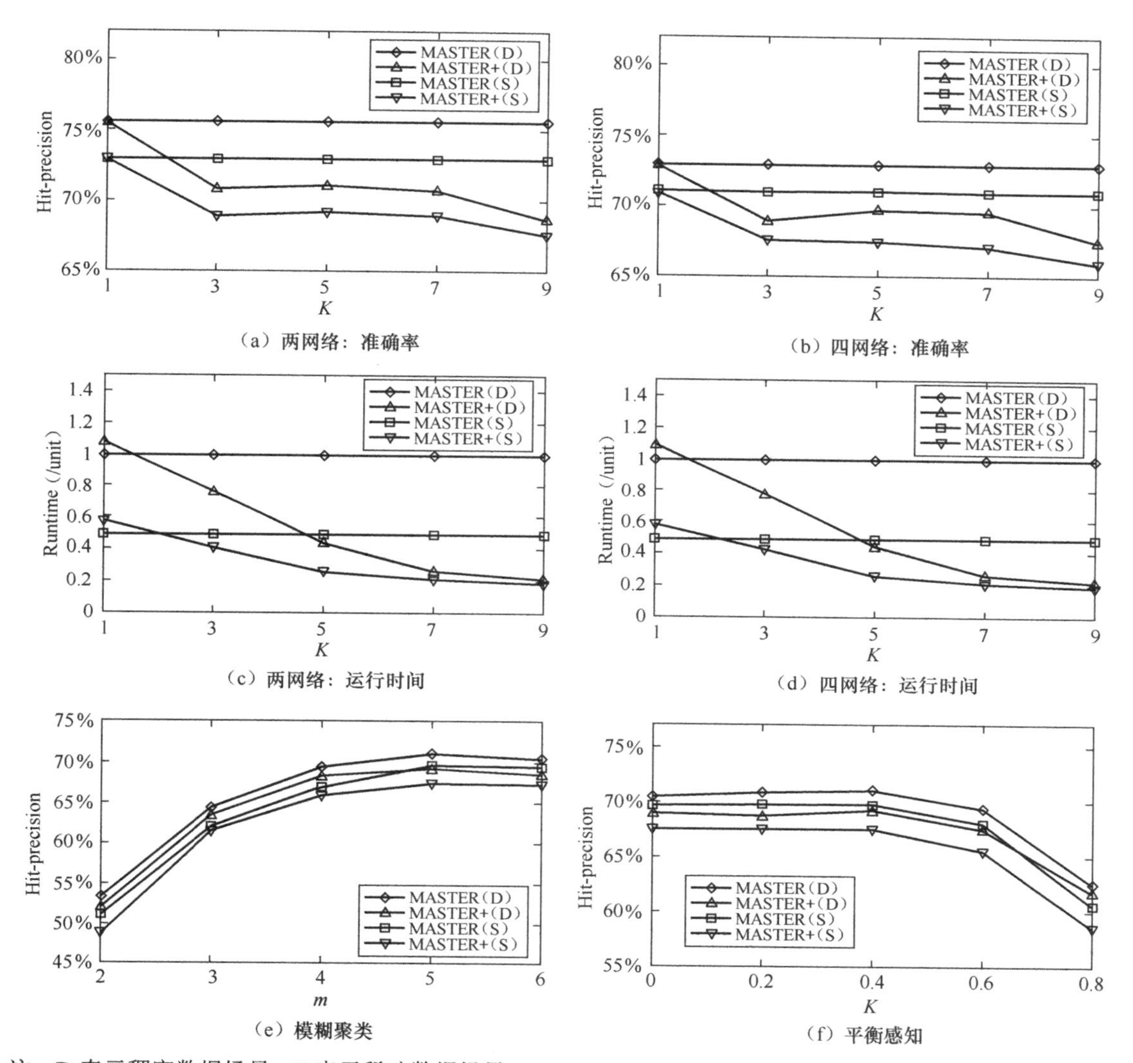

注：D 表示稠密数据场景，S 表示稀疏数据场景。

图 6-2 MASTER 方法和 MASTER+框架的实验结果对比

本实验接下来分析 MASTER+框架的效率（即运行时间），使用与分析 MASTER+框架的准确率时相同的实验设置。实验结果如图 6-2（c）和图 6-2（d）所示。其中，以 MASTER 方法在稠密数据场景下的运行时间为一个单位时间。事实上，实验结果蕴含了 APE-FBC 并行化方法的运行时间。当 $K=1$时，MASTER+框架退化为 MASTER 方法，此时，MASTER+框架的运行时间为 MASTER 方法和 APE-FBC 并行化方法的运行时间之和。由此可以推断，APE-FBC 并行化方法的运行时间为 0.08 个单位，其仅为 MASTER 方法的 8%，这表明 APE-FBC 并行化方法满足了轻量化的要求。回顾前文中的计算复杂性分析，给出 MASTER+框架和 MASTER 方法的计算复杂度之比：

$$O\left(\frac{T_1 N_{R\max}^2 d + T_2 d^3 + T_3 E_{\text{sum}} + T_4 K d N_{\text{sum}}}{T_1 N_{\max}^2 d + T_2 d^3}\right) \tag{6-45}$$

该比式中，分子和分母上其他的时间开销项均远小于矩阵乘法的时间开销项。因此，该比式的值渐趋于 $\left(\frac{N_{R\max}}{N_{\max}}\right)^2$，且 MASTER 方法的计算复杂度取决于其最大软类簇中的用户数。如图 6-2（c）和图 6-2（d）所示，以 MASTER 方法的运行时间为基准，MASTER+框架的运行时间的下降曲线呈现出与 K^2 成反比的模式，与上述理论分析一致。实验结果有力地表明了 MASTER+框架的高效率。原因如下：一是模糊聚类，BFC 模糊聚类算法所生成的软类簇为用户对齐提供了相对充足的空间；二是平衡感知，BFC 模糊聚类算法中的平衡感知正则项使各软类簇相对均衡，有效地避免了个别过大的软类簇的产生。综上所述，MASTER+框架不仅继承了 MASTER 方法的高准确率和高鲁棒性，同时也能有效提高其效率。

最后，实验具体分析了两个超参数对用户对齐的影响，即控制软聚类模糊程度的超参数 m 和控制软聚类平衡程度的超参数 ξ。首先分析这两个超参数的取值。关于模糊程度的超参数 m，其与矩阵 p 范数的 p 值相统一，取正整数。模糊程度随 m 的增大而提高。关于平衡程度的超参数 ξ，其取值为正数，计算公式为

$$\xi = \frac{k_\xi}{K^2} \mathbb{E}_{\boldsymbol{h}^{(P)}}\left[\sum_{i=1}^{K} d\left(\boldsymbol{c}_i^{(0)}, \boldsymbol{h}^{(P)}\right)\right] \tag{6-46}$$

其中，$\boldsymbol{c}_i^{(0)}$ 为初始软类簇中心所对应的向量，$\boldsymbol{h}^{(P)}$ 为用户的辅助表示向量，k_ξ 的取值范围为 $[0,1]$ 的闭区间，$d(\cdot,\cdot)$ 为模型中的距离函数（即 $L2$ 范数）。下面对上述公式进行解释分析。根据 BFC 算法的求解公式可知，在以用户与各软类簇中心距离为基础的用户隶属度上，通过平衡程度的超参数 ξ 的扰动实现平衡聚类。ξ 应与欧氏距离量纲一致，即为欧几里得距离。若软类簇数为 K，将平均类簇半径的 $\frac{1}{K}$ 作为平衡程度 ξ 的基准值。平衡程度随 ξ 的增大而提高。

为分析软聚类的模糊（fuzziness）程度，本实验分别在两网络数据集和四网络数据集上开展实验，将重叠率 λ 固定为 30%，将类簇数 K 固定为 5，模糊程度 m 分别设置为 1, 2, …, 5，各准确率和运行时间展示在图 6-2（e）和表 6-1 中。在本节各实验中，如无特殊说明，$m=5$（运行时间结果图中，单位时间的物理意义不再复述）。如表 6-1 所示，随着 m 的增加，运行时间变长。其原因在于，当 m 变大时，最大的缩小网络趋于变大。如图 6-2（e）所示，在 m 从 2 增加到 5 的过程中，MASTER+框架的 Hit-precision

不断增加；当 m 超过 5 时，MASTER+框架的 Hit-precision 趋于饱和。在此实验场景中，$m>4$ 即可使软聚类拥有足够的搜索空间。不同实验设置下的大量实验结果表明，模糊聚类对于保证用户对齐的准确率具有必要性。

为分析软聚类的平衡（Balance-awareness）程度，本小节分别在两网络数据集和四网络数据集上展开实验，将λ固定为 30%，K 固定为 5，m 固定为 5，k_ξ 分别设置为 0, 0.2, 0.4,···, 0.8，各准确率和运行时间展示在图 6-2（f）和表 6-2 中。其中，当 $k_\xi=0$ 时，BFC 算法退化为标准的 FCM（Fuzzy C-Means，模糊 C-均值）算法。在本节各实验中，如无特殊说明，$k_\xi=0.4$。如表 6-2 所示，随着 k_ξ 的增大，MASTER+框架的运行时间不断减少。其原因在于，随着平衡意识权重的提高，BFC 算法产生的各软聚类规模趋于平衡，有效避免了过大软类簇的产生。如图 6-2（f）所示，当 $k_\xi<0.4$ 时，MASTER+框架的 Hit-precision 相对稳定；当 $k_\xi>0.4$ 时，MASTER+框架的 Hit-precision 开始下滑。其原因在于，出于平衡的考虑，有意识地分配更多的权重会对 BFC 算法的聚类过程产生过大的扰动，或使同一用户在不同社交网络中的表示向量不能都被包括在软类簇中，对用户对齐产生了不利的影响。不同实验设置下的大量实验结果表明，平衡感知可以有效缩短用户对齐的运行时间。

表 6-1 关于模糊聚类的超参数分析

m	B-D	B-S	M-D	M-S
2	（37.01±0.11）%	（22.61±0.07）%	（38.03±0.05）%	（23.55±0.11）%
3	（39.16±0.03）%	（23.59±0.15）%	（40.15±0.05）%	（24.63±0.07）%
4	（42.95±0.03）%	（24.58±0.06）%	（43.85±0.02）%	（25.58±0.10）%
5	（44.05±0.07）%	（25.60±0.13）%	（45.02±0.09）%	（26.71±0.11）%
6	（45.96±0.05）%	（26.71±0.12）%	（46.95±0.07）%	（27.49±0.15）%

表 6-2 关于平衡感知的超参数分析

k_ξ	B-D	B-S	M-D	M-S
0	（46.05±0.07）%	（25.84±0.07）%	（46.59±0.03）%	（27.52±0.05）%
0.2	（45.12±0.15）%	（25.70±0.10）%	（46.03±0.11）%	（26.87±0.09）%
0.4	（44.05±0.07）%	（25.60±0.13）%	（45.02±0.09）%	（26.71±0.11）%
0.6	（43.75±0.03）%	（26.26±0.09）%	（44.86±0.02）%	（27.11±0.15）%
0.8	（43.88±0.03）%	（25.33±0.10）%	（44.78±0.11）%	（26.91±0.07）%

注：B-D、B-S、M-D 和 M-S 分别指两网络稠密数据场景、两网络稀疏数据场景、四网络稠密数据场景和四网络稀疏数据场景。

6.5 本章小结

本章研究静态场景下的社交网络用户对齐问题，提出了基于矩阵分解的静态社交网络用户对齐方法 MASTER，实现了多个社交网络间高鲁棒性的用户对齐。MASTER 方法利用了属性和网络结构两方面的数据信息，以协同矩阵分解的方法刻画用户的单网络独立表示，为了高鲁棒性地实现用户对齐，本章通过公共表示子空间的方法利用多网络联合表示对齐用户。本章将其总结为 CDE 模型，并在半定锥上将 CDE 模型形式化为一个矩阵优化问题。为求解此最优化问题，本章提出了一种高效的 NS-Alternating 优化算法，并通过坚实的理论分析给出了本算法 KKT 收敛的充分条件（即 KKT 收敛性定理）。为进一步提高 MASTER 方法的效率，本章进一步提出了 MASTER+并行化框架。本框架先将用户聚类成簇，然后在每个类簇中同时运行 MASTER 方法。具有创造性的是，该框架实现了用户对齐的双重保证：既可以保证用户对齐的高效率，又可以保证用户对齐的高准确率。为了实现双重保证，首先构建用户的辅助表示空间，然后提出 BFC 算法将用户聚类成簇，本章将其总结为 APE-BFC 两阶段方法。在标准的开源数据集上，本章首先验证了 MASTER 方法，大量实验结果表明其较已有方法具有更高的准确性。进一步验证了 MASTER+框架，大量实验结果表明其具有更高的效率，并继承了 MASTER 方法高准确率的特点。

参考文献

[1] ZAFARANI R, LIU H. Connecting users across social media sites: a behavioral-modeling approach [C]//Association for Computing Machinery. Proceedings of the 19th ACM SIGKDD International Conference on Knowledge Discovery and Data Mining. New York: Association for Computing Machinery, 2013: 41-49.

[2] KONG X, ZHANG J, YU P S. Inferring anchor links across multiple heterogeneous social networks [C]//Association for Computing Machinery. Proceedings of the 22nd ACM International Conference on Information and Knowledge Management. New York: Association for Computing Machinery, 2013: 179-188.

[3] RIEDERER C, KIM Y, CHAINTREAU A, et al. Linking users across domains with location data: Theory and validation[C]//International World Wide Web Conferences Steering Committee. Proceedings of the 25th International Conference on World Wide Web. Republic and Canton of Geneva, Switzerland: International World Wide Web Conferences Steering Committee, 2016: 707-719.

[4] CHEN W, YIN H, WANG W, et al. Effective and efficient user account linkage across location based social networks[C]//Institute of Electrical and Electronics Engineers. Proceedings of the 34th International Conference on Data Engineering. Paris, France: Institute of Electrical and Electronics Engineers, 2018: 1085-1096.

[5] KORULA N, LATTANZI S. An efficient reconciliation algorithm for social networks[C]//VLDB Endowment. Proceedings of the 40th International Conference on Very Large Databases. Hangzhou: VLDB

Endowment, 2014: 377-388.

[6] KAZEMI E, HASSANI S H, GROSSGLAUSER M. Growing a graph matching from a handful of seeds [C]//VLDB Endowment. Proceedings of the 41st International Conference on Very Large Databases. Honolulu, USA: VLDB Endowment, 2015: 1010-1021.

[7] MAN T, SHEN H, LIU S, et al. Predict anchor links across social networks via an embedding approach[C]//The Association for the Advance of Artificial Intelligence. Proceedings of the 25th International Joint Conference on Artificial Intelligence. New York: AAAI Press, 2016: 1823-1829.

[8] LIU L, CHEUNG W K, LI X, et al. Aligning users across social networks using network embedding[C]//The Association for the Advance of Artificial Intelligence. Proceedings of the 25th International Joint Conference on Artificial Intelligence. New York: AAAI Press, 2016: 1774-1780.

[9] ZHANG Y, TANG J, YANG Z, et al. COSNET: connecting heterogeneous social networks with local and global consistency[C]//Association for Computing Machinery. Proceedings of the 21st ACM SIGKDD International Conference on Knowledge Discovery and Data Mining. New York: Association for Computing Machinery, 2015: 1485-1494.

[10] MONATH N, ZAHEER M, SILVA D, et al. Gradient-based hierarchical clustering using continuous representations of trees in hyperbolic space[C]//Association for Computing Machinery. Proceedings of the 25th ACM SIGKDD International Conference on Knowledge Discovery and Data Mining. New York: Association for Computing Machinery, 2019: 714-722.

[11] LAW M, LIAO R, SNELL J, et al. Lorentzian distance learning for hyperbolic representations [C]//International Conference on Machine Learning. Proceedings of the 36th International Conference on Machine Learning. Los Angeles: AAAI Press, 2019: 3672-3681.

[12] LU S, HONG M, WANG Z. A nonconvex splitting method for symmetric nonnegative matrix factorization: Convergence analysis and optimality[J]. IEEE Transactions on Signal Processing, 2017, 65(12): 3120-3135.

[13] TOH K C. An inexact primal-dual path following algorithm for convex quadratic SDP[J]. Mathematical programming, 2018, 112(1): 221-254.

[14] HONG M, LUO Z Q, RAZAVIYAYN M. Convergence analysis of alternating direction method of multipliers for a family of nonconvex problems[J]. SIAM Journal on Optimization, 2016, 26(1): 337-364.

[15] XU R, WUNSCH D. Survey of clustering algorithms[J]. IEEE Transactions on Neural Networks, 2005, 16(3): 645-678.

[16] ZHANG Z, GU Q, YUE T, et al. Identifying the same person across two similar social networks in a unified way: globally and locally[J]. Information Sciences, 2017, 394-395(C): 53-67.

[17] ZHONG Z, CAO Y, GUO M, et al. CoLink: an unsupervised framework for user identity linkage[C]//The Association for the Advance of Artificial Intelligence. Proceedings of the 32nd AAAI Conference on Artificial Intelligence. Los Angeles: AAAI Press, 2018: 5714-5721.

第 7 章　动态的社交网络用户对齐方法

随着社交网络的不断发展，社交网络的类型不断丰富，有一类社交网络，尤其是以推持、脸书和微博为代表的在线好友平台，表现出了明显的动态性。这种动态性集中表现在：用户的加入和退出，友邻结构的扩展和收缩，以及内容的频繁发布。但是，动态性作为一类社交网络的重要特征，在社交网络用户对齐问题中却较少得到关注。现有文献均假定输入的社交网络结构不变，该假定下的方法并不能有效地进行动态社交网络的用户对齐，忽视了动态性对用户对齐的重要意义，具有局限性。下面举例进行简要分析：设用户 a 和用户 a′分别为社交网络 A 和社交网络 B 中的用户，两用户的好友添加过程不同，交友模式各异，而在某一时刻，两用户的好友结构相同。若在此时刻进行用户对齐，则已有的社交网络用户对齐方法会因为二者好友结构的一致直接将二者误判为同一用户。由此可见，动态性中蕴含着重要信息。另有社会心理学研究[1]指出：人在其社交网络的演进过程中会表现出具有判别性的行为模式。

为解决上述局限性，本章针对这类具有显著动态特征的社交网络（动态社交网络），研究其用户对齐问题，即在结构显著变化的社交网络间发现用户的对应关系。显而易见，在不断演进的社交网络中发现用户的对应关系比在静态场景下更为复杂。实际上，这种演化模式为用户对齐任务提供了重要的辅助信息，同时也在模型和方法等诸多方面为本问题带来了新的挑战。解决动态社交网络用户对齐问题主要面临如下三大挑战。

一是网内动态建模。在本章中，社交网络的动态性主要表现在用户好友的不断演进变化上。现有文献鲜有探讨如何利用用户好友的动态模式以实现用户对齐。因此，如何刻画用户好友的动态模式将成为本问题的首要挑战。

二是网间对齐建模。社交网络用户对齐的一般思路是将特征一致的用户对齐。但是，在真实的动态网络间挖掘潜在的对齐用户为本问题带来了一个新的挑战，即利用用户动态模式下的表示挖掘不同社交网络中同一用户内在的同一性。

三是模型求解。社交网络用户对齐问题一般会显式或隐式地被构建为一个最优化问题。复杂的现实问题势必导致其蕴含的最优化问题更为复杂。由于本问题的内在复杂性，典型的凸优化模型不足以刻画该最优化问题，而非凸优化模型不存在最优值的解析解。

因此，模型求解将是解决本问题的又一重要挑战。

为应对上述挑战，本章提出了基于动态图自编码器的社交网络对齐（Dynamic Graph autoencoder based dynamic social network Alignment，DGA）方法以有效利用动态社交网络中蕴含的丰富信息。

7.1 问题定义

7.1.1 符号与概念

在本章中，重要概念均会给出英文对照，以避免歧义。为避免与神经网络混淆，将社交网络中的网络称为图，神经网络中的网络仍称为网络。一般地，本章捕捉一个动态社交网络的 M 个快照（Snapshot），令动态社交网络为一个三阶张量（Third-order Tensor）$\boldsymbol{G}$，则该张量有 M 个切片（Slice）。其中，第 m 个切片为社交网络第 m 个时刻的快照。在观测时间内，若该动态社交网络出现过的节点集为 $V=\{v_i\}$，其基数（Cardinality）$|V|$ 为 N，则每一切片为一 N 阶方阵，记作 $\boldsymbol{G}^m$。具体地，若在第 m 个时刻，节点 v_i 和节点 v_j 间存在一条边，则第 m 个切片矩阵的第 i 行第 j 列上的元素值为正实数，该正实数的值代表两节点间的亲密度；否则，该元素值为 0。在此定义框架下，社交网络中的节点可以随时加入或退出。若在某一时刻，一节点未加入或已退出社交网络，则该切片矩阵的对应行列为 $\mathbf{0}$ 向量。至此，动态社交 $\boldsymbol{G}$ 被一个三阶亲密度张量 $\mathbb{R}^{N\times N\times M}$ 定义。

7.1.2 问题描述

下面给出动态社交网络用户对齐问题的定义。

问题定义 7-1（动态社交网络用户对齐问题，The Problem of User Alignment across Dynamic Social Networks）：已知源网络 G^{s} 和目标网络 G^{t} 的 M 个快照及两网络间的锚用户集 A，动态社交网络用户对齐问题需要求解源网络与目标网络间的全体未知锚用户。形式化地，给出一个对应法则 $\varPhi(\cdot)$，使得下述等式成立：

$$\varPhi\left(v^{\mathrm{s}}\right)=\varPhi\left(v^{\mathrm{t}}\right)$$

即该法则使得同一自然人在不同的社交网络中节点互相对齐。

7.2 基于图神经网络的联合优化模型

为解决动态社交网络用户对齐问题，本节提出了基于图神经网络的用户对齐方法 DGA，以全面地利用动态社交网络中蕴含的丰富信息有效地实现用户对齐。

在 DGA 方法中，为解决挑战一——网内动态建模，本节提出了一种深度神经网络结构（即动态图自编码器，Dynamic Graph Autoencoder）来实现在动态社交网络中包含好友动态模式的用户表示。为解决挑战二——网间对齐建模，本节提出了一种最优化框架以构建公共子空间，实现动态社交网络间的用户对齐。对此，本节的建模方法如下：引入投影矩阵，基于用户在各社交网络中的表示向量，通过投影的方式得到刻画用户内在人格特征的本征向量。用户的本征向量间存在等式约束，即由不同的社交网络得到的同一个人的本征向量应相等。这些本征向量所张成的向量空间即为不同社交网络间的公共子空间。至此，本节完成了网内动态建模和网间对齐建模，并将其形式化为一个神经网络和矩阵分解的联合优化问题。在这个优化问题中，等式约束作用在那些已知的部分对齐用户上。求解此优化问题，即可在公共子空间中实现用户对齐。

7.2.1 动态图自编码器

为建模网内动态性，本节提出了一种新颖的神经网络结构动态图自编码器。令节点表示向量的维度为 d_u，则表示矩阵 $\boldsymbol{U}$ 的维度为 $N \times d_u$。动态图自编码器由编码器和解码器组成。

动态图编码器： 编码器以图张量在各时刻的切片为输入，并输出表示矩阵。动态图编码器以基于图卷积的方法对快照（切片）的图结构建模，以基于 LSTM 的方法对快照序列中的动态模式建模。

图卷积通过信息传播的方式有效地学习节点特征。最近有文献在图卷积中引入注意力机制以进一步刻画节点特征。已有文献中目前还没有提及图卷积可以刻画社交网络对齐中图结构的动态性。为此，本节提出了一个注意力图卷积（Attentional Graph Convolution）单元，给出了一种关于动态性的相邻节点注意力机制。一般地，给出第 m 个时刻图结构的亲密度矩阵 $\boldsymbol{X}^m$，令 $\boldsymbol{X}^m = \boldsymbol{G}^m$，定义注意力图卷积如下：

$$\boldsymbol{H}^m = \mathrm{eLU}\left(\boldsymbol{A}^m \boldsymbol{X}^m \boldsymbol{F}\right) \tag{7-1}$$

其中，$\mathrm{eLU}(\cdot)$ 为著名的 eLU 非线性单元，$\boldsymbol{F}$ 为共享卷积权重矩阵。下面讨论 N 阶注意力矩阵 $\boldsymbol{A}^m$ 的定义，若节点 v_i 和 v_j 互为相邻节点，则令

$$A_{ij}^m = \frac{\exp\left(\mathrm{att}\left(\boldsymbol{u}_i^{m-1}, \boldsymbol{u}_j^{m-1}\right)\right)}{\sum_{k \in N_i^m \cup \{i\}} \exp\left(\mathrm{att}\left(\boldsymbol{u}_i^{m-1}, \boldsymbol{u}_k^{m-1}\right)\right)} \tag{7-2}$$

否则，令其为 0。其中，N_i^m 为第 m 个时刻节点 v_i 的相邻节点集，$\mathrm{att}(\cdot,\cdot)$ 为一个以 $\boldsymbol{a}^{\mathrm{T}}$ 为参数的单层前馈神经网络，可表示为

$$\mathrm{att}\left(\boldsymbol{u}_i^{m-1},\boldsymbol{u}_j^{m-1}\right)=\mathrm{LeakyRELU}\left(\boldsymbol{a}^{\mathrm{T}}\left[\boldsymbol{u}_i^{m-1}\Vert\boldsymbol{u}_j^{m-1}\right]\right) \tag{7-3}$$

其中，‖表示向量的拼接。$\boldsymbol{u}_i^{m-1}$ 为由递归函数 $f(\cdot)$ 得出的在第 m 个时刻之前节点 v_i 的表示向量。易知，上述注意力图卷积在相邻节点的信息传播中考虑了图的动态性。

广泛的应用实践表明 LSTM 可以通过门机制（遗忘门 **f**、输入门 **i** 和输出门 **o**）有效地建立序列数据的动态模型。对于每个时刻的 $\boldsymbol{G}^m$，注意力图卷积输出对应的 $\boldsymbol{H}^m$，得到表示序列 $\left\{\boldsymbol{H}^m\right\},m=1,2,\cdots,M$ 。本节以 LSTM 为递归函数 $f(\cdot)$，依次处理第一时刻至第 m 时刻的表示向量，以刻画序列中的动态模式。形式化地，$\boldsymbol{U}^m=f\left(\boldsymbol{U}^{m-1},\boldsymbol{H}^m\right)$，LSTM 中的对应法则 $f(\cdot)$ 描述如下：

$$\begin{aligned}
\boldsymbol{f}_i^m&=\mathrm{Sigmoid}\left(\boldsymbol{W}_f\left[\boldsymbol{u}_i^{m-1}\Vert\boldsymbol{h}_i^m\right]+\boldsymbol{b}_f\right),\\
\boldsymbol{i}_i^m&=\mathrm{Sigmoid}\left(\boldsymbol{W}_i\left[\boldsymbol{u}_i^{m-1}\Vert\boldsymbol{h}_i^m\right]+\boldsymbol{b}_i\right),\\
\boldsymbol{o}_i^m&=\mathrm{Sigmoid}\left(\boldsymbol{W}_o\left[\boldsymbol{u}_i^{m-1}\Vert\boldsymbol{h}_i^m\right]+\boldsymbol{b}_o\right),\\
\tilde{\boldsymbol{c}}_i^m&=\mathrm{ReLU}\left(\boldsymbol{W}_c\left[\boldsymbol{u}_i^{m-1}\Vert\boldsymbol{h}_i^m\right]+\boldsymbol{b}_c\right),\\
\boldsymbol{c}_i^m&=\boldsymbol{f}_i^m\odot\boldsymbol{c}_i^{m-1}+\boldsymbol{i}_i^m\odot\tilde{\boldsymbol{c}}_i^m,\\
\boldsymbol{u}_i^m&=\boldsymbol{o}_i^m\odot\mathrm{ReLU}\left(\boldsymbol{c}_i^m\right)
\end{aligned} \tag{7-4}$$

其中，$\odot$ 表示阿达马积，$\boldsymbol{W}$ 和 $\boldsymbol{b}$ 分别表示参数矩阵和偏置向量。本节将此 LSTM 称为编码 LSTM，令编码 LSTM 的第 m 个输出为表示矩阵 $\boldsymbol{U}^m$ 。

动态图解码器：解码器以表示矩阵为输入，以各时刻的重建切片为输出。本节以 LSTM 为基础逆序地得到从第 m 时刻至第一时刻的表示矩阵，将此 LSTM 称为解码 LSTM。下面的难点在于如何从这些表示中恢复对应时刻的切片（图结构亲密度矩阵）。为此，本节提出一个图反卷积（Graph Deconvolution）单元。卷积时，节点分别以待学习的权重从各相邻节点接收（receive）其特征向量。作为卷积的逆操作，反卷积时，节点分别向各相邻节点释放（release）自身的特征向量。具体地，在第 m 时刻，图的反卷积单元有下述对应法则：

$$\boldsymbol{X}^m=\sigma\left(\left(\boldsymbol{D}^m\odot\boldsymbol{S}^m\right)\boldsymbol{U}^m\boldsymbol{G}\right) \tag{7-5}$$

其中，$\boldsymbol{G}$ 为共享反卷积权重矩阵，与式（7-1）中的 $\boldsymbol{F}$ 对应。N 阶释放率矩阵 $\boldsymbol{D}^m$ 与式（7-1）中的 $\boldsymbol{A}^m$ 相对应。反卷积时，仅向相邻节点释放信息，故令 $\boldsymbol{D}^m$ 与该时刻的邻接矩阵 $\boldsymbol{S}^m$ 进行阿达马积，将非相邻节点的释放率置为 0，即关闭向非相邻节点释放信息的通道。$\boldsymbol{X}^m$ 为该时刻重建的亲密度矩阵。

损失函数（Loss Function）：动态图自编码器以最小化重建误差的方式无监督地学习表示矩阵 $\boldsymbol{U}$，即最小化如下损失函数：

$$L=\left\|\boldsymbol{G}-\boldsymbol{X}\right\|_{\mathrm{F}}^{2} \tag{7-6}$$

其中，$\|\cdot\|_{\mathrm{F}}$ 为矩阵的 F 范数。$\boldsymbol{G}$ 为图张量，$\boldsymbol{X}$ 为重建图张量，其中 $\boldsymbol{X}$ 的第 m 个切片为 $\boldsymbol{X}^{m}$。至此，表示矩阵 $\boldsymbol{U}$ 刻画了节点的**动态模型**和**结构特征**。

7.2.2 本征表示学习

为实现网间对齐，本小节提出了一个基于用户本征向量的公共子空间，并在该子空间中实现用户对齐。不失一般性地，令用户本征向量的维度为 d_c，则本征矩阵 $\boldsymbol{V}$ 的维度为 $N\times d_c$。

本小节将社交网络中的节点作为自然人用户的像，那么节点表示在某种程度上能够反映用户的**本征**（Identity）。令用户的本征向量非负。本小节引入一个维度为 $d_c\times d_u$ 的投影矩阵（Projection matrix）$\boldsymbol{Q}$ 以刻画节点表示向量 $\boldsymbol{u}$ 与用户本征向量 $\boldsymbol{v}$ 间的关系，即 $\boldsymbol{u}=\boldsymbol{v}\boldsymbol{Q}$。以矩阵逼近的形式（非负矩阵分解，Non-negative matrix factorization）给出该变换的目标函数：

$$\left\|\boldsymbol{U}^{\mathrm{s}}-\boldsymbol{V}^{\mathrm{s}}\boldsymbol{Q}^{\mathrm{s}}\right\|_{\mathrm{F}}^{2} \tag{7-7}$$

本小节通过用户本征向量张成公共子空间。公共子空间中有如下约束：从不同节点表示得到的同一用户的本征向量相同，即不同社交网络的本征矩阵 $\boldsymbol{V}^{\mathrm{s}}$ 和 $\boldsymbol{V}^{\mathrm{t}}$ 在锚用户上对齐。为形式化此约束，基于锚用户集 A 构建指示矩阵组 $\left\{\boldsymbol{P}^{\mathrm{s}},\boldsymbol{P}^{\mathrm{t}}\right\}$。两矩阵的构建方式相同，现以 $\boldsymbol{P}^{\mathrm{s}}$ 举例说明。令 $|A|=A$，则 $\boldsymbol{P}^{\mathrm{s}}$ 的维度为 $A\times N^{\mathrm{s}}$。指示矩阵 $\boldsymbol{P}^{\mathrm{s}}$ 由 A 个维度为 N^{s} 的二进制指示行向量 $\boldsymbol{p}_a^{\mathrm{s}}$ 构成，$a=1,2,\cdots,A$。若节点 v_k^{s} 和节点 v_l^{t} 为第一个锚用户，则向量 $\boldsymbol{p}_1^{\mathrm{s}}$ 的第 k 个元素值和向量 $\boldsymbol{p}_1^{\mathrm{t}}$ 的第 l 个元素值为 1，两向量的其他元素值为 0。易知，指示向量的作用是在本征矩阵中找到对齐节点的所在行。基于上述指示矩阵组，等式约束的关系如下：

$$\boldsymbol{P}^{\mathrm{s}}\boldsymbol{V}^{\mathrm{s}}=\boldsymbol{P}^{\mathrm{t}}\boldsymbol{V}^{\mathrm{t}} \tag{7-8}$$

7.2.3 联合优化模型

本小节给出上述动态图自编码器和非负矩阵分解的联合优化目标。对于每一个社交网络 $x=\{s,t\}$（为便于区分，从本小节开始，t 代表目标网络，T 代表矩阵转置），其目标函数如下：

$$\mathcal{J}^{x}=\mathcal{L}^{x}+\beta\left\|\boldsymbol{U}^{x}-\boldsymbol{V}^{x}\boldsymbol{Q}^{x}\right\|_{\mathrm{F}}^{2} \tag{7-9}$$

在此基础上给等式约束施加罚系数 γ，得到最优化问题如下：

$$\min_{V(\cdot),Q(\cdot),\Theta(\cdot)} \mathcal{J} = \mathcal{J}^{s} + \mathcal{J}^{t} + \gamma \left\| \boldsymbol{P}^{s}\boldsymbol{V}^{s} - \boldsymbol{P}^{t}\boldsymbol{V}^{t} \right\|_{F}^{2} + \boldsymbol{R}_{L2} \tag{7-10}$$

其中，$\boldsymbol{R}_{L2}$ 为变元矩阵对 L2 正则，以避免过拟合。本节以此最优化框架协同两动态图自编码，通过非负矩阵分解构建公共子空间，在该子空间中对齐用户。

7.3　协同图深度学习的交替优化算法

本节将介绍上述最优化问题的求解算法。首先，7.3.1 小节将概述求解算法的基本思路，其余小节将逐一阐述具体模块的求解与证明方法。为求解此最优化问题（即挑战三——模型求解），本节提出一种迭代优化算法以有效地逼近该最优化问题的一个最优解。其基本思想为将原问题分解为 3 个最优化子问题，并迭代优化各子问题。这 3 个子问题分别为：神经网络变量矩阵最优化子问题、投影矩阵最优化子问题和表示矩阵最优化子问题。对于神经网络变量矩阵最优化子问题，其优化方法与主流的神经网络变量矩阵优化方法相似，本节利用一阶方法使其收敛于局部最优解。对于投影矩阵最优化子问题，本节首先分析其目标函数的解析特性，经推导可知，其海塞矩阵为一正定块对角阵。基于此特性，本节推导出解析解，并进一步证明该解析解满足最优性条件。对于表示矩阵最优化子问题，本节推导其乘性更新法则。与经典的基于梯度的加性更新法则不同，乘性更新法则本质上以自适应步长的方式实现了对目标函数的快速可靠收敛。本节进一步证明了该乘性更新法则的 KKT 正确性和收敛性，给出了正确性定理和 KKT 收敛定理。

7.3.1　算法概述

本小节提出一种迭代优化算法以有效逼近该最优化问题的一个最优（次优）解。其基本思想为将原问题分解为 3 个最优化子问题，并迭代优化各子问题，具体求解过程见算法 7-1。

算法 7-1　DGA 方法
输入：社交网络图张量 $\boldsymbol{G}^{s}$ 和 $\boldsymbol{G}^{t}$，锚用户集 A，候选列表长度 K
输出：动态图自编码器参数矩阵，用户对齐候选列表

// 初始化用户表示向量
1：**for each** 图张量 $\boldsymbol{G}$ **do**
2：　　预训练动态图自编码器
3：**end for**
4：前向传播得到用户的潜在表示矩阵；
5：初始化用户本征表示矩阵；
// 求解联合优化目标，构建公共子空间

6：**while** 未收敛 **do**
7： **for each** 图张量 $\boldsymbol{G}$ **do**
8：   反向传播更新动态图自编码器参数；
9： **end for**
10： **for each** 图张量 $\boldsymbol{G}$ **do**
11：   前向传播得到用户的潜在表示矩阵 $\boldsymbol{U}$；
12：   更新投影矩阵 $\boldsymbol{Q}$；
13：   更新本征表示矩阵 $\boldsymbol{V}$；
14： **end for**
15：**end while**
// 生成用户对齐候选列表
16：计算用户本征表示间的欧氏距离；
17：**return** 长度为 K 的用户对齐候选列表

至此，DGA 方法通过上述最优化框架操纵图神经网络，学习用户本征表示，实现了动态社交网络间的用户对齐。

7.3.2 投影矩阵最优化子问题

投影矩阵最优化子问题为

$$\boldsymbol{Q}^{\mathrm{s}}=\underset{\boldsymbol{Q}^{\mathrm{s}}}{\arg\min}\,\mathcal{J}\left(\boldsymbol{Q}^{\mathrm{s}}\right)$$

本小节给出本问题的解析解：

$$\boldsymbol{Q}^{\mathrm{s}}=\left(\boldsymbol{V}^{\mathrm{sT}}\boldsymbol{V}^{\mathrm{s}}\right)^{-1}\boldsymbol{V}^{\mathrm{sT}}\boldsymbol{U}^{\mathrm{s}} \tag{7-11}$$

定理 7-1（最优性定理，Optimal Solution）：解析解 $\boldsymbol{Q}^{\mathrm{s}}=\left(\boldsymbol{V}^{\mathrm{sT}}\boldsymbol{V}^{\mathrm{s}}\right)^{-1}\boldsymbol{V}^{\mathrm{sT}}\boldsymbol{U}^{\mathrm{s}}$ 为投影矩阵最优化子问题 $\min\mathcal{J}\left(\boldsymbol{Q}^{\mathrm{s}}\right)$ 的最优解。

证明：给出目标函数关于投影矩阵的偏微分矩阵如下：

$$\boldsymbol{\nabla}_{\boldsymbol{Q}}^{\mathrm{s}}=-2\boldsymbol{V}^{\mathrm{sT}}\boldsymbol{U}^{\mathrm{s}}+\boldsymbol{V}^{\mathrm{sT}}\boldsymbol{V}^{\mathrm{s}}\boldsymbol{Q}^{\mathrm{s}} \tag{7-12}$$

进一步给出其海塞矩阵 $\boldsymbol{H}_{\boldsymbol{Q}}$ 如下：

$$\boldsymbol{H}_{\boldsymbol{Q}}^{\mathrm{s}}=\boldsymbol{I}_k\otimes\boldsymbol{V}^{\mathrm{sT}}\boldsymbol{V}^{\mathrm{s}} \tag{7-13}$$

其中，$\otimes$ 为克罗内克积（Kronecker product），$\boldsymbol{I}_k$ 为 k 阶单位矩阵，$k=d_u$。该海塞矩阵为块对角矩阵，其第 k 个对角块为

$$\left[\boldsymbol{H}_{\boldsymbol{Q}}^{\mathrm{s}}\right]_{[k][k]}=\boldsymbol{V}^{\mathrm{sT}}\boldsymbol{V}^{\mathrm{s}} \tag{7-14}$$

由于 $\boldsymbol{X}^{\mathrm{T}}\boldsymbol{X}$ 正定，可得各对角块正定，即块对角海塞矩阵正定。因此，目标函数为一凸函数。由最优性定理可知：目标函数存在唯一最优值，且在偏微分为零时取得。式（7-11）是其最优解。

证毕。

7.3.3　表示矩阵最优化子问题

表示矩阵最优化子问题为

$$\boldsymbol{V}^{\mathrm{s}}=\underset{\boldsymbol{V}^{\mathrm{s}}}{\arg\min}\,\mathcal{J}\left(\boldsymbol{V}^{\mathrm{s}}\right)$$

本小节给出本问题的乘性更新法则：

$$\boldsymbol{V}^{\mathrm{s}}=\boldsymbol{V}^{\mathrm{s}}\odot\sqrt{\frac{\beta\left(\boldsymbol{\Psi}^{\mathrm{s}}+\boldsymbol{V}^{\mathrm{s}}\boldsymbol{\Gamma}^{\mathrm{s}}\right)+\gamma\boldsymbol{\Lambda}^{\mathrm{s}}}{\beta\left(\boldsymbol{\Upsilon}^{\mathrm{s}}+\boldsymbol{V}^{\mathrm{s}}\boldsymbol{\Phi}^{\mathrm{s}}\right)+\gamma\boldsymbol{\Pi}^{\mathrm{s}}}}\tag{7-15}$$

其中，

$$\begin{gathered}\boldsymbol{\Psi}^{\mathrm{s}}=\left(\boldsymbol{U}^{\mathrm{s}}\boldsymbol{Q}^{\mathrm{sT}}\right)^{+},\boldsymbol{\Upsilon}^{\mathrm{s}}=\left(\boldsymbol{U}^{\mathrm{s}}\boldsymbol{Q}^{\mathrm{sT}}\right)^{-}\\ \boldsymbol{\Phi}^{\mathrm{s}}=\left(\boldsymbol{Q}^{\mathrm{s}}\boldsymbol{Q}^{\mathrm{sT}}\right)^{+},\boldsymbol{\Gamma}^{\mathrm{s}}=\left(\boldsymbol{Q}^{\mathrm{s}}\boldsymbol{Q}^{\mathrm{sT}}\right)^{-}\\ \boldsymbol{\Pi}^{\mathrm{s}}=\boldsymbol{P}^{\mathrm{st}^{\mathrm{T}}}\boldsymbol{P}^{\mathrm{st}}\boldsymbol{V}^{\mathrm{s}},\boldsymbol{\Lambda}^{\mathrm{s}}=\boldsymbol{P}^{\mathrm{st}^{\mathrm{T}}}\boldsymbol{P}^{\mathrm{ts}}\boldsymbol{V}^{\mathrm{t}}\end{gathered}\tag{7-16}$$

另，$\frac{(\cdot)}{(\cdot)}$ 和 $\sqrt{(\cdot)}$ 为逐点算子，$(\cdot)^{+}$ 和 $(\cdot)^{-}$ 为非负矩阵算子。具体地，

$$\left[\boldsymbol{X}^{+}\right]_{ij}=\frac{\left|\left[\boldsymbol{X}\right]_{ij}\right|+\left[\boldsymbol{X}\right]_{ij}}{2},\left[\boldsymbol{X}^{-}\right]_{ij}=\frac{\left|\left[\boldsymbol{X}\right]_{ij}\right|-\left[\boldsymbol{X}\right]_{ij}}{2}\tag{7-17}$$

本乘性更新法则在本质上以自适应步长的方式实现 KKT 收敛。下面论证本更新法则的正确性。

定理 7-2（正确性定理，Correctness）：乘性更新法则，即式（7-15）至式（7-17），其产生的解序列在极限上满足最优化问题 $\min\mathcal{J}\left(\boldsymbol{V}^{\mathrm{s}}\right)$ 的 KKT 条件。

证明：为证明此定理，研究关于表示矩阵的目标函数 $\mathcal{J}\left(\boldsymbol{V}^{\mathrm{s}}\right)$。对于任意矩阵 $\boldsymbol{X}$，有 $\|\boldsymbol{X}\|_{\mathrm{F}}^{2}=\operatorname{tr}\left(\boldsymbol{X}^{\mathrm{T}}\boldsymbol{X}\right)$，$\operatorname{tr}(\cdot)$ 为矩阵的迹（trace），则

$$\begin{aligned}\mathcal{J}\left(\boldsymbol{V}^{\mathrm{s}}\right)&=2\beta\operatorname{tr}\left(\left(\boldsymbol{V}^{\mathrm{s}}\boldsymbol{Q}^{\mathrm{s}}\right)^{\mathrm{T}}\boldsymbol{U}^{\mathrm{s}}\right)+\beta\operatorname{tr}\left(\left(\boldsymbol{V}^{\mathrm{s}}\boldsymbol{Q}^{\mathrm{s}}\right)^{\mathrm{T}}\boldsymbol{V}^{\mathrm{s}}\boldsymbol{Q}^{\mathrm{s}}\right)\\&=2\gamma\operatorname{tr}\left(\left(\boldsymbol{P}^{\mathrm{ts}}\boldsymbol{V}^{\mathrm{t}}\right)^{\mathrm{T}}\boldsymbol{P}^{\mathrm{st}}\boldsymbol{V}^{\mathrm{s}}\right)+\gamma\operatorname{tr}\left(\left(\boldsymbol{P}^{\mathrm{st}}\boldsymbol{V}^{\mathrm{s}}\right)^{\mathrm{T}}\boldsymbol{P}^{\mathrm{st}}\boldsymbol{V}^{\mathrm{s}}\right)\end{aligned}\tag{7-18}$$

在表征矩阵非负的条件上施加拉格朗日乘子矩阵 $\boldsymbol{\Omega}$，得到拉格朗日目标函数如下：

$$\mathcal{L}\left(\boldsymbol{V}^{\mathrm{s}}\right)=\mathcal{J}\left(\boldsymbol{V}^{\mathrm{s}}\right)-\operatorname{tr}\left(\boldsymbol{\Omega}\boldsymbol{V}^{\mathrm{sT}}\right)\tag{7-19}$$

根据 KKT 互补松弛条件，有如下的固定点方程：

$$\left[\boldsymbol{\nabla}_{\boldsymbol{V}}^{\mathrm{s}}\right]_{ij}\left[\boldsymbol{V}^{\mathrm{s}}\right]_{ij}=\left[\boldsymbol{\Omega}\right]_{ij}\left[\boldsymbol{V}^{\mathrm{s}}\right]_{ij}=0\tag{7-20}$$

其中，

$$\nabla_V^{\mathrm{s}}=-2\beta U^{\mathrm{s}}Q^{\mathrm{sT}}+2\beta V^{\mathrm{s}}Q^{\mathrm{s}}Q^{\mathrm{sT}}-2\gamma P^{\mathrm{ts}^{\mathrm{T}}}P^{\mathrm{ts}}V^{\mathrm{t}}+2\gamma P^{\mathrm{st}^{\mathrm{T}}}P^{\mathrm{st}}V^{\mathrm{s}} \tag{7-21}$$

式（7-21）为目标函数关于表示矩阵的偏微分矩阵。若解序列收敛于最优化问题的KKT点，则须满足式（7-20）。解序列在极限上有

$$V^{\mathrm{s}(\infty)}=V^{\mathrm{s}(\tau+1)}=V^{\mathrm{s}(\tau)}=V^{\mathrm{s}} \tag{7-22}$$

其中，上标τ为本乘性更新法则的迭代轮次。利用$X=X^{+}+X^{-}$，根据本乘性更新法则可反解得到如下等式：

$$\left[\nabla_V^{\mathrm{s}}\right]_{ij}\left[V^{\mathrm{s}}\right]_{ij}^2=0 \tag{7-23}$$

式（7-23）与式（7-20）的右端项相同且为0，左端项为两因子之积且第一因子相同，则有$\left[V^{\mathrm{s}}\right]_{ij}^2=0$当且仅当$\left[V^{\mathrm{s}}\right]_{ij}=0$时成立，即当且仅当式（7-23）成立时，式（7-20）成立。

证毕。

7.3.4 收敛性分析

本小节给出上述乘性更新法则的收敛性。

定理 7-3（收敛性定理，Convergence）： 乘性更新法则，即式（7-15）至式（7-17），其最优化问题的目标函数$\mathcal{J}\left(V^{\mathrm{s}}\right)$单调不增。

证明： 本小节给出目标函数的非负矩阵形式，即矩阵函数中各变元矩阵与常矩阵皆非负。利用非负矩阵算子$(\cdot)^{+}$和$(\cdot)^{-}$，给出$U^{\mathrm{s}}Q^{\mathrm{sT}}$和$Q^{\mathrm{s}}Q^{\mathrm{sT}}$的非负矩阵形式：

$$U^{\mathrm{s}}Q^{\mathrm{sT}}=\left(U^{\mathrm{s}}Q^{\mathrm{sT}}\right)^{+}-\left(U^{\mathrm{s}}Q^{\mathrm{sT}}\right)^{-},Q^{\mathrm{s}}Q^{\mathrm{sT}}=\left(Q^{\mathrm{s}}Q^{\mathrm{sT}}\right)^{+}-\left(Q^{\mathrm{s}}Q^{\mathrm{sT}}\right)^{-} \tag{7-24}$$

则目标函数的非负矩阵形式为

$$\begin{aligned}\mathcal{J}\left(V^{\mathrm{s}}\right)=&-2\beta\mathrm{tr}\left(\left(U^{\mathrm{s}}Q^{\mathrm{sT}}\right)^{+}V^{\mathrm{sT}}\right)+2\beta\mathrm{tr}\left(\left(U^{\mathrm{s}}Q^{\mathrm{sT}}\right)^{-}V^{\mathrm{sT}}\right)+\beta\mathrm{tr}\left(V^{\mathrm{s}}\left(Q^{\mathrm{s}}Q^{\mathrm{sT}}\right)^{+}V^{\mathrm{sT}}\right)\\&-\beta\mathrm{tr}\left(V^{\mathrm{s}}\left(Q^{\mathrm{s}}Q^{\mathrm{sT}}\right)^{-}V^{\mathrm{sT}}\right)-2\gamma\mathrm{tr}\left(\left(P^{\mathrm{ts}}V^{\mathrm{t}}\right)^{\mathrm{T}}P^{\mathrm{st}}V^{\mathrm{s}}\right)+\gamma\mathrm{tr}\left(\left(P^{\mathrm{st}}V^{\mathrm{s}}\right)^{\mathrm{T}}P^{\mathrm{st}}V^{\mathrm{s}}\right)\end{aligned} \tag{7-25}$$

根据文献[2]，当且仅当如下两个条件成立时，函数$Z(\cdot,\cdot)$是目标函数$\mathcal{J}\left(V^{\mathrm{s}}\right)$的辅助函数：条件一是$Z(\cdot,\cdot)$为目标函数$\mathcal{J}\left(V^{\mathrm{s}}\right)$的上确界函数；条件二是当且仅当二变元为$V^{\mathrm{s}}$时等号成立，即

$$Z\left(V^{\mathrm{s}},\tilde{V}^{\mathrm{s}}\right)\geqslant\mathcal{J}\left(V^{\mathrm{s}}\right),Z\left(V^{\mathrm{s}},V^{\mathrm{s}}\right)=\mathcal{J}\left(V^{\mathrm{s}}\right)$$

若辅助函数$Z(\cdot,\cdot)$存在最优解，

$$V^{\mathrm{s}(\tau+1)}=\underset{V^{\mathrm{s}}}{\arg\min}\,Z\left(V^{\mathrm{s}},V^{\mathrm{s}(\tau)}\right)$$

则式（7-26）成立：

$$\mathcal{J}\left(V^{\mathrm{s}(\tau)}\right)=Z\left(V^{\mathrm{s}(\tau)},V^{\mathrm{s}(\tau)}\right)\geqslant Z\left(V^{\mathrm{s}(\tau+1)},V^{\mathrm{s}(\tau)}\right)\geqslant\mathcal{J}\left(V^{\mathrm{s}(\tau+1)}\right) \tag{7-26}$$

其中，上标 τ 为本乘性更新法则的迭代轮次。即在本乘性更新法则下，目标函数 $\mathcal{J}\left(\boldsymbol{V}^{\mathrm{s}}\right)$ 单调不增。

至此，本证明的核心在于构造一个凸的辅助函数。引理 7-1 将给出该辅助函数（在引理的证明中可知非负的意义所在），且该辅助函数满足最优解的零偏导条件，即

$$\frac{\partial Z\left(\boldsymbol{V}^{\mathrm{s}},\tilde{\boldsymbol{V}}^{\mathrm{s}}\right)}{\partial\left[\boldsymbol{V}^{\mathrm{s}}\right]_{ij}}=0$$

证毕。

引理 7-1（辅助函数，Auxiliary Function）：

$$\begin{aligned}
Z\left(\boldsymbol{V}^{\mathrm{s}},\tilde{\boldsymbol{V}}^{\mathrm{s}}\right)= & -2\beta\sum_{ij}\left[\boldsymbol{\Psi}^{\mathrm{s}}\right]_{ij}\left[\tilde{\boldsymbol{V}}^{\mathrm{s}}\right]_{ij}\left(1+\log\frac{\left[\boldsymbol{V}^{\mathrm{s}}\right]_{ij}}{\left[\tilde{\boldsymbol{V}}^{\mathrm{s}}\right]_{ij}}\right) \\
& +\beta\sum_{ij}\left[\boldsymbol{\Upsilon}^{\mathrm{s}}\right]_{ij}\frac{\left[\boldsymbol{V}^{\mathrm{s}}\right]_{ij}^{2}+\left[\tilde{\boldsymbol{V}}^{\mathrm{s}}\right]_{ij}^{2}}{\left[\tilde{\boldsymbol{V}}^{\mathrm{s}}\right]_{ij}}+\beta\sum_{ij}\frac{\left[\tilde{\boldsymbol{V}}^{\mathrm{s}}\boldsymbol{\Phi}^{\mathrm{s}}\right]_{ij}\left[\boldsymbol{V}^{\mathrm{s}}\right]_{ij}^{2}}{\left[\tilde{\boldsymbol{V}}^{\mathrm{s}}\right]_{ij}} \\
& -\beta\sum_{ij}\left[\boldsymbol{\Gamma}^{\mathrm{s}}\right]_{jk}\left[\tilde{\boldsymbol{V}}^{\mathrm{s}}\right]_{ij}\left[\tilde{\boldsymbol{V}}^{\mathrm{s}}\right]_{ik}\left(1+\log\frac{\left[\boldsymbol{V}^{\mathrm{s}}\right]_{ij}\left[\boldsymbol{V}^{\mathrm{s}}\right]_{ik}}{\left[\tilde{\boldsymbol{V}}^{\mathrm{s}}\right]_{ij}\left[\tilde{\boldsymbol{V}}^{\mathrm{s}}\right]_{ik}}\right) \\
& -2\gamma\sum_{ij}\left[\boldsymbol{\Lambda}^{\mathrm{s}}\right]_{ij}\left[\tilde{\boldsymbol{V}}^{\mathrm{s}}\right]_{ij}\left(1+\log\frac{\left[\boldsymbol{V}^{\mathrm{s}}\right]_{ij}}{\left[\tilde{\boldsymbol{V}}^{\mathrm{s}}\right]_{ij}}\right)+\gamma\sum_{ij}\frac{\left[\boldsymbol{\Pi}^{\mathrm{s}}\right]_{ij}\left[\boldsymbol{V}^{\mathrm{s}}\right]_{ij}^{2}}{\left[\tilde{\boldsymbol{V}}^{\mathrm{s}}\right]_{ij}}
\end{aligned} \tag{7-27}$$

其中，各矩阵非负。$Z(\cdot,\cdot)$ 是目标函数 $\mathcal{J}\left(\boldsymbol{V}^{\mathrm{s}}\right)$ 的上确界函数，当且仅当二变元为 $\boldsymbol{V}^{\mathrm{s}}$ 时等号成立，即 $Z\left(\boldsymbol{V}^{\mathrm{s}},\boldsymbol{V}^{\mathrm{s}}\right)=\mathcal{J}\left(\boldsymbol{V}^{\mathrm{s}}\right)$，也即 $Z(\cdot,\cdot)$ 是关于表示矩阵目标函数的辅助函数，且该辅助函数是关于表示矩阵的凸函数，存在最优解，

$$\boldsymbol{V}^{\mathrm{s}}=\underset{\boldsymbol{V}^{\mathrm{s}}}{\operatorname{argmin}}\, Z\left(\boldsymbol{V}^{\mathrm{s}},\tilde{\boldsymbol{V}}^{\mathrm{s}}\right)$$

证明： 首先证明 $Z(\cdot,\cdot)$ 是目标函数 $\mathcal{J}\left(\boldsymbol{V}^{\mathrm{s}}\right)$ 的辅助函数，然后证明 $Z(\cdot,\cdot)$ 是关于表示矩阵的凸函数。

$Z(\cdot,\cdot)$ 是目标函数 $\mathcal{J}\left(\boldsymbol{V}^{\mathrm{s}}\right)$ 的辅助函数的充要条件有两个：条件一是 $Z(\cdot,\cdot)$ 为目标函数 $\mathcal{J}\left(\boldsymbol{V}^{\mathrm{s}}\right)$ 的上确界函数；条件二是当且仅当二变元为 $\boldsymbol{V}^{\mathrm{s}}$ 时等式成立，即

$$Z\left(\boldsymbol{V}^{\mathrm{s}},\tilde{\boldsymbol{V}}^{\mathrm{s}}\right)\geqslant\mathcal{J}\left(\boldsymbol{V}^{\mathrm{s}}\right),Z\left(\boldsymbol{V}^{\mathrm{s}},\boldsymbol{V}^{\mathrm{s}}\right)=\mathcal{J}\left(\boldsymbol{V}^{\mathrm{s}}\right)$$

因此，本节将证明 $Z(\cdot,\cdot)$ 的各项均为 $\mathcal{J}\left(\boldsymbol{V}^{\mathrm{S}}\right)$ 中各项的上确界函数。

不等式组一： 对于任意两个正数 a、b，有 $2ab<a^2+b^2$，且 $2ab=a^2+b^2$ 成立，当且仅当 $a=b$。已知表示矩阵 $\boldsymbol{V}$ 非负，则有

$$\left[\boldsymbol{V}^{\mathrm{s}}\right]_{ij} \leqslant \frac{\left[\boldsymbol{V}^{\mathrm{s}}\right]_{ij}^{2}+\left[\tilde{\boldsymbol{V}}^{\mathrm{s}}\right]_{i}^{2}}{2\left[\tilde{\boldsymbol{V}}^{\mathrm{s}}\right]_{ij}} \tag{7-28}$$

又有 $\operatorname{tr}\left(\boldsymbol{X}^{\mathrm{T}}\boldsymbol{Y}\right)=\sum_{ij}[\boldsymbol{X}]_{ij}[\boldsymbol{Y}]_{ij}$，对于任意矩阵 $\boldsymbol{X}$、$\boldsymbol{Y}$ 成立。易得下述上确界函数：

$$\operatorname{tr}\left(\left(\boldsymbol{U}^{\mathrm{s}}\boldsymbol{Q}^{\mathrm{sT}}\right)^{-}\boldsymbol{V}^{\mathrm{sT}}\right) \leqslant \sum_{ij}\left[\boldsymbol{\varUpsilon}^{\mathrm{s}}\right]_{ij} \frac{\left[\boldsymbol{V}^{\mathrm{s}}\right]_{ij}^{2}+\left[\tilde{\boldsymbol{V}}^{\mathrm{s}}\right]_{ij}}{2\left[\tilde{\boldsymbol{V}}^{\mathrm{s}}\right]_{ij}} \tag{7-29}$$

其中，$\boldsymbol{\varUpsilon}^{\mathrm{s}}=\left(\boldsymbol{U}^{\mathrm{s}}\boldsymbol{Q}^{\mathrm{sT}}\right)^{-}$。

不等式组二： 文献[3]给出了下述矩阵不等式：

$$\sum_{ij}\frac{\left[\boldsymbol{A}\tilde{\boldsymbol{V}}\boldsymbol{B}\right]_{ij}[\boldsymbol{V}]_{ij}^{2}}{\left[\tilde{\boldsymbol{V}}\right]_{ij}} \geqslant \operatorname{tr}\left(\boldsymbol{V}^{\mathrm{T}}\boldsymbol{A}\boldsymbol{V}\boldsymbol{B}\right) \tag{7-30}$$

其中，矩阵 $\boldsymbol{A}$ 和 $\boldsymbol{B}$ 对称，各矩阵非负，当且仅当 $\boldsymbol{V}=\tilde{\boldsymbol{V}}$ 时等号成立。易得下述上确界函数：

$$\begin{gathered}
\operatorname{tr}\left(\left(\boldsymbol{P}^{\mathrm{st}}\boldsymbol{V}^{\mathrm{s}}\right)^{\mathrm{T}}\boldsymbol{P}^{\mathrm{st}}\boldsymbol{V}^{\mathrm{s}}\right) \leqslant \sum_{ij}\frac{\left[\boldsymbol{\varPi}^{\mathrm{s}}\right]_{ij}\left[\boldsymbol{V}^{\mathrm{s}}\right]_{ij}^{2}}{\left[\tilde{\boldsymbol{V}}^{\mathrm{s}}\right]_{ij}} \\
\operatorname{tr}\left(\boldsymbol{V}^{\mathrm{s}}\left(\boldsymbol{Q}^{\mathrm{s}}\boldsymbol{Q}^{\mathrm{sT}}\right)^{+}\boldsymbol{V}^{\mathrm{sT}}\right) \leqslant \sum_{ij}\frac{\left[\tilde{\boldsymbol{V}}^{\mathrm{s}}\boldsymbol{\varPhi}^{\mathrm{s}}\right]_{ij}\left[\boldsymbol{V}^{\mathrm{s}}\right]_{ij}^{2}}{\left[\tilde{\boldsymbol{V}}^{\mathrm{s}}\right]_{ij}}
\end{gathered} \tag{7-31}$$

其中，

$$\boldsymbol{\varPi}^{\mathrm{s}}=\boldsymbol{P}^{\mathrm{st}^{\mathrm{T}}}\boldsymbol{P}^{\mathrm{st}}\boldsymbol{V}^{\mathrm{s}}, \boldsymbol{\varPhi}^{\mathrm{s}}=\left(\boldsymbol{Q}^{\mathrm{s}}\boldsymbol{Q}^{\mathrm{sT}}\right)^{+}$$

对于任意矩阵 $\boldsymbol{X}$，$\boldsymbol{X}^{\mathrm{T}}\boldsymbol{X}$ 为对称矩阵，符合矩阵不等式的成立条件。

不等式组三： 对于任意正数 z，有 $z-1>\log z$，且 $z-1=\log z$ 成立，当且仅当 $z=1$。则对于非负表示矩阵 $\boldsymbol{V}$，有

$$\begin{gathered}
\frac{\left[\boldsymbol{V}^{\mathrm{s}}\right]_{ij}}{\left[\tilde{\boldsymbol{V}}^{\mathrm{s}}\right]_{ij}} \geqslant 1+\log\frac{\left[\boldsymbol{V}^{\mathrm{s}}\right]_{ij}}{\left[\tilde{\boldsymbol{V}}^{\mathrm{s}}\right]_{ij}} \\
\frac{\left[\tilde{\boldsymbol{V}}^{\mathrm{s}}\right]_{ij}\left[\tilde{\boldsymbol{V}}^{\mathrm{s}}\right]_{ik}}{\left[\tilde{\boldsymbol{V}}^{\mathrm{s}}\right]_{ij}\left[\tilde{\boldsymbol{V}}^{\mathrm{s}}\right]_{ik}} \geqslant 1+\log\frac{\left[\boldsymbol{V}^{\mathrm{s}}\right]_{ij}\left[\boldsymbol{V}^{\mathrm{s}}\right]_{ik}}{\left[\tilde{\boldsymbol{V}}^{\mathrm{s}}\right]_{ij}\left[\tilde{\boldsymbol{V}}^{\mathrm{s}}\right]_{ik}}
\end{gathered} \tag{7-32}$$

易得下述上确界函数：

$$\mathrm{tr}\left(\left(\boldsymbol{U}^{\mathrm{s}}\boldsymbol{Q}^{\mathrm{sT}}\right)^{+}\boldsymbol{V}^{\mathrm{sT}}\right)\geqslant\sum_{ij}\boldsymbol{\Psi}_{ij}\left[\tilde{\boldsymbol{V}}^{\mathrm{s}}\right]_{ij}\left(1+\log\frac{\left[\boldsymbol{V}^{\mathrm{s}}\right]_{ij}}{\left[\tilde{\boldsymbol{V}}^{\mathrm{s}}\right]_{ij}}\right)$$

$$\mathrm{tr}\left(\left(\boldsymbol{P}^{\mathrm{ts}}\boldsymbol{V}^{(j)}\right)^{\mathrm{T}}\boldsymbol{P}^{\mathrm{st}}\boldsymbol{V}^{\mathrm{s}}\right)\geqslant\sum_{ij}\left[\boldsymbol{\Lambda}^{\mathrm{s}}\right]_{ij}\left[\tilde{\boldsymbol{V}}^{\mathrm{s}}\right]_{ij}\left(1+\log\frac{\left[\boldsymbol{V}^{\mathrm{s}}\right]_{ij}}{\left[\tilde{\boldsymbol{V}}^{\mathrm{s}}\right]_{ij}}\right) \tag{7-33}$$

$$\mathrm{tr}\left(\boldsymbol{V}^{\mathrm{s}}\left(\boldsymbol{Q}^{\mathrm{s}}\boldsymbol{Q}^{\mathrm{sT}}\right)^{-}\boldsymbol{V}^{\mathrm{sT}}\right)\geqslant\sum_{ij}\left[\boldsymbol{\Gamma}^{\mathrm{s}}\right]_{jk}\left[\tilde{\boldsymbol{V}}^{\mathrm{s}}\right]_{ij}\left[\tilde{\boldsymbol{V}}^{\mathrm{s}}\right]_{ik}\left(1+\log\frac{\left[\boldsymbol{V}^{\mathrm{s}}\right]_{ij}\left[\boldsymbol{V}^{\mathrm{s}}\right]_{ik}}{\left[\tilde{\boldsymbol{V}}^{\mathrm{s}}\right]_{ij}\left[\tilde{\boldsymbol{V}}^{\mathrm{s}}\right]_{ik}}\right)$$

其中，

$$\boldsymbol{\Lambda}^{\mathrm{s}}=\boldsymbol{P}^{\mathrm{st}^{\mathrm{T}}}\boldsymbol{P}^{\mathrm{ts}}\boldsymbol{V}^{\mathrm{t}},\boldsymbol{\Psi}^{\mathrm{s}}=\left(\boldsymbol{U}^{\mathrm{s}}\boldsymbol{Q}^{\mathrm{sT}}\right)^{+},\boldsymbol{\Gamma}^{\mathrm{s}}=\left(\boldsymbol{Q}^{\mathrm{s}}\boldsymbol{Q}^{\mathrm{sT}}\right)^{-}$$

函数 $Z(\cdot,\cdot)$ 是关于表示矩阵 $\boldsymbol{V}$ 的凸函数的充要条件是函数 $Z(\cdot,\cdot)$ 关于 $\boldsymbol{V}$ 的海塞矩阵 $\boldsymbol{H}_v$ 正定。为此，推导海塞矩阵 $\boldsymbol{H}_v$ 如下：

$$\frac{\partial^2 Z\left(\boldsymbol{V}^{\mathrm{s}},\tilde{\boldsymbol{V}}^{\mathrm{s}}\right)}{\partial\left[\boldsymbol{V}^{\mathrm{s}}\right]_{ij}\partial\left[\boldsymbol{V}^{\mathrm{s}}\right]_{kl}}=\delta_{ik}\delta_{jl}\mathcal{K}_{ij} \tag{7-34}$$

该海塞矩阵为维度为 $N^{\mathrm{s}}\times d_i$ 的对角矩阵，其主对角线元素 $\mathcal{K}_{ij}$ 皆正，

$$\mathcal{K}_{ij}=2\left[\beta\boldsymbol{\Psi}^{\mathrm{s}}+\beta\tilde{\boldsymbol{V}}^{\mathrm{s}}\boldsymbol{\Gamma}^{\mathrm{s}}+\gamma\boldsymbol{\Lambda}^{\mathrm{st}}\right]_{ij}\frac{\left[\tilde{\boldsymbol{V}}^{\mathrm{s}}\right]_{ij}}{\left[\tilde{\boldsymbol{V}}^{\mathrm{s}}\right]_{ij}^{2}}+2\left[\beta\boldsymbol{\Upsilon}^{\mathrm{s}}+\beta\tilde{\boldsymbol{V}}^{\mathrm{s}}\boldsymbol{\Phi}^{\mathrm{s}}+\gamma\boldsymbol{\Pi}^{\mathrm{st}}\right]_{ij}\frac{\left[\boldsymbol{V}^{\mathrm{s}}\right]_{ij}}{\left[\tilde{\boldsymbol{V}}^{\mathrm{s}}\right]_{ij}} \tag{7-35}$$

即该海塞矩阵正定。同时也能得到，函数 $Z(\cdot,\cdot)$ 是关于表示矩阵 $\boldsymbol{V}$ 的凸函数，且存在最优值，

$$\boldsymbol{V}^{\mathrm{s}}=\underset{\boldsymbol{V}^{\mathrm{s}}}{\operatorname{argmin}}\,Z\left(\boldsymbol{V}^{\mathrm{s}},\tilde{\boldsymbol{V}}^{\mathrm{s}}\right)$$

证毕。

已知定理 7-2 和定理 7-3，易得下述推论。

推论 7-1（KKT 收敛，KKT Convergence）： 乘性更新法则，即式（7-15）至式（7-17），其产生的解序列收敛于最优化问题 $\min\mathcal{J}\left(\boldsymbol{V}^{\mathrm{s}}\right)$ 的一个 KKT 点。

7.4 实验与分析

7.4.1 数据集

为不失一般性，本节在两类真实社交网络数据集上展开实验。数据集的统计数据在

表 7-1 中给出。

社交媒体网络：本节首先选取 Twitter-Foursquare 网络数据集，简称为 TF 网络组。进一步，以 TF 网络组为基础，通过好友关系扩展此数据集，称之为 TF+网络组。TF 网络组和 TF+网络组均为好友网络，本实验以关注时间作为边的时间戳。

学术合作网络：本节在 DBLP 和 AMiner[4]这两个网络中收集数据，简称为 DA 网络组。该网络组以学者为节点，以学者合作论文构建边，以论文发表时间为边的时间戳。

表 7-1　数据集的统计数据

网络组		节点数	链接数	锚用户数
TF	Twitter	5167	164 660	2858
	Foursquare	5240	76 972	
TF+	Twitter	27 141	283 566	14 928
	Foursquare	26 391	336 655	
DA	DBLP	24 352	273 476	18 255
	AMiner	26 386	316 565	

7.4.2　评价指标

为量化社区对齐效果，本节采用两个标准评价指标：Precision@K 和 MAP@K。现具体介绍如下。

Precision@K 的计算公式为

$$\frac{1}{N_A}\sum_{i=1}^{N_A} I_i\{\text{Success}@K\} \tag{7-36}$$

其中，K 为候选列表的长度。$I\{\cdot\}$ 为示性函数，若命题 $(\cdot)$ 为真，则 $I\{\cdot\}$ 的返回值为 1，否则为 0。对于 $\boldsymbol{G}^{\mathrm{s}}$ 中的节点 v_i，命题 Success@K 代表在候选列表中存在其对齐节点。N_A 为用于测试的真实锚用户数。

MAP@K 的计算公式为

$$\frac{1}{N_A}\sum_{i=1}^{N_A}\frac{1}{\text{Rank}_i} \tag{7-37}$$

其中，对于 $\boldsymbol{G}^{\mathrm{s}}$ 中的节点 v_i，Rank_i 为其对齐节点在长度为 K 的候选列表中的顺序。特殊地，若对齐节点在该列表中不存在，则将 Rank_i 的倒数定义为 0。N_A 为用于测试的真实锚用户数。易知，本指标以非线性的方式度量用户对齐的效果。

上述评价指标的值越高，代表用户对齐方法的实验效果越好。

7.4.3 对比方法

为分析 DGA 方法的实验结果，本节将其与文献中主要的用户对齐方法进行了对比。

PALE 方法[5]。该方法通过一个有监督的“表示—匹配”两阶段框架对齐两个社交网络间的用户，提供了两种匹配模型，本实验采用了其中效果更好的多层感知机模型。

IONE 方法[6]。该方法利用已知的网内和网际链接的全体表示，并对齐社交网络中的节点。

MASTER 方法。该方法是为解决静态社交网络用户对齐问题所设计的方法，本节中不再赘述。

DeepLink 方法[7]。该方法为用户对齐搭建了一种神经网络结构，通过对偶学习的方法构建公共子空间，并在公共子空间中对齐社交网络节点。

MOANA 方法[8]。该方法通过一个无监督的矩阵优化实现“粗糙—对齐—插值”（coarsen-align-interpolate）的三阶段用户对齐过程。

DNA 方法。该方法是早期动态社交网络用户对齐问题探索过程中的一种方法，其基本思想和求解框架与 DGA 方法相同，但用户表示模型不同。DGA 方法中的动态图自编码器在 DNA 方法中被一个简单的 LSTM 自编码器所替代。

除 DNA 方法外，上述 6 种对比方法均将社交网络默认为静态。

7.4.4 参数设置

在所有实验中，如无特殊说明，所有基于网络表示学习的对齐方法的表示空间的维度均为 128。在 DGA 方法中，动态图自编码器中 LSTM 的初始潜在状态为零向量，注意力图卷积的初始权重矩阵为单位矩阵。模型训练时，采用 dropout 方法避免过拟合，dropout 比例为 0.3，训练率为 0.003。

7.4.5 结果和分析

本实验将从 3 个方面展开：一是动态性对用户对齐的意义，分为动态性的重要性和快照序列的设置；二是训练率对用户对齐的影响，即监督信息；三是超参数敏感性分析，讨论表示空间的维度的影响。在本节中，为说明动态性的意义，将 DGA 方法与未考虑动态性的静态社交网络用户对齐方法进行对比，并将后者简称为静态方法。为了避免实验误差，以得到准确的实验结果，各实验均在相同的条件下重复 10 次，报告其均值和 95%的置信区间。

1. 动态性的重要性

本实验将 DGA 方法与文献中的主要静态方法进行比较，以证明动态性对于用户对齐至关重要。为了实现此目标，实验分析对比了各种场景下用户对齐的效果。本实验从两个角度分别设置具体的实验场景：候选列表长度 K 和网络组间重叠率 λ。其中，网络组间重叠率 λ 的度量方法如式（7-38）：

$$\lambda=\frac{2|A|}{|S|+|t|} \tag{7-38}$$

其中，$|A|$、$|S|$ 和 $|t|$ 分别是锚用户数、源网络用户数和目标网络用户数。本实验通过随机删除用户的方法来生成给定重叠率为 λ 的网络组，并将其称为 λ 重叠数据集。从候选列表长度 K 的角度，本小节在重叠率为 30%的 TF、TF+和 DA 网络组上展开实验，将 K 分别设置为 10、15、20、25 和 30。本小节将 TF、TF+和 DA 这 3 个网络组在不同候选列表长度下的 Precision@K 和 MAP@K 记录在表 7-2 至表 7-4 中。显而易见，DGA 方法在不同的候选列表长度下均优于其他所有对比方法。从网络组间重叠率 λ 的角度，本实验固定候选列表长度 $K=10$，将网络组间重叠率 λ 分别设置为 25%、30%、35%、40%和 45%。实验将基于 TF、TF+和 DA 的 λ 重叠数据集的 Precision@10 和 MAP@10 记录在图 7-1 中。如图 7-1 所示，DGA 方法具有最佳性能。在重叠率为 45%的 TF 网络组上，DGA 方法的 MAP@10 达到 DNA 方法的 1.13 倍和 DeepLink 方法的 1.32 倍。

表 7-2　TF 网络组的实验结果　　单位：%

评价指标	对比方法	候选列表长度 K				
		10	15	20	25	30
Precision@K	PALE	18.72±1.30	30.49±1.79	39.35±0.83	45.68±1.60	49.64±1.38
	IONE	20.88±0.93	31.67±1.27	42.80±2.05	49.15±1.40	51.22±0.99
	MASTER	22.25±1.05	32.12±0.64	44.38±0.82	52.52±0.70	55.48±1.67
	DeepLink	29.97±0.81	46.02±1.85	54.15±2.06	56.98±1.25	59.76±1.31
	MOANA	19.13±1.11	27.78±0.86	41.08±1.50	50.96±1.14	54.82±0.43
	DNA	35.82±1.63	55.18±0.72	58.39±1.01	62.40±1.11	65.19±0.58
	DGA	**38.70±0.85**	**57.35±0.95**	**61.27±0.78**	**65.15±0.87**	**68.32±0.86**
MAP@K	PALE	7.93±0.47	8.98±0.36	3.52±0.24	9.82±0.38	9.97±0.58
	IONE	8.54±0.39	9.50±0.60	10.18±0.79	10.48±0.31	10.56±0.37
	MASTER	9.83±0.49	10.72±0.32	11.48±0.43	11.86±0.53	11.98±0.66
	DeepLink	11.53±0.55	13.01±0.48	13.51±0.45	13.64±0.39	13.75±1.05
	MOANA	9.12±0.31	9.90±0.33	10.71±0.68	11.16±0.06	11.32±0.30
	DNA	14.28±0.38	16.04±0.64	16.24±0.27	16.43±0.69	16.54±0.13
	DGA	**15.75±0.24**	**17.45±0.18**	**17.70±0.87**	**17.88±0.47**	**18.01±0.30**

表 7-3 TF+网络组的实验结果 单位：%

评价指标	对比方法	候选列表长度 *K*				
		10	15	20	25	30
Precision@*K*	PALE	20.53±1.62	30.65±1.21	42.24±0.80	47.58±2.12	51.38±1.38
	IONE	21.95±1.05	30.72±1.36	43.13±2.04	49.52±1.63	52.45±1.19
	MASTER	23.85±0.93	32.46±1.19	45.82±0.77	53.05±0.92	56.92±1.93
	DeepLink	30.27±1.36	46.33±0.87	54.02±1.63	58.12±1.84	61.22±1.18
	MOANA	19.76±1.60	28.93±0.95	41.67±1.23	51.33±1.20	56.18±1.08
	DNA	36.39±1.58	55.81±0.97	59.28±0.96	64.20±1.14	66.05±0.55
	DGA	**39.58±0.98**	**59.19±1.08**	**63.67±0.59**	**67.45±1.13**	**69.72±0.72**
MAP@*K*	PALE	8.06±0.57	8.97±0.33	9.68±0.23	9.93±0.38	10.08±0.50
	IONE	8.84±0.37	9.62±0.55	10.37±1.02	10.68±0.33	10.79±0.45
	MASTER	9.93±0.43	10.71±0.46	11.53±0.38	11.88±0.57	12.03±0.76
	DeepLink	12.12±0.46	13.61±1.14	14.09±0.36	14.29±0.36	14.41±0.95
	MOANA	9.62±0.29	9.90±0.23	10.66±0.60	11.13±0.83	11.32±0.24
	DNA	15.85±0.49	17.62±0.65	17.83±0.29	18.07±0.74	18.14±0.18
	DGA	**16.93±0.67**	**18.73±0.26**	**18.95±0.97**	**19.17±0.48**	**19.26±0.38**

表 7-4 DA 网络组的实验结果 单位：%

评价指标	对比方法	候选列表长度 *K*				
		10	15	20	25	30
Precision@*K*	PALE	21.67±2.13	29.35±1.35	42.26±0.97	49.36±1.53	53.18±1.58
	IONE	24.15±1.12	31.12±1.41	43.35±1.55	51.24±1.49	54.84±1.11
Precision@*K*	MASTER	25.36±0.95	33.47±1.07	46.21±0.82	54.60±0.73	58.92±2.04
	DeepLink	31.61±1.61	48.55±1.59	55.82±2.02	59.48±1.81	62.75±1.12
	MOANA	23.22±1.38	30.64±1.13	41.63±1.31	52.72±1.13	58.56±1.35
	DNA	38.73±1.42	57.26±0.82	62.15±1.18	64.82±1.24	67.50±0.49
	DGA	**42.27±1.02**	**60.16±1.05**	**64.93±0.68**	**68.20±1.03**	**71.23±0.86**
MAP@*K*	PALE	8.73±0.68	9.42±0.38	10.21±0.28	10.55±0.46	10.70±0.50
	IONE	9.22±0.36	9.84±0.55	10.60±1.02	10.97±0.30	11.10±0.48
	MASTER	9.65±0.29	10.32±0.28	11.00±0.62	11.52±1.01	11.74±0.27
	DeepLink	12.86±0.60	14.44±0.49	14.90±0.47	15.08±0.42	15.20±0.96
	MOANA	10.49±0.55	11.26±0.43	12.01±0.50	12.41±0.49	12.58±0.68
	DNA	16.13±0.52	17.83±0.68	18.13±0.35	18.26±0.93	18.36±0.18
	DGA	**17.05±0.39**	**18.70±0.25**	**19.02±0.87**	**19.16±0.58**	**19.27±0.33**

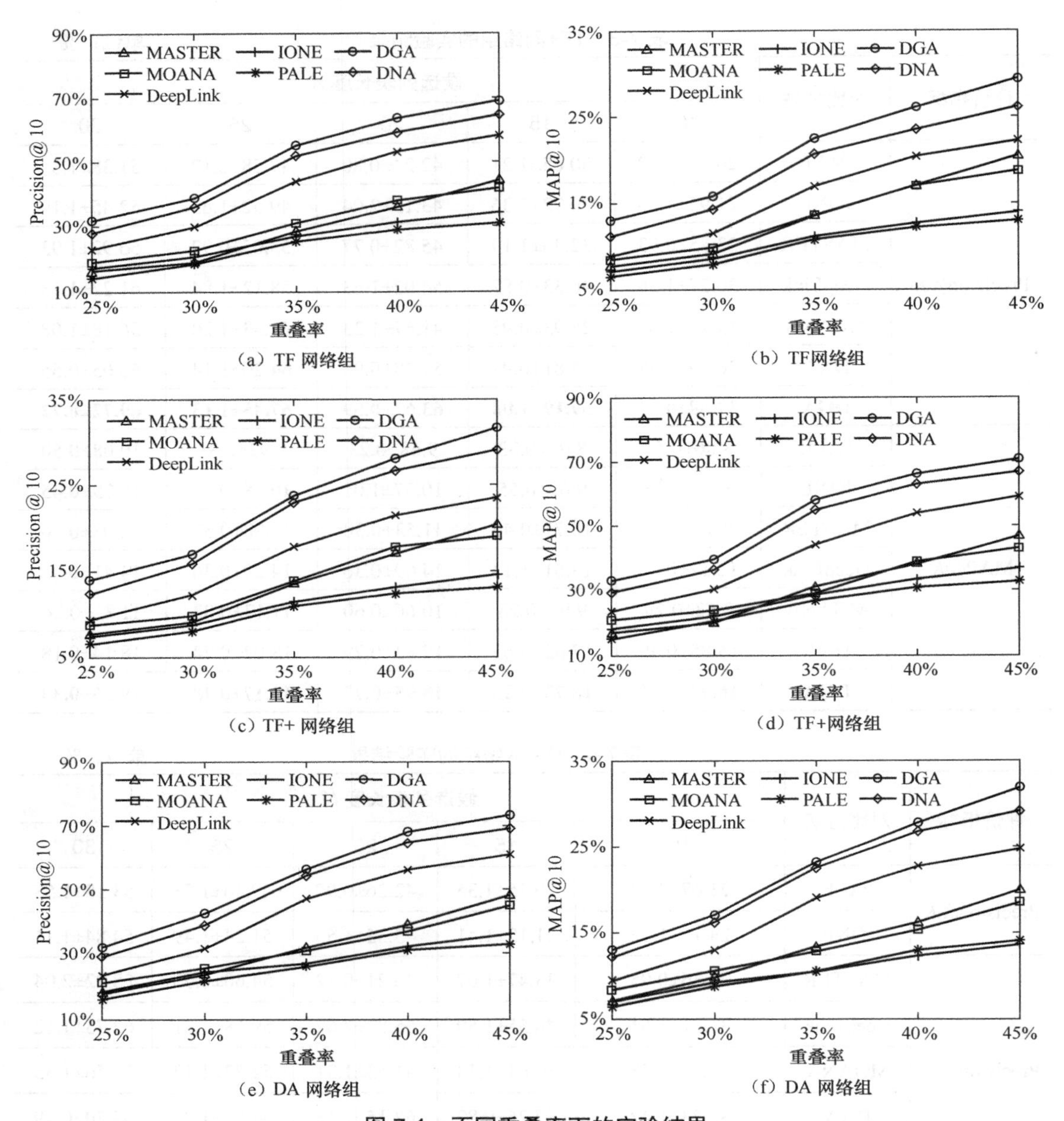

(a) TF 网络组

(b) TF网络组

(c) TF+ 网络组

(d) TF+网络组

(e) DA 网络组

(f) DA 网络组

图 7-1 不同重叠率下的实验结果

DGA 方法优于其他方法的原因如下。

一是 DGA 方法中的动态图自编码器可以有效刻画现实世界中社交网络演进的复杂动态。与之相对应，静态方法不可避免地会丢失社交网络动态演进中的丰富信息。由于用户表示的局限性，对比方法无法有效地判断用户之间的对应关系。这表明，动态性对于社交网络间的用户对齐至关重要。

二是 DGA 方法构建了一个表示公共子空间，该公共子空间对用户在社交网络动态演变下的本征特点建模，从而使用户在此公共子空间中自然地对齐。

综上所述，各种场景下的实验结果证明动态性有效地促进了社交网络间的用户对齐。

2. 快照序列的设置

本小节将讨论 DGA 方法中快照序列的设置对用户对齐效果的影响。在表 7-2 至表 7-4 和图 7-2 中，DGA 方法中快照序列的设置为：快照数 5，快照之间的时间间隔为 70 天。本实验将快照数分别设置为 1、2、3、4、5、6 和 7，快照之间的时间间隔分别设置为 10、25、40、55、70、85 和 100 天。本实验在图 7-2 中以热图的形式展示了不同快照序列设置下，DGA 方法在 Precision@10 和 MAP@10 指标下用户对齐的效果。为使实验规律清晰明了，本小节只展示了各实验结果的均值，省略了其置信区间。如图 7-2 所示，用户对齐的效果通常随着快照数的增多而提高。

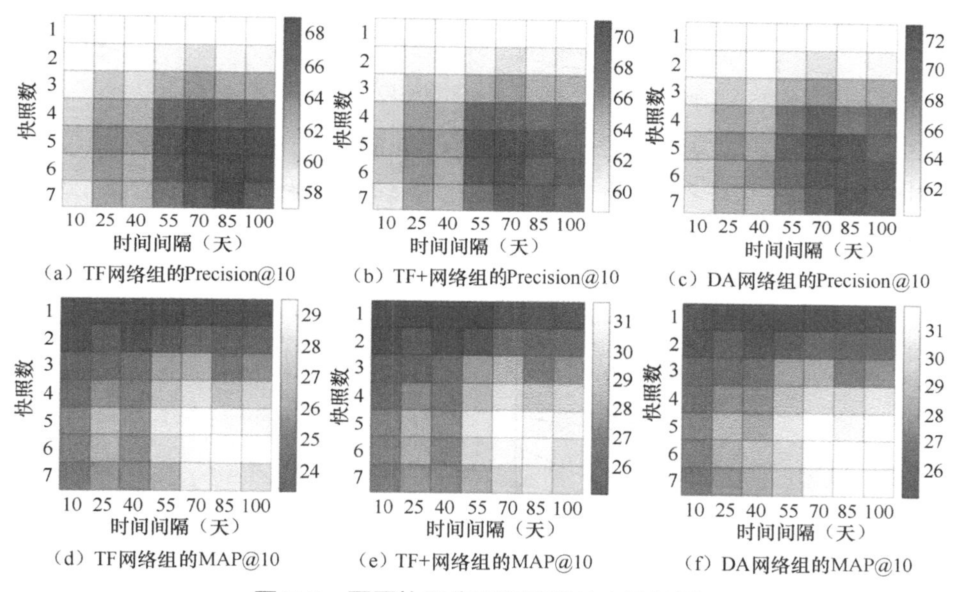

图 7-2　不同快照序列设置下的实验结果

除此之外，本实验注意到，通常在 70 天左右的时间间隔下，DGA 方法的 Precision@10 和 MAP@10 达到最优。实验发现，当快照序列设置与社交网络的动态演进模式（在本节中表现为用户的交友模式）相匹配时，DGA 方法可以取得更好的实验结果。文献[1]指出，一个人在社交网络间所展现的个人行为模式（如交友模式）具有高度的确定性和可判别能力。因此，快照序列设置与社交网络的交友模式相匹配有利于捕捉到这种行为模式，并提高用户对齐效果。一般地，若一个人几周一次地大规模增加或缩减其好友列表，捕捉到这种行为模式可能需要一两个月的时间。社会学研究[9-10]指出，过时的信息可能无法为行为模式分析提供进一步的帮助。因此，DGA 方法需要以一个适当的时间间隔和快照数来更好地捕捉到用户的动态模式。此实验结果进一步支持了本节的研究动机，验证了对用户动态模式的建模对于用户对齐的必要性。与此同时，本实验对社交网络中用户动态模式的研究或可为进一步研究社会心理学的相关研究提供借鉴。

3. 监督信息

本小节将讨论训练率对用户对齐的影响。首先对本实验中的训练率进行说明：对于一个给定的数据集，设其中的锚用户总数为 X，若训练率为 η，则在训练过程中锚用户数为 ηX，在测试过程中检验剩余锚用户能否被发现。本小节将训练率 η 依次设置为 5%、10%、15%、20%和 25%，各方法在评价指标 Precision@10 和 MAP@10 下的实验结果展示在图 7-3 中。

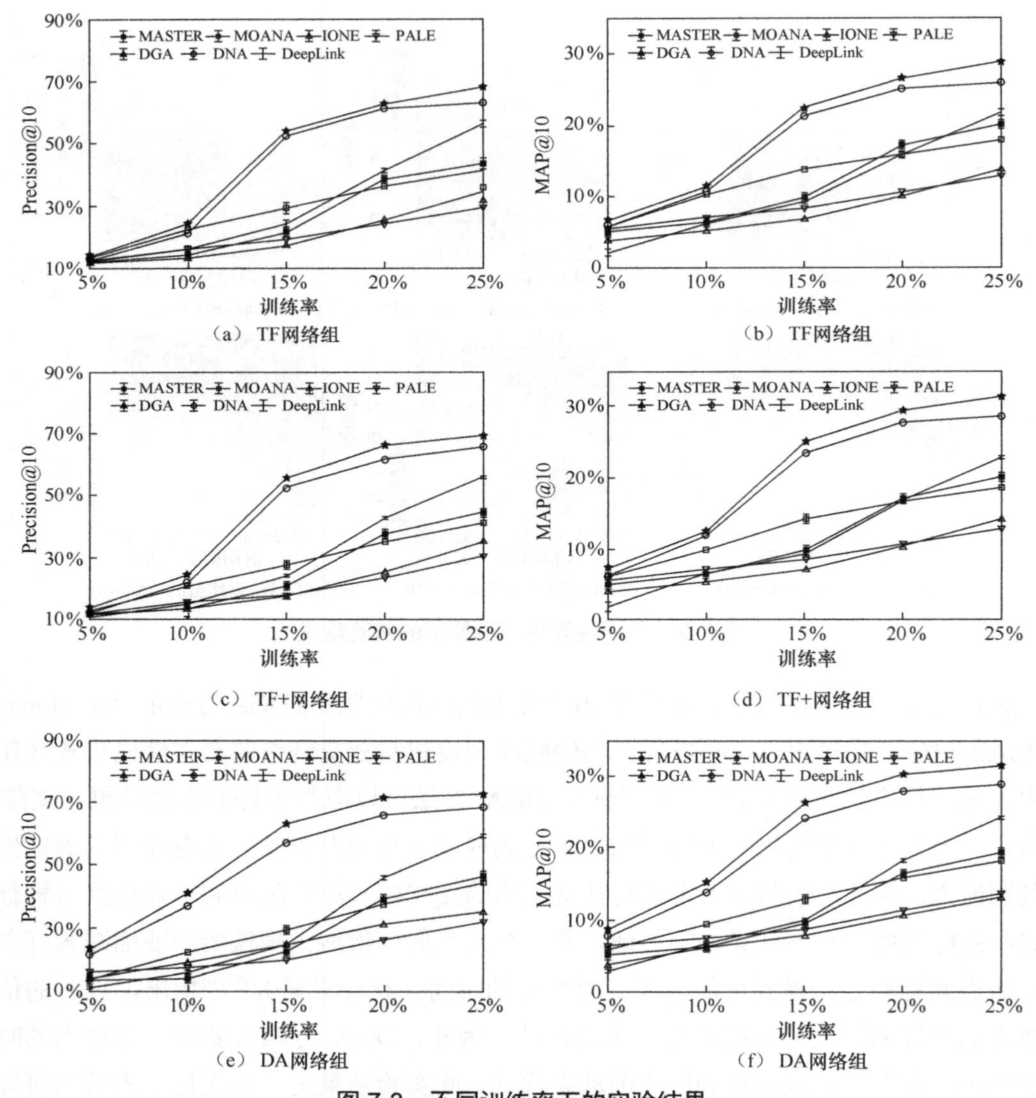

图 7-3 不同训练率下的实验结果

如图 7-3 所示，随着训练率 η 从 10%增加到 15%，DGA 方法的对齐效果快速提升，当训练率 η 超过 20%时，对齐效果上升放缓，趋于饱和。实验发现，在基于 TF、TF+和 DA 网络组的重叠率为 45%的数据集上，DGA 方法仅利用了少数锚用户即可达到比其他对比方法更好的对齐效果。原因如下。

一是 DGA 方法中提出的动态图自编码器以自监督的方式学习用户表示，即无需锚用户即可获得表示空间。

二是 DGA 方法可以通过少量锚用户对齐表示空间，进而构建公共子空间，并在该公共子空间上实现用户对齐。

综上所述，不同训练率下的实验结果表明，仅需少量锚用户，DGA 方法即可有效地对齐用户，从而验证了 DGA 方法强大的学习能力。

4. 表示空间的维度

本小节将讨论表示空间的维度对用户对齐的影响，探究并分析更高的维度是否能使用户对齐的结果更优。将表示空间的维度分别设置为 32、64、96、128 和 160，图 7-4 所示为基于重叠率为45%的 TF、TF+和 DA 网络组在 Precision@10 和 MAP@10 这两个评价指标下的用户对齐效果。本实验发现，当表示空间的维度较低时，各方法的用户对齐效果均不理想；随着表示空间维度的增加，各方法的用户对齐效果均有提高。其原因在于，当表示空间的维度较低时，用户表示向量相对密集地纠缠在表示空间中，从而导致错误的用户对齐结果。但是，当表示空间的维度足够高时，表示空间维度的进一步增加不再能提高用户对齐效果。除此之外，本小节观察到，DGA 方法始终优于其他所有对比方法。其本质在于，DGA 方法所生成的用户表示向量有效地刻画了用户在社交网络动态演进中具有的高判别性模式，有效促进了社交网络用户对齐。

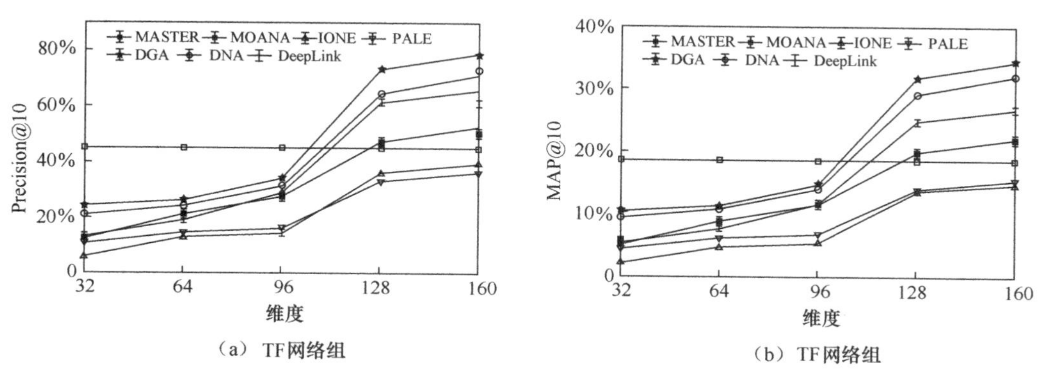

（a）TF网络组　（b）TF网络组

图 7-4　不同维度下的实验结果

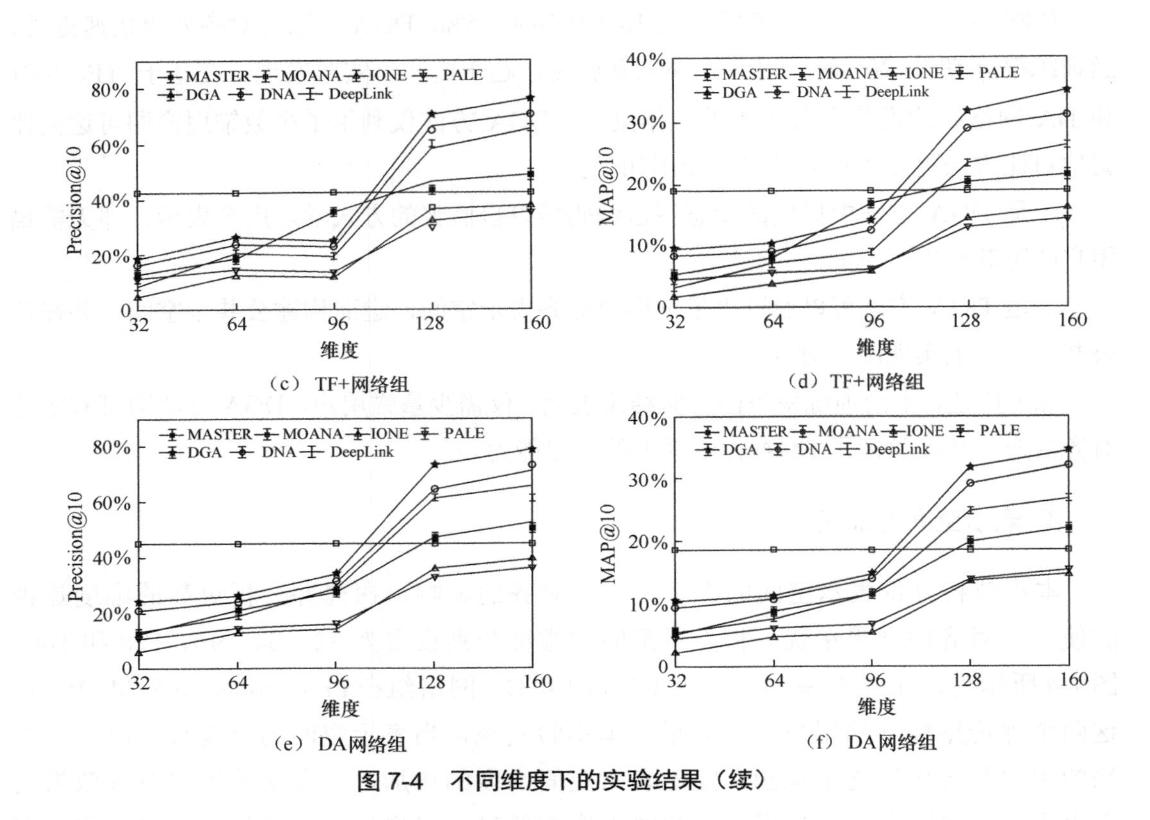

图 7-4 不同维度下的实验结果（续）

7.5 本章小结

本章主要研究动态场景下的社交网络用户对齐问题。动态性是一类以在线好友平台为代表的社交网络的基本属性，社交网络中的动态性蕴含着具有高判别性的潜在模式，有利于社交网络间的用户对齐。然而，挖掘动态性中蕴含的潜在模式在模型和算法两大方面均具有重大的挑战。为此，本章创新性地提出了一种基于图神经网络的动态社交网络用户对齐方法——DGA，充分挖掘动态性蕴含的丰富信息以实现用户对齐。在本联合优化框架中，为挖掘社交网络内的动态性，本章提出了动态图自编码器神经网络结构以学习动态社交网络中的用户表示；为实现社交网络间的用户对齐，本章通过非负矩阵分解的方法学习用户本征表示的公共子空间，在公共子空间中对齐用户。为求解此最优化问题，本章提出了一种高效的交替优化算法来逼近该最优化问题的一个局部最优解，并进一步给出了优化算法的正确性定理和 KKT 收敛性定理。在大规模真实数据集上的大量实验结果表明，本章提出的 DGA 方法有效提高了用户对齐的准确率。

本章工作的主要创新点总结如下。

（1）观察到社交网络的动态性，提出了动态社交网络用户对齐问题。

（2）为解决动态社交网络的用户对齐问题，本章提出了基于图神经网络的动态社交网络用户对齐方法——DGA。该方法采用动态图自编码机以对用户的动态模式建模，并提出了通过非负矩阵分解以刻画用户的本征表示，进一步给出联合优化模型以构建公共子空间，实现用户对齐。

（3）为求解 DGA 方法中的最优化问题，本章提出了一种高效的交替优化算法。在该算法分析中，本章推导了非负矩阵分解的乘性更新法则，并证明了该更新法则的 KKT 收敛性。

（4）本章在大规模的真实数据集上展开实验。实验结果表明，DGA 方法有效提高了现有对齐方法的准确率。

参考文献

[1] UTZ S, TANIS M, VERMEULEN I. It is all about being popular: the effects of need for popularity on social network site use[J]. Cyberpsychology, Behavior, and Social Networking, 2012, 15(1): 37-42.

[2] LEE D D, SEUNG H S. Algorithms for non-negative matrix factorization[C]//NeurIPS Foundation. Advances in Neural Information Processing System. Cambridge, USA: MIT Press, 2001: 556-562.

[3] WANG F, LI T, WANG X, et al. Community discovery using nonnegative matrix factorization[J]. Data Mining and Knowledge Discovery, 2011, 22(3): 493-521.

[4] TANG J, ZHANG J, YAO L, et al. Arnetminer: extraction and mining of academic social networks[C]//Association for Computing Machinery. Proceedings of the 14th ACM SIGKDD International Conference on Knowledge Discovery and Data Mining. New York: Association for Computing Machinery, 2008: 990-998.

[5] MAN T, SHEN H, LIU S, et al. Predict anchor links across social networks via an embedding approach[C]//The Association for the Advance of Artificial Intelligence. Proceedings of the 25th International Joint Conference on Artificial Intelligence. New York: AAAI Press, 2016: 1823-1829.

[6] LIU L, CHEUNG W K, LI X, et al. Aligning users across social networks using network embedding[C]//The Association for the Advance of Artificial Intelligence. Proceedings of the 25th International Joint Conference on Artificial Intelligence. New York: AAAI Press, 2016: 1774-1780.

[7] ZHOU F, LIU L, ZHANG K, et al. DeepLink: a deep learning approach for user identity linkage[C]//Institute of Electrical and Electronics Engineers. IEEE International Conference on Computer Communications. Honolulu, USA: Institute of Electrical and Electronics Engineers, 2018: 1313-1321.

[8] ZHANG S, TONG H, MACIEJEWSKI R, et al. Multilevel Network Alignment [C]//Association for Computing Machinery. Proceedings of the 25th International Conference on World Wide Web. New York: Association for Computing Machinery, 2019: 2344-2354.

[9] DEGENNE A, FORSÉ M. Introducing social networks[M]. Vilnius, Lithuania: Sage Publications, 1999.

[10] MITCHELL J C. Social networks[J]. Annual review of anthropology, 1974, 3(1): 279-299.

第 8 章　基于无监督学习的社交网络用户对齐方法

通过浏览、发布、转发和点赞等行为，社交平台中的用户在阅读和传播信息的同时，也在不断地制造信息，使得信息具有多元化和多样化的特征。然而，不同的社交平台所擅长的领域各不相同。因此，如何从大量的社交网络数据中挖掘出有益的信息显得至关重要。首先，社交网络给科学研究提供了很多的数据。其次，可以利用挖掘到的信息更好地为人服务。为了给用户提供更高质量的服务，不同社交网络用户信息的整合显得至关重要，这类将属于同一个自然人的不同社交账号关联在一起的问题便被称为社交网络用户对齐问题。对于该问题的研究有利于完善用户画像和维护网络安全。

社交网络用户对齐为整合多源数据[1]提供了一种可行的方案，可协助众多社交网络应用进行信息扩散[2]和链接预测[3]等。例如，社交网络用户对齐能准确发现不同社交账号之间的关系，这可以协助有关部门更好地掌握不良分子的踪迹，让犯罪分子在互联网时代没有藏身之所。同时，对于每个用户，本章的研究将会为如何保护个人隐私提供一定的帮助。

为解决基于无监督学习的社交网络用户对齐问题，本章提出了正交约束下的对角锥矩阵分解（Matrix factorization with diagonal Cone under orthogonal Constraint，MC2）模型。MC2 模型主要包括 3 个阶段：第一阶段是利用结构相似矩阵推算出结构公共子空间基向量；第二阶段是将不同的网络账户映射到结构空间中；第三阶段是选择合适的距离衡量指标（如欧氏距离）进行用户对齐。为了高效地求解该模型，本章设计了一种交替优化的高效算法，主要包括对结构公共子空间基子问题和对角锥矩阵子问题的优化。

8.1　问题定义

8.1.1　符号与概念

近年来，越来越多的人加入多个社交网络来满足自己不同层面的需求，然而，通常各社交网站之间的信息并不能共享，如此一来，对基于无监督学习的社交网络用户对齐问题的研究显得尤为重要。对该问题进行研究是为了能在无监督学习的情况下，利用相关方法挖掘出同一个自然人在多个社交网络中的不同账号，增强各网络之间的连通性，从而更全面地进行用户画像并为用户带来更高质量的体验。

通常社交网络中用户和用户之间的关系主要由两部分组成：第一部分是由单个账号组成的点集 V，其中节点 $v \in V$ 代表不同的网络账号；第二部分是由不同账号交互组成的图 $G(V,E)$，其中边 $e \in E$ 代表不同账号间的关注关系。需要注意的是，图 G 有两类：第一类是有向图，例如微博间的关注关系，账号 u 关注了账号 u'，则图 G 中便包括一条由 u 指向 u' 的有向边 (u,u')；第二类是无向图，如微信的好友关系是双向的。图中节点数为 $N=|V|$，边数为 $|E|$。社交网络用户对齐等价于在不同的社交平台 $G_1(V_1,E_1)$、$G_2(V_2,E_2)$ 和 $G_3(V_3,E_3)$ 上找到属于同一个自然人的多个社交账号，即发现全部用户对 $(u,v,z) \in V_1 \times V_2 \times V_3$，满足 G_1 中的 u、G_2 中的 v 和 G_3 中的 z 属于同一个自然人。为确保存在属于同一个自然人的用户对，G_1、G_2 和 G_3 应具有部分重叠的特点，如 $V_1 \cap V_2 \neq \varnothing, E_2 \cap E_3 \neq \varnothing$。

很显然，并不是所有账号都具有对应的关联账号，并且不同的社交平台之间信息并不是互通的，这些原因都会给对齐问题带来极大的挑战，因此需要设计有效的对齐算法来减少无关因素对结果的影响。

对于不同的社交网络，用边定义的社交关系具有多样性。对于某个账号，它与其他好友之间的关系强度不尽相同，即边的权重不同。社交网络中有一个非常重要的概念是自我网络，该概念包括一个确定账号以及所有与该账号相连接的其他账号。另外，对于自我网络的研究侧重于对单个账号的研究，所以这是对账号局部特征的研究。边 $e_{u,u'}$ 上的权重 $w(u,u')$ 经常用 Jaccard 系数计算，具体的计算方法如式（8-1）所示：

$$w(u,u')=\frac{|\mathrm{Ngh}(u) \cap \mathrm{Ngh}(u')|}{|\mathrm{Ngh}(u) \cup \mathrm{Ngh}(u')|} \tag{8-1}$$

式（8-1）中，$\mathrm{Ngh}(u)$ 是账号 u 的自我网络集合。为了保证 Jaccard 系数取值有意义，需要对其进行一定的平滑处理，如式（8-2）所示：

$$w(u,u')=\frac{|\mathrm{Ngh}(u) \cap \mathrm{Ngh}(u')|+1}{|\mathrm{Ngh}(u) \cup \mathrm{Ngh}(u')|} \tag{8-2}$$

图 8-1 展示了两个有权网络。以 G_1 中的节点 E_1 和节点 C_1 之间的边为例，节点 E_1 的自我网络包含了集合 $\{C_1,D_1,B_1,F_1\}$，节点 C_1 的自我网络包含了集合 $\{E_1,B_1,F_1\}$，因而可以得到 $w(E_1,C_1)=\frac{2+1}{5}=0.6$。

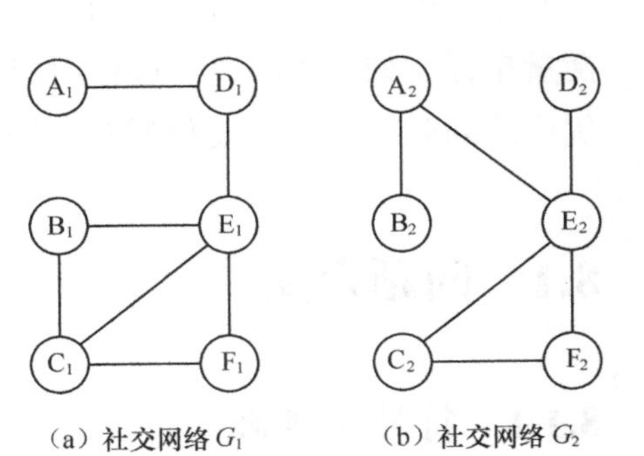

（a）社交网络 G_1 （b）社交网络 G_2

图 8-1 社交网络示例

本章中统一的数学记号见表 8-1，方便查阅。

表 8-1 数学记号

记号	描述
$G_m(V_m,E_m)$	社交网络 m

续表

记号	描述
$\boldsymbol{M}^{(m)}$	社交网络 m 的属性近似矩阵
$\boldsymbol{W}^{(m)}$	社交网络 m 的结构近似矩阵
$\boldsymbol{B}$	对角锥矩阵
$\boldsymbol{H}$	结构公共子空间基
$\boldsymbol{K}$	公共属性空间基

8.1.2 问题描述

现在给出社交网络用户对齐问题的定义，在给定多个社交网络 $G_1(V_1,E_1)$、$G_2(V_2,E_2)\cdots$ 的情况下，用户对齐问题等价于找到一种准确的对齐方法，发现不同网络之间的用户对 $M:V_1\to V_2\to\cdots$，用户对表示不同网络之间账号的一对一映射。例如，在图 8-1 所示的两个社交网络中，期望的对齐结果是 $M=\{\mathrm{A}_1\to\mathrm{A}_2,\mathrm{B}_1\to\mathrm{B}_2,\mathrm{C}_1\to\mathrm{C}_2,\mathrm{D}_1\to\mathrm{D}_2,\mathrm{E}_1\to\mathrm{E}_2,\mathrm{F}_1\to\mathrm{F}_2\}$。

8.2 基于结构的无监督学习社交网络用户对齐框架

为解决考虑属性、结构情况下学习基于无监督学习的社交网络用户对齐问题，本章设计了一种新颖的算法框架——MC2。社会学研究[4-6]曾经证明，在不同的社交网络中，同一个个体会有相似的表现行为。如图 8-2 所示，节点 $v_a^{(1)}$、$v_a^{(2)}$ 和 $v_a^{(3)}$ 在结构上有共同点，也就是说，它们相应地在整个网络中扮演着相似的角色，所以可以判断这 3 个账号属于同一个用户。因此，需要构建公共子空间，即使同一个用户在不同的社交网络中都有账号，这些账号在公共子空间中也都有相同或相似的向量表示。

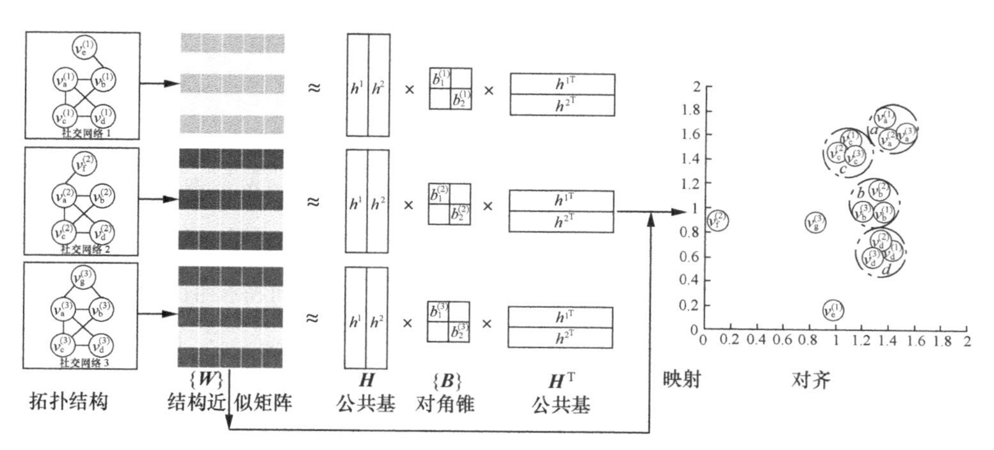

图 8-2　基于结构的无监督学习社交网络用户对齐框架

8.2.1 结构公共子空间

在社交网络用户对齐领域，人们尝试用各种各样的方法来解决对齐问题。例如，将对齐问题看作二分类问题，利用部分对齐结果学习得到一个二分类模型进行预测。很显然，利用分类的思想去解决对齐问题，准确率会有一定的限制，并且很难解决多个网络的对齐问题。与此同时，早期还有一部分研究人员从用户名入手，在不同的网络之间，如果用户名相似，尤其是当用户名非常复杂的时候，这几个账号大概率属于同一个用户。但很显然，反过来逻辑就不成立了，这也是利用用户名对齐的最大问题。为了解决上述问题，近些年有人提出了利用表示学习的思想去解决用户对齐问题。

如何利用表示学习进行多网络用户对齐呢？心理学中存在一种被普遍接受的观点：人的风格具有唯一性，而每个人的交友特点便是其风格的具体体现之一，所以本节利用每个人的交友特点作为刻画人唯一性的标识，即这种特点不随社交平台的改变而改变。社交网络中，邻接矩阵蕴含众多信息，但是不同的社交网络既有共性也有特性，其中共性便是每个人交友特点融合的直接体现，本节便要把不同社交网络的这种“共性”挖掘出来，然后直接“观察”每个人的交友特点。在数学上，这种“共性”可以用坐标基表示，“观察”也就是将每个用户的行为映射到该坐标基上，也就是表示学习。对邻接矩阵的处理有很多方式，矩阵分解便是一种非常高效的方法。为了更规范化，本节把表示“共性”的坐标基更名为公共空间。因此，本节的工作重点之一便是挖掘结构公共子空间。

特征分解（eigendecomposition）是使用最广的矩阵分解方法之一，即本节将矩阵分解成一组特征向量和特征值的乘积。矩阵 $\boldsymbol{A}$ 的特征向量（eigenvector）$\boldsymbol{v}$ 是指该向量与矩阵 $\boldsymbol{A}$ 相乘后相当于对该向量进行缩放的非零向量，其表达式为

$$\boldsymbol{A}\boldsymbol{v} = \lambda\boldsymbol{v} \tag{8-3}$$

标量λ被称为特征向量 $\boldsymbol{v}$ 对应的特征值。等价地，也可以定义左特征向量（left eigenvector）如下：

$$\boldsymbol{v}^{\mathrm{T}}\boldsymbol{A} = \lambda\boldsymbol{v}^{\mathrm{T}} \tag{8-4}$$

但是，通常人们更关注右特征向量（right eigenvector）。如果 $\boldsymbol{v}$ 是 $\boldsymbol{A}$ 的特征向量，那么任何缩放后的向量 $s\boldsymbol{v}\left(s\in\mathbb{R}, s\neq 0\right)$ 也是 $\boldsymbol{A}$ 的特征向量并且 $s\boldsymbol{v}$ 与 $\boldsymbol{v}$ 有相同的特征值。

假设 $\boldsymbol{A}$ 有 n 个线性无关的特征向量 $\left\{\boldsymbol{v}^{(1)},\cdots,\boldsymbol{v}^{(n)}\right\}$，对应的特征值分别为 $\left\{\lambda_1,\cdots,\lambda_n\right\}$。如果将特征向量连接成一个矩阵，使每一列都是一个特征向量，$\boldsymbol{v}=\left\{\boldsymbol{v}^{(1)},\cdots,\boldsymbol{v}^{(n)}\right\}$，类似地，也可以将特征值连接成一个向量 $\boldsymbol{\lambda}=\left\{\lambda_1,\cdots,\lambda_n\right\}$。因此，$\boldsymbol{A}$ 的特征分解可以写为

$$\boldsymbol{A} = \boldsymbol{v}\mathrm{diag}\left(\boldsymbol{\lambda}\right)\boldsymbol{v}^{-1} \tag{8-5}$$

构建具有特定特征值和特征向量的矩阵，能够在目标方向上延伸空间。然而，一般

的解决方法是将矩阵分解成特征值和特征向量，这样可以更高效地分析矩阵的特定性质。需要注意的是，不是每一个矩阵都可以分解成特征值和特征向量，在某些情况下，矩阵的特征分解虽然存在，但是会涉及复数而非实数。在深度学习中，通常只需要分解一类有简单分解的矩阵。具体来说，每个实对称矩阵都可以将特征分解成实特征向量和实特征值，即

$$\boldsymbol{A}=\boldsymbol{Q}\boldsymbol{\Lambda}\boldsymbol{Q}^{\mathrm{T}} \tag{8-6}$$

其中，$\boldsymbol{Q}$ 是由 $\boldsymbol{A}$ 的特征向量组成的正交矩阵，$\boldsymbol{\Lambda}$ 是对角矩阵。特征值 $\boldsymbol{\Lambda}_{i,i}$ 对应的特征向量是矩阵 $\boldsymbol{Q}$ 的第 i 列，记作 $\boldsymbol{Q}_{:,i}$。因为 $\boldsymbol{Q}$ 是正交矩阵，可以将 $\boldsymbol{A}$ 看作沿方向 $\boldsymbol{v}^{(i)}$ 延展 λ_i 倍的空间，如图 8-3 所示。

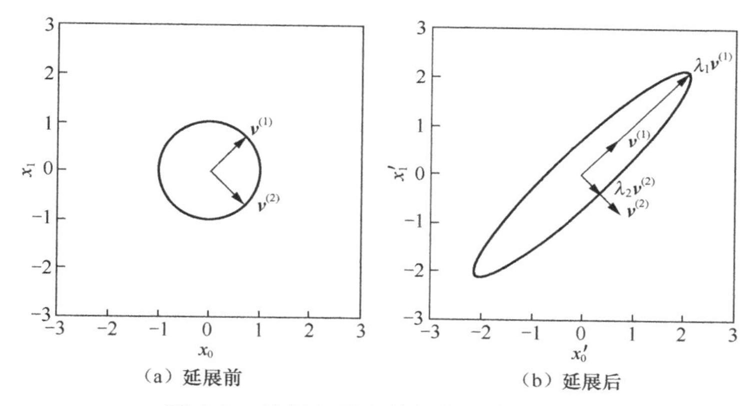

图 8-3　特征向量和特征值的作用效果

特征向量和特征值作用效果的一个实例如图 8-3 所示。矩阵 $\boldsymbol{A}$ 有两个标准正交的特征向量，分别为对应特征值 λ_1 的特征向量 $\boldsymbol{v}^{(1)}$ 以及对应特征值 λ_2 的特征向量 $\boldsymbol{v}^{(2)}$。图 8-3（a）画出了所有的单位向量 $\boldsymbol{u}\in\mathbb{R}^2$ 的集合，构成了一个单位圆；图 8-3（b）画出了所有的 $\boldsymbol{Au}$ 点的集合。通过观察 $\boldsymbol{A}$ 拉伸单位圆的方式可以看到，它将单位圆沿 $\boldsymbol{v}^{(i)}$ 方向拉伸了 λ_i 倍。

虽然任意一个实对称矩阵 $\boldsymbol{A}$ 都存在特征分解，但特征分解可能并不唯一。如果两个或多个特征向量拥有相同的特征值，那么在由这些特征向量产生的生成子空间中，任意一组正交向量都是该特征值对应的特征向量。因此，可以等价地由这些特征向量构成正交矩阵 $\boldsymbol{Q}$ 作为替代。按照惯例，通常按降序排列 $\boldsymbol{\Lambda}$ 的元素。在该约定下，当且仅当所有的特征值都唯一时，特征分解唯一。受到矩阵特征分解的启发，在社交网络中，结构近似矩阵可表示为

$$\boldsymbol{W}^{(m)}=\boldsymbol{H}_{\mathrm{eig}}^{(m)}\boldsymbol{B}_{\mathrm{eig}}^{(m)}\boldsymbol{H}_{\mathrm{eig}}^{(m)\mathrm{T}} \tag{8-7}$$

其中，$\boldsymbol{H}_{\mathrm{eig}}^{(m)}$ 和 $\boldsymbol{B}_{\mathrm{eig}}^{(m)}$ 分别为对称矩阵 $\boldsymbol{W}^{(m)}$ 的特征向量与特征值。需要注意的是，对于 $\boldsymbol{W}^{(m)}$，本节选择结构近似矩阵而非邻接矩阵，主要有以下两点原因。

第一，邻接矩阵只能刻画一阶近似度，这反映了节点之间的局部对偶邻近性。

第二，一阶近似很难完全捕获节点间隐藏的成对近似度。因此，与文献[7]相似，本

节选择高阶近似度来模拟节点间的结构信息。由对称矩阵的性质可知，在特征值由大到小排列的情况下，分解形式唯一，即任意更换矩阵的两行并且交换对应的两列，分解不变。

特征向量 $\boldsymbol{H}_{\text{eig}}^{(m)}$ 可由一个公共基矩阵和一个特殊基矩阵组成，即 $\left[\boldsymbol{H},\boldsymbol{H}_{\text{s}}^{(m)}\right]$。同样地，特征向量也可以表示为两部分，即 $\boldsymbol{B}^{(m)}$ 和 $\boldsymbol{B}_{\text{s}}^{(m)}$，分别对应公共子空间的对角锥矩阵和特殊子空间的对角锥矩阵。如式（8-8）所示，结构近似矩阵 $\boldsymbol{W}^{(m)}$ 可以表示如下：

$$\begin{aligned}\boldsymbol{W}^{(m)}&=\left[\boldsymbol{H},\boldsymbol{H}_{\text{s}}^{(m)}\right]\begin{bmatrix}\boldsymbol{B}^{(m)} & \\ & \boldsymbol{B}_{\text{s}}^{(m)}\end{bmatrix}\begin{bmatrix}\boldsymbol{H}^{\text{T}} \\ \boldsymbol{H}_{\text{s}}^{(m)\text{T}}\end{bmatrix} \\ &=\boldsymbol{H}\boldsymbol{B}^{(m)}\boldsymbol{H}^{\text{T}}+\boldsymbol{H}_{\text{s}}^{(m)}\boldsymbol{B}_{\text{s}}^{(m)}\boldsymbol{H}_{\text{s}}^{(m)\text{T}}\end{aligned} \tag{8-8}$$

最后通过一些特殊的约束挖掘出不同网络的公共子空间。例如，在正交约束下，通过优化对角锥矩阵分解模型，可以学习公共子空间基矩阵 $\boldsymbol{H}$，具体表示如下：

$$\begin{aligned}&\min_{\left\{\boldsymbol{B}^{(m)}\right\},\boldsymbol{H}}\mathcal{J}=\sum_{m}\left\|\boldsymbol{W}^{(m)}-\boldsymbol{H}\boldsymbol{B}^{(m)}\boldsymbol{H}^{\text{T}}\right\|_{\text{F}}^{2} \\ &\text{s.t.}\quad \boldsymbol{H}^{\text{T}}\boldsymbol{H}=\boldsymbol{I},\boldsymbol{B}^{(m)}\in\mathbb{S}_{\text{diag+}}^{r}\end{aligned} \tag{8-9}$$

其中，$\|\cdot\|_{\text{F}}$ 是 F 范数，$\boldsymbol{I}\in\mathbb{R}^{r\times r}$ 是单位矩阵，$\boldsymbol{B}^{(m)}$ 属于非负对角锥矩阵核，即 $\boldsymbol{B}^{(m)}=\text{diag}\left(\left\{b_i^{(m)}\right\}\right)$，并且 $\left\{b_i^{(m)}\right\}$ 是非负集合。

8.2.2 多网络节点映射

节点映射，也就是用数学的语言去描述信息。对于节点的属性信息，一般会利用不同的属性进行分类，例如，对不同的年龄段进行归一化处理。然后，可以利用属性拼接的方式形成一个更大的向量，从而进行用户表示。但是很显然，这种方式对于处理属性结构并不合适。有一种很直观的处理方式就是利用 one-hot 编码表示网络节点，但是这样的表示方式是非常复杂并且无效的，因为这种表示方式并不能对用户间的关系进行准确描述。另外，对于不同的网络，如果账号之间的相对顺序改变，也会造成该形式的改变。

节点映射需要满足以下 4 个条件。第一，节点映射只是对账号某些属性的数字化，而且这次的数字化规则对于不同的账号应该保持一致。由于节点属性更具有可解释性，故本节以节点属性为例，进行节点映射的思想描述。例如，对微博的多个账号进行数字化处理，将年龄小于 30 岁的用户映射为 0.5，将年龄大于 30 岁的用户映射为 1。这一规则也同样适用于豆瓣账号的数字化处理。第二，节点映射应该满足要求：同一个用户的不同账号在映射空间的表示相同或者尽可能相似。第三，节点映射应该满足要求：不同用户的账号在映射空间的表示不同并且区别尽可能大。第四，节点映射应尽可能突出用户在网络中的特征。相对于用户名和文本，不同社交平台的结构信息更容易获得，从而构成包含点和边的图。用户在社交网络中的特征主要包括两部分：第一部分是全局特征，这一部分展现了不同用户在整个网络中的受关注度；第二部分是局部特征，这一部分更关注不同用户在自我网络中的影响力。通常来说，一个很有影响力的人，在多个社交网络中都应具有更大的影响力，这是由于网络结构的整体一致性。通常工作相似、爱好相似、想法相似或地域相似的用户更易成为好友，进一步形成自我网络。即使不同的社交平台擅长的领域不尽相同，用户的局部特征也会在所有网络中有所体现。基于前人的工作[8-9]，本节利用多网络的结构相似矩阵 $\boldsymbol{W}^{(m)}$ 以及结构公共子空间基，为每个账号计算其表示向量：

$$\boldsymbol{W}^{(m)}=\boldsymbol{H}\boldsymbol{V}^{(m)} \tag{8-10}$$

其中，$\boldsymbol{H}$ 是通过式（8-9）计算出的最优结构公共子空间基，$\boldsymbol{H}$ 的每一列为 r 维结构公共子空间的基；$\boldsymbol{V}^{(m)}\in\mathbb{R}^{n\times r}$ 表示向量矩阵，$\boldsymbol{V}^{(m)}$ 的每一行为对应账号的表示向量。

由式（8-10）求得表示向量矩阵 $\boldsymbol{V}^{(m)}$ 的一种很直接的做法就是两边同时左乘 $\boldsymbol{H}^{-1}$。但是这样的做法显然是不对的，因为 $\boldsymbol{H}\in\mathbb{R}^{n\times r}$，并不存在逆矩阵。不过，在数学领域有广义逆矩阵（也被称为伪逆矩阵）的定义可以用来解决不可逆问题。

定义 8-1（矩阵的逆）：给定矩阵 $\boldsymbol{A}$，如果存在一个矩阵 $\boldsymbol{B}$，使 $\boldsymbol{AB}=\boldsymbol{BA}=\boldsymbol{E}$，其中 $\boldsymbol{E}$ 为与 $\boldsymbol{A}$、$\boldsymbol{B}$ 同维度的单位矩阵，就称 $\boldsymbol{A}$ 为可逆矩阵或者称 $\boldsymbol{A}$ 可逆，并且称 $\boldsymbol{B}$ 是 $\boldsymbol{A}$ 的逆矩阵，即 $\boldsymbol{B}=\boldsymbol{A}^{-1}$。这里需要注意的是，矩阵 $\boldsymbol{A}$ 必须为方阵，即矩阵 $\boldsymbol{A}$ 的行数和列数必须相等，才可能存在逆矩阵。

定义 8-2（矩阵的伪逆）：奇异矩阵（行列式等于 0 的方阵）和非方阵没有逆矩阵，但是可以有伪逆矩阵。其中，满足 $\boldsymbol{A}^{\mathrm{L}}\boldsymbol{A}=\boldsymbol{E}$，但不满足 $\boldsymbol{A}\boldsymbol{A}^{\mathrm{L}}=\boldsymbol{E}$ 的矩阵 $\boldsymbol{A}^{\mathrm{L}}$ 称为矩阵 $\boldsymbol{A}$ 的左逆矩阵。类似地，满足 $\boldsymbol{A}\boldsymbol{A}^{\mathrm{R}}=\boldsymbol{E}$，但不满足 $\boldsymbol{A}^{\mathrm{R}}\boldsymbol{A}=\boldsymbol{E}$ 的矩阵 $\boldsymbol{A}^{\mathrm{R}}$ 称为矩阵 $\boldsymbol{A}$ 的右逆矩阵。当且仅当 $m\geqslant n$，并且列满秩时，矩阵 $\boldsymbol{A}_{m\times n}$ 有左逆矩阵，$\boldsymbol{A}^{\mathrm{L}}=\left(\boldsymbol{A}^{\mathrm{T}}\boldsymbol{A}\right)^{-1}\boldsymbol{A}^{\mathrm{T}}$；当且仅当 $n\geqslant m$，并且行满秩时，矩阵 $\boldsymbol{A}_{m\times n}$ 有右逆矩阵，$\boldsymbol{A}^{\mathrm{R}}=\boldsymbol{A}^{\mathrm{T}}\left(\boldsymbol{A}^{\mathrm{T}}\boldsymbol{A}\right)^{-1}$；当且仅当 $n=m$ 时，矩阵 $\boldsymbol{A}_{m\times n}$ 的秩为 $r\leqslant m=n$，对 $\boldsymbol{A}$ 进行奇异值分解 $\boldsymbol{A}=\boldsymbol{UDV}^{\mathrm{T}}$，$\boldsymbol{A}$ 的伪逆矩阵为 $\boldsymbol{A}^{\dagger}=\boldsymbol{V}\boldsymbol{D}^{+}\boldsymbol{U}^{\mathrm{T}}$。欧氏空间的范数在广义逆矩阵的求解中起到了度量误差与度量长度限制的作用，广义逆矩阵是满足几何约束条件的最优解，这也是广义逆矩阵的意义所在。

因此，本节利用 $\boldsymbol{H}^{\dagger}$ 表示 $\boldsymbol{H}$ 的广义逆矩阵，即 $\boldsymbol{H}^{\dagger}=\left(\boldsymbol{H}^{\mathrm{T}}\boldsymbol{H}\right)^{-1}\boldsymbol{H}^{\mathrm{T}}$。对式（8-10）的两边同时左乘广义逆矩阵 $\boldsymbol{H}^{\dagger}$，可得

$$\boldsymbol{H}^{\dagger}\boldsymbol{W}^{(m)}=\boldsymbol{H}^{\dagger}\boldsymbol{H}\boldsymbol{V}^{(m)} \tag{8-11}$$

由于 $\boldsymbol{H}$ 为结构公共子空间基，所以 $\boldsymbol{H}$ 具有正交性，代入式（8-11）中，可得 $\boldsymbol{V}^{(m)}=\boldsymbol{H}^{\dagger}\boldsymbol{W}^{(m)}$。

8.2.3 用户相似度计算

接下来便是用户对齐算法的第三阶段，即用户相似度计算。对齐任务需要选择一套

合适的相似度计算方法来判断多个账号是否属于同一个自然人用户。一般来说，根据不同的特征数据类型来选择不同的相似度计算方法，如欧氏距离。

定义 8-3（欧氏距离）：欧氏距离是最易于理解的一种距离计算方法，源自欧氏空间中两点间的距离公式。给定两个向量 $\boldsymbol{x}$ 和 $\boldsymbol{y}$，欧氏距离 $d_{\text{EUC}}(\boldsymbol{x},\boldsymbol{y})$ 的定义为

$$d_{\text{EUC}}(\boldsymbol{x},\boldsymbol{y})=\sqrt{\sum_{k=1}^{n}\|x_k-y_k\|^2} \tag{8-12}$$

也可表示为向量形式：

$$d_{\text{EUC}}(\boldsymbol{x},\boldsymbol{y})=\sqrt{(\boldsymbol{x}-\boldsymbol{y})(\boldsymbol{x}-\boldsymbol{y})^{\text{T}}} \tag{8-13}$$

给定社交网络 G_1 中用户的 d 维特征向量 $\boldsymbol{x}=(x_1;x_2;\cdots;x_d)$ 和社交网络 G_2 中用户的 d 维特征向量 $\boldsymbol{y}=(y_1;y_2;\cdots;y_d)$，根据提出的相似度计算方法，计算出特征向量 $\boldsymbol{x}$ 和 $\boldsymbol{y}$ 之间的相似度，进行用户对齐。下面需要设计高效的算法对模型进行求解，从而实现用户对齐。

8.3 联合优化算法

本节将在 8.2 节的基础上设计基于结构的多网络用户对齐模型，该模型包括两个变量——结构公共子空间基 $\boldsymbol{H}$ 和对角锥矩阵 $\boldsymbol{B}$。然而，这个优化对于 $\boldsymbol{H}$ 和 $\boldsymbol{B}$ 并不是联合凸优化，这给优化带来了极大的挑战。本节提出一种基于无监督学习的多网络用户对齐算法，运用联合优化的方法进行交替优化，包括两个步骤：第一步是对结构公共子空间基的优化，第二步是对对角锥矩阵的优化。其中，对于结构公共子空间基的优化，本节提出了一种快速收敛的方法；而对于对角锥矩阵的优化，本节利用等价转换的思想，求出其解析解。最后，为了证明算法的高效性，本节给出了算法复杂度的粗略计算。

8.3.1 结构公共子空间基 $\boldsymbol{H}$

对于结构公共子空间基 $\boldsymbol{H}$ 的子问题，由式（8-9）可得：

$$\min_{\boldsymbol{H}^{\text{T}}\boldsymbol{H}=\boldsymbol{I}}\mathcal{J}(\boldsymbol{H})=\sum_{m}\left\|\boldsymbol{W}^{(m)}-\boldsymbol{H}\boldsymbol{B}^{(m)}\boldsymbol{H}^{\text{T}}\right\|_{\text{F}}^2 \tag{8-14}$$

其中，$\boldsymbol{H}\in\mathbb{R}^{n\times r}$ 是结构公共子空间基，并且 $\boldsymbol{H}^{\text{T}}\boldsymbol{H}=\boldsymbol{I}$。

1. 目标函数求导

首先利用矩阵求导法则对目标函数进行求导。下面将从标量求导、向量求导和矩阵求导 3 个方面来介绍矩阵求导。

定义 8-4（标量求导）：无论是标量对矩阵、向量求导，还是矩阵、向量对标量求导，都等价于对矩阵、向量的每个分量求导，并且保持维数不变。给定一个实数 y 和一个 q 维行向量 $\boldsymbol{x}^{\mathrm{T}}=\left[x_1,\cdots,x_q\right]$，则实数 y 对向量 $\boldsymbol{x}^{\mathrm{T}}$ 求导的公式为

$$\frac{\partial y}{\partial \boldsymbol{x}^{\mathrm{T}}}=\left[\frac{\partial y}{\partial x_1},\cdots,\frac{\partial y}{\partial x_q}\right] \tag{8-15}$$

定义 8-5（向量求导）：对于向量求导，可以先将向量看作一个标量，然后使用标量求导法则，最后将向量形式化为标量进行。例如，计算行向量对列向量的求导：给定 n 维行向量 $\boldsymbol{y}^{\mathrm{T}}=\left[y_1,\cdots,y_n\right]$ 和 p 维列向量 $\boldsymbol{x}=\left[x_1,\cdots,x_p\right]^{\mathrm{T}}$，则

$$\begin{aligned}\frac{\partial \boldsymbol{y}^{\mathrm{T}}}{\partial \boldsymbol{x}}&=\left[\frac{\partial y_1}{\partial \boldsymbol{x}},\cdots,\frac{\partial y_n}{\partial \boldsymbol{x}}\right]\\&=\begin{bmatrix}\dfrac{\partial y_1}{\partial x_1} & \cdots & \dfrac{\partial y_n}{\partial x_1}\\ \cdots & \cdots & \cdots\\ \dfrac{\partial y_1}{\partial x_p} & \cdots & \dfrac{\partial y_n}{\partial x_p}\end{bmatrix}\end{aligned} \tag{8-16}$$

定义 8-6（矩阵求导）：与向量求导类似，先将矩阵看作一个标量，再使用标量求导法则对矩阵进行运算。例如，计算矩阵对列向量的求导：给定 $m\times n$ 的矩阵 $\boldsymbol{Y}=\begin{bmatrix}y_{11} & \cdots & y_{1n}\\ \cdots & \cdots & \cdots\\ y_{m1} & \cdots & y_{mn}\end{bmatrix}$ 和 p 维列向量 $\boldsymbol{x}=\left[x_1,\cdots,x_p\right]^{\mathrm{T}}$，则

$$\frac{\partial \boldsymbol{Y}}{\partial \boldsymbol{x}}=\left[\frac{\partial \boldsymbol{Y}}{\partial \boldsymbol{x}_1},\cdots,\frac{\partial \boldsymbol{Y}}{\partial \boldsymbol{x}_p}\right] \tag{8-17}$$

根据矩阵二范数的定义可知，式（8-14）等价于

$$\min_{\boldsymbol{H}^{\mathrm{T}}\boldsymbol{H}=\boldsymbol{I}} \mathcal{J}(\boldsymbol{H})=\sum_m \mathrm{tr}\left(\boldsymbol{W}^{(m)}-\boldsymbol{H}\boldsymbol{B}^{(m)}\boldsymbol{H}\right)^{\mathrm{T}}\left(\boldsymbol{W}^{(m)}-\boldsymbol{H}\boldsymbol{B}^{(m)}\boldsymbol{H}\right) \tag{8-18}$$

定义 8-7（迹函数对矩阵求导）：迹函数在矩阵求导领域有着非常重要的地位，也早已形成了一套完整的理论，式（8-19）为几种常用的求导法则。

$$\frac{\partial \mathrm{tr}(\boldsymbol{AX})}{\partial \boldsymbol{X}}=\boldsymbol{A}^{\mathrm{T}}$$

$$\frac{\partial \mathrm{tr}(\boldsymbol{AXB})}{\partial \boldsymbol{X}}=\boldsymbol{A}^{\mathrm{T}}\boldsymbol{B}^{\mathrm{T}}$$

$$\frac{\partial \mathrm{tr}\left(\boldsymbol{X}^{\mathrm{T}}\boldsymbol{A}\boldsymbol{X}\right)}{\partial \boldsymbol{X}}=\left(\boldsymbol{A}^{\mathrm{T}}+\boldsymbol{A}\right)\boldsymbol{X}$$

$$\frac{\partial \mathrm{tr}\left(\boldsymbol{X}^{\mathrm{T}}\boldsymbol{A}\boldsymbol{X}\boldsymbol{B}\right)}{\partial \boldsymbol{X}}=\boldsymbol{A}\boldsymbol{X}\boldsymbol{B}+\boldsymbol{A}^{\mathrm{T}}\boldsymbol{X}\boldsymbol{B}^{\mathrm{T}} \tag{8-19}$$

利用定义 8-7，对式（8-18）进行求导，可得

$$\nabla\mathcal{J}\left(\boldsymbol{H}\right)=4\sum_{m}\left(\boldsymbol{H}\boldsymbol{B}^{(m)}\boldsymbol{B}^{(m)\mathrm{T}}-\boldsymbol{W}^{(m)}\boldsymbol{H}\boldsymbol{B}^{(m)\mathrm{T}}\right) \tag{8-20}$$

其中，变量 $\boldsymbol{H}$ 需要满足正交约束，即 $\boldsymbol{H}^{\mathrm{T}}\boldsymbol{H}=\boldsymbol{I}$。通过对 $\nabla\mathcal{J}\left(\boldsymbol{H}\right)$ 进行相关研究，并利用相关公式推导，可以证明 $\nabla\mathcal{J}\left(\boldsymbol{H}\right)$ 满足 Lipschitz 连续，具体证明如下。

证明： $\nabla\mathcal{J}\left(\boldsymbol{H}\right)$ 满足 Lipschitz 连续，并且 Lipschitz 常数 L 的表达式为

$$L=4\left[\left\|\boldsymbol{B}^{(m)\mathrm{T}}\boldsymbol{B}^{(m)}\right\|_{\mathrm{F}}+\left\|\boldsymbol{W}^{(m)}\right\|_{\mathrm{F}}\left\|\boldsymbol{B}^{(m)}\right\|_{\mathrm{F}}\right] \tag{8-21}$$

定义 8-8（Lipschitz 连续）： 一个函数 $f\left(x\right)$ 满足 Lipschitz 连续，当且仅当存在一个常数 L，使得对于任意定义域中的两个点 x_1,x_2，满足 $\left|f\left(x_1\right)-f\left(x_2\right)\right|\leqslant L\left|x_1-x_2\right|$。

根据定义 8-8，对于任意给定的两个矩阵 $\boldsymbol{H}_1,\boldsymbol{H}_2\in\mathbb{R}^{n\times r}$，可得

$$\begin{aligned}
&\frac{1}{2}\left\|\nabla\mathcal{J}\left(\boldsymbol{H}_1\right)-\nabla\mathcal{J}\left(\boldsymbol{H}_2\right)\right\|_{\mathrm{F}}^2\\
&=2\sum_{m}\left\|\boldsymbol{H}_1\boldsymbol{B}^{(m)}\boldsymbol{B}^{(m)\mathrm{T}}-\boldsymbol{W}^{(m)}\boldsymbol{H}_1\boldsymbol{B}^{(m)\mathrm{T}}-\boldsymbol{H}_2\boldsymbol{B}^{(m)}\boldsymbol{B}^{(m)\mathrm{T}}+\boldsymbol{W}^{(m)}\boldsymbol{H}_2\boldsymbol{B}^{(m)\mathrm{T}}\right\|_{\mathrm{F}}\\
&\leqslant 2\left[\sum_{m}\left[\left\|\boldsymbol{B}^{(m)\mathrm{T}}\boldsymbol{B}^{(m)}\right\|_{\mathrm{F}}+\left\|\boldsymbol{W}^{(m)}\right\|_{\mathrm{F}}\left\|\boldsymbol{B}^{(m)}\right\|_{\mathrm{F}}\right]\cdot\left\|\boldsymbol{H}_1-\boldsymbol{H}_2\right\|_{\mathrm{F}}\right]\\
&=\frac{L}{2}\left\|\boldsymbol{H}_1-\boldsymbol{H}_2\right\|_{\mathrm{F}}
\end{aligned} \tag{8-22}$$

综上，证明结束。

2. 结构公共子空间基 $\boldsymbol{H}$ 子问题求解

在证明了 $\nabla\mathcal{J}\left(\boldsymbol{H}\right)$ 满足 Lipschitz 连续以后，基于前人的工作[9]，本节提出了一种快速收敛的 Nesterov 梯度下降算法，以解决结构公共子空间基 $\boldsymbol{H}$ 子问题。首先引入一个辅助变量 $\boldsymbol{Y}\in\mathbb{R}^{n\times r}$，对 $\boldsymbol{H}$ 进行二阶泰勒展开：

$$\mathcal{J}\left(\boldsymbol{Y},\boldsymbol{H}\right)=\mathcal{J}\left(\boldsymbol{H}\right)+\left\langle\nabla\mathcal{J}\left(\boldsymbol{H}\right),\boldsymbol{H}-\boldsymbol{Y}\right\rangle+\frac{L}{2}\left\|\boldsymbol{H}-\boldsymbol{Y}\right\|_{\mathrm{F}}^2 \tag{8-23}$$

根据相关证明，它的最小值等价于 $\boldsymbol{H}$ 子问题的最优解。为实现这个目标，本节构造了两个子序列，如 $\left\{\boldsymbol{H}_l\right\}$ 和 $\left\{\boldsymbol{Y}_l\right\}$，然后在迭代中交替更新它们。基于前人的工作[8-9]，第 l 轮具体的更新规则如下：

$$\alpha_l = 2^{-i}\alpha_{l-1}$$

$$\boldsymbol{H}_l = P_+\left(\boldsymbol{Y}_l - \alpha_l \nabla \mathcal{J}\left(\boldsymbol{Y}_l\right)\right)$$

$$\beta_{l+1} = {\left(1+\sqrt{4\beta_l^2+1}\right)}\Big/{2}$$

$$\boldsymbol{Y}_{l+1} = \boldsymbol{H}_l + {\left(\beta_l - 1\right)\left(\boldsymbol{H}_l - \boldsymbol{H}_{l-1}\right)}\Big/{\beta_{l+1}} \tag{8-24}$$

其中，β 是更新 $\boldsymbol{Y}$ 时的加速因子，引入符号 $\hat{\boldsymbol{H}}_l = \boldsymbol{Y}_l - \alpha_l \nabla \mathcal{J}\left(\boldsymbol{Y}_l\right)$，操作符 $P_+(\cdot)$ 表示把自变量映射到对应维度的正交基[2]。需要注意的是，参数 α 的更新一般有两种方式：第一种就是利用 Lipschitz 常数 L 替代 α；第二种就是利用非负标量因子 i 迭代更新每一轮的 α。对于第二种方式中的非负标量因子 i，可以由如下不等式求解：

$$\mathcal{J}\left(\boldsymbol{Y}_l\right) - \mathcal{J}\left(\boldsymbol{Y}_l - 2^{-i}\alpha_{l-1}\nabla \mathcal{J}\left(\boldsymbol{Y}_l\right)\right) \geqslant 2^{-i-1}\alpha_{l-1}\left\|\nabla \mathcal{J}\left(\boldsymbol{Y}_l\right)\right\|_{\mathrm{F}}^2 \tag{8-25}$$

很明显，$\boldsymbol{H}$ 子问题的求解问题大部分已经完成，剩下便是对操作符 $P_+(\cdot)$ 的求解。本节将操作符 $P_+(\cdot)$ 的求解转化为优化问题，通过一系列的公式推导，求得其解析解。首先定义优化问题如下：

$$P_+\left(\hat{\boldsymbol{H}}_l\right) = \underset{\boldsymbol{H}}{\operatorname{argmin}}\left\|\boldsymbol{H} - \hat{\boldsymbol{H}}_l\right\|_{\mathrm{F}}^2 \tag{8-26}$$

利用迹函数的性质，将优化问题转化为

$$\underset{\boldsymbol{H}}{\operatorname{argmin}}\ \operatorname{tr}\left[\left(\boldsymbol{H}^{\mathrm{T}}\boldsymbol{H}\right) - \left(\hat{\boldsymbol{H}}_l^{\mathrm{T}}\boldsymbol{H}\right) + \left(\hat{\boldsymbol{H}}_l^{\mathrm{T}}\boldsymbol{H}_l\right)\right] \tag{8-27}$$

根据结构公共子空间基的正交性，即 $\boldsymbol{H}^{\mathrm{T}}\boldsymbol{H} = \boldsymbol{I}$，可将该优化问题转化为

$$P_+\left(\hat{\boldsymbol{H}}_l\right) = \underset{\boldsymbol{H}}{\operatorname{argmax}}\ \operatorname{tr}\left(\hat{\boldsymbol{H}}_l^{\mathrm{T}}\boldsymbol{H}_l\right) \tag{8-28}$$

为解决上式的优化问题，本节利用拉格朗日乘子法如下：

$$\mathcal{L}\left(\boldsymbol{H},\boldsymbol{\varLambda}\right) = \operatorname{tr}\left(\hat{\boldsymbol{H}}_l^{\mathrm{T}}\boldsymbol{H}\right) - \operatorname{tr}\left(\boldsymbol{\varLambda}\left(\boldsymbol{H}^{\mathrm{T}}\boldsymbol{H} - \boldsymbol{I}\right)\right) \tag{8-29}$$

对自变量 $\boldsymbol{H}$ 求偏导可得

$$\frac{\partial \mathcal{L}\left(\boldsymbol{H},\boldsymbol{\varLambda}\right)}{\partial \boldsymbol{H}} = \hat{\boldsymbol{H}}_l^{\mathrm{T}} - \boldsymbol{H}\left(\frac{\boldsymbol{\varLambda}^{\mathrm{T}} + \boldsymbol{\varLambda}}{2}\right) \tag{8-30}$$

令一阶导为 0，可得解析解需要满足

$$\hat{\boldsymbol{H}}_l^{\mathrm{T}} = \boldsymbol{H}\left(\frac{\boldsymbol{\varLambda}^{\mathrm{T}} + \boldsymbol{\varLambda}}{2}\right) \tag{8-31}$$

式（8-31）包括两个自变量——$\boldsymbol{H}$ 和 $\boldsymbol{\varLambda}$，所以本节利用 $\boldsymbol{H}$ 的正交性，在等式两边同时右

乘向量 $\hat{\boldsymbol{H}}_l$，可得

$$\hat{\boldsymbol{H}}_l^{\mathrm{T}}\hat{\boldsymbol{H}}_l = \frac{\left(\boldsymbol{\Lambda}^{\mathrm{T}}+\boldsymbol{\Lambda}\right)^2}{4} \tag{8-32}$$

由于实对称矩阵 $\hat{\boldsymbol{H}}_l^{\mathrm{T}}\hat{\boldsymbol{H}}_l$ 存在唯一的矩阵分解形式，因此，对 $\hat{\boldsymbol{H}}_l^{\mathrm{T}}\hat{\boldsymbol{H}}_l$ 进行矩阵特征分解如下：

$$\hat{\boldsymbol{H}}_l^{\mathrm{T}}\hat{\boldsymbol{H}}_l = \boldsymbol{C}\boldsymbol{D}\boldsymbol{C}^{\mathrm{T}} \tag{8-33}$$

其中，$\boldsymbol{C}$ 为特征向量，$\boldsymbol{D}$ 为非负对角特征值矩阵。由于拉格朗日乘子的非负性，对比式（8-32）和式（8-33），可得

$$\left(\frac{\boldsymbol{\Lambda}^{\mathrm{T}}+\boldsymbol{\Lambda}}{2}\right) = \max\left(0, \boldsymbol{C}\boldsymbol{D}^{\frac{1}{2}}\boldsymbol{C}^{\mathrm{T}}\right) \tag{8-34}$$

将式（8-34）代入式（8-33）中，可得到 $\boldsymbol{H}$ 子问题的迭代解为

$$\boldsymbol{H}_l = \hat{\boldsymbol{H}}_l\left[\frac{\boldsymbol{\Lambda}^{\mathrm{T}}+\boldsymbol{\Lambda}}{2}\right]^{\mathrm{T}}\left[\left(\frac{\boldsymbol{\Lambda}^{\mathrm{T}}+\boldsymbol{\Lambda}}{2}\right)\left(\frac{\boldsymbol{\Lambda}^{\mathrm{T}}+\boldsymbol{\Lambda}}{2}\right)^{\mathrm{T}}\right]^{-1} \tag{8-35}$$

3. Nesterov 梯度下降算法的收敛速率

本小节简单研究 Nesterov 梯度下降算法的收敛速率。定义 $\boldsymbol{H}^*$ 为 $\boldsymbol{H}$ 子问题的最优解，在迭代过程中，由式（8-35）生成的子序列 $\{\boldsymbol{H}_l\}$，对于任意的整数 $l \geqslant 1$，应该满足下列不等式：

$$\nabla\mathcal{J}(\boldsymbol{H}) - \nabla\mathcal{J}(\boldsymbol{H}^*) \leqslant \frac{2L\left\|\boldsymbol{Y}_0 - \boldsymbol{H}^*\right\|_{\mathrm{F}}^2}{(l+2)^2} \tag{8-36}$$

其中，$\boldsymbol{Y}_0 \in \mathbb{R}^{n\times r}$ 是初始化矩阵，L 是 Lipschitz 常数，通过式（8-36）可以看出，对于 $\boldsymbol{H}$ 子问题的优化，该算法以 $O\left(\frac{1}{l^2}\right)$ 的收敛速率进行收敛，并且 l 是迭代次数。

8.3.2 对角锥矩阵 $\boldsymbol{B}$

上面介绍了对结构公共子空间基 $\boldsymbol{H}$ 的优化，利用约束条件非常巧妙地完成了自变量 $\boldsymbol{H}$ 的降阶，严谨推理证明了 $\boldsymbol{H}$ 子问题的一阶导符合 Lipschitz 连续的条件，并基于此利用 Nesterov 梯度下降算法进行进一步的迭代求解。对于对角锥矩阵 $\boldsymbol{B}$ 子问题，由于不同网络之间的对角锥变量 $\left\{\boldsymbol{B}^{(m)}\right\}_{m=1}^{M}$ 之间不是耦合的，所以对于自变量 $\boldsymbol{B}^{(m)}$，本小节采取了并行化的处理方式，从而大大提高了运行的效率。例如，对于第 m 个网络的自变量 $\boldsymbol{B}^{(m)}$，其目标函数 $\mathcal{J}\left(\boldsymbol{B}^{(m)}\right)$ 为

$$\min_{\boldsymbol{B}^{(m)}\in\mathbb{S}_{\mathrm{diag}+}^{r}} \mathcal{J}\left(\boldsymbol{B}^{(m)}\right)=\left\|\boldsymbol{W}^{(m)}-\boldsymbol{H}\boldsymbol{B}^{(m)}\boldsymbol{H}^{\mathrm{T}}\right\|_{\mathrm{F}}^{2} \tag{8-37}$$

通过观察发现，该子问题的目标函数为凸函数，有全局最优解。对角锥矩阵子问题的求解主要分为三步：第一步是对目标函数进行等价转换；第二步是利用相关技术对目标函数进行求解；第三步是确定最终封闭解的表达形式。下面详细介绍求解过程。

1. 目标函数的等价转换

由式（8-37）可知，该目标函数是针对自变量 $\boldsymbol{B}^{(m)}$ 的二阶方程，需要注意的是，自变量 $\boldsymbol{B}^{(m)}\in\mathbb{S}_{\mathrm{diag}+}^{r}$，也就是说，自变量 $\boldsymbol{B}^{(m)}$ 除了对角线上的元素以外，其余元素全部为 0。因此，根据前人的工作经验，对式（8-37）进行如下等价转换：

$$\min_{\left\{b_i^{(m)}\right\}} \mathcal{J}_b=\left\|\boldsymbol{W}^{(m)}-\sum_{i=1}^{r} b_i^{(m)}\boldsymbol{h}_i^{(m)}\boldsymbol{h}_i^{(m)\mathrm{T}}\right\|_{\mathrm{F}}^{2} \tag{8-38}$$

其中，$b_i^{(m)}$ 为非负数，$\boldsymbol{h}_i^{(m)}$ 为公共基矩阵 $\boldsymbol{H}^{(m)}$ 的第 i 列，并且 $b_i^{(m)}$ 为对应的特征值。需要注意的是，这种等价转换相当于将对角矩阵转换为秩一矩阵的组合。通过分析可以发现，这些秩一矩阵之间是独立的，可以采用并行化的处理方式，从而提高运行效率。并且，秩一矩阵具有以下性质：第一，秩一矩阵 $\boldsymbol{A}$ 可以分解为两个列向量 $\boldsymbol{a}$ 和 $\boldsymbol{b}$ 的乘积，具体可以表示为 $\boldsymbol{A}=\boldsymbol{ab}$；第二，秩一方阵的特征值之和即为矩阵的迹，即向量 $\boldsymbol{a}$ 和 $\boldsymbol{b}$ 的内积等于矩阵对角线之和；第三，秩一方阵的特征值很明显，即只有一个非零的特征值为 $\lambda=\mathrm{tr}\left(\boldsymbol{aA}\right)=\sum \boldsymbol{a}_{i,i}=\boldsymbol{ab}$，其他的特征值都为 0；第四，具备 $\boldsymbol{A}^2=k\boldsymbol{A}$ 这种用于解决高次幂矩阵乘法问题的性质。

2. 目标函数的求解

通过观察可以发现，式（8-37）是不等式约束下的凸二次规划问题，下面先简单介绍凸二次规划问题。

定义 8-9（凸二次规划问题）：凸二次规划问题是凸优化问题的一种特殊形式，当目标函数是二次型函数且约束函数 g 是仿射函数时，就变成一个凸二次规划问题，其一般形式为

$$\begin{aligned}&\min_{x}\frac{1}{2}\boldsymbol{x}^{\mathrm{T}}\boldsymbol{Q}\boldsymbol{x}+\boldsymbol{c}^{\mathrm{T}}\boldsymbol{x}\\&\text{s.t.}\quad \boldsymbol{W}\boldsymbol{x}\leqslant\boldsymbol{b}\end{aligned} \tag{8-39}$$

对于凸二次规划问题，有以下 4 种常见的求解方法：椭球法、内点法、增广拉格朗日乘子法和梯度投影法。由于问题的特殊性，本节选择了增广拉格朗日乘子法。拉格朗日乘子法和 KKT 条件被广泛应用于解决含有约束的优化问题中。由拉格朗日乘子法和 KKT 条件得到的解是原问题最优解的必要条件，同时，当且仅当原问题为凸优化问题时，得到的解才是全局最优解。通过上面的分析可以发现，目标函数是凸函数，并且约束条

件为不等式。将约束条件加入目标函数中，利用拉格朗日乘子法可得

$$\mathcal{L}=\left\|\boldsymbol{W}^{(m)}-\sum_{i=1}^{r} b_i^{(m)}\boldsymbol{h}_i\boldsymbol{h}_i^{\mathrm{T}}\right\|-\sum_{i}^{r}\lambda_i^{(m)}b_i^{(m)} \tag{8-40}$$

利用拉格朗日乘子法可得到下面的系统：

$$\begin{gathered}\nabla_{b_i^{(m)}}\mathcal{L}=\nabla_{b_i^{(m)}}\mathcal{J}_{\mathrm{b}}-\lambda_i^{(m)}b_i^{(m)}=0,\\ b_i^{(m)}\geqslant 0,\\ \lambda_i^{(m)}\geqslant 0,\\ \lambda_i^{(m)}b_i^{(m)}=0\end{gathered} \tag{8-41}$$

3. 封闭解表达形式的确定

通过上面的系统可以求解出对角锥矩阵子问题的封闭解：

$$b_i^{(m)}=\frac{\dfrac{\lambda_i^{(m)}}{2}+\operatorname{tr}\left[\boldsymbol{W}^{(m)}\left(\boldsymbol{h}_i\boldsymbol{h}_i^{\mathrm{T}}\right)\right]}{\left\|h_i\right\|_2^2} \tag{8-42}$$

其中，$\|\ \|_2$代表二范数，式（8-42）中有$2m$个变量，包括$b_i^{(m)}$和$\lambda_i^{(m)}$。还有一个非常重要的约束是$b_i^{(m)}\lambda_i^{(m)}=0$，也就是$b_i^{(m)}$和$\lambda_i^{(m)}$至少有一个为0。通过观察式（8-42）可以发现，分母恒大于0，所以只需要判断$\operatorname{tr}\left[\boldsymbol{W}^{(m)}\left(\boldsymbol{h}_i\boldsymbol{h}_i^{\mathrm{T}}\right)\right]$的符号即可。当$\operatorname{tr}\left[\boldsymbol{W}^{(m)}\left(\boldsymbol{h}_i\boldsymbol{h}_i^{\mathrm{T}}\right)\right]\geqslant 0$时，若要满足条件$b_i^{(m)}\lambda_i^{(m)}=0$，必须令$\lambda_i^{(m)}=0$，因为$\lambda_i^{(m)}$为非负数；当$\operatorname{tr}\left[\boldsymbol{W}^{(m)}\left(\boldsymbol{h}_i\boldsymbol{h}_i^{\mathrm{T}}\right)\right]<0$时，必须令$b_i^{(m)}=0$。综上所述，对角锥矩阵子问题的解析解为

$$b_i^{(m)}=\begin{cases}0, & \operatorname{tr}\left[\boldsymbol{W}^{(m)}\left(\boldsymbol{h}_i\boldsymbol{h}_i^{\mathrm{T}}\right)\right]<0\\ \operatorname{tr}\left[\boldsymbol{W}^{(m)}\left(\boldsymbol{h}_i\boldsymbol{h}_i^{\mathrm{T}}\right)\right], & \operatorname{tr}\left[\boldsymbol{W}^{(m)}\left(\boldsymbol{h}_i\boldsymbol{h}_i^{\mathrm{T}}\right)\right]\geqslant 0\end{cases} \tag{8-43}$$

8.3.3 复杂度分析

下面详细介绍整个算法的时间复杂度。

算法 8-1 联合优化算法

输入：多网络结构近似矩阵集$\left\{\boldsymbol{W}^{(m)}\right\}_{m=1}^{M}$

输出：结构公共子空间基$\boldsymbol{H}$，对角锥矩阵集$\left\{\boldsymbol{B}^{(m)}\right\}_{m=1}^{M}$

1：随机初始化$\boldsymbol{Y}_0\in\mathbb{R}^{n\times r},\left\{\boldsymbol{B}^{(m)}\right\}_{m=1}^{M},\alpha_{-1},\beta_0$；

2：令$\boldsymbol{H}_{-1}=\boldsymbol{Y}_0$；

3：**while** 未收敛 **do**
4：　**while** 未收敛 **do**
5：　　通过式（8-25）计算 i；
6：　　通过式（8-24）更新 $\boldsymbol{H}$ 和 $\boldsymbol{Y}$；
7：　**end while**
8：　**for** $m=1,\cdots,M$ **do**
9：　　通过式（8-38）计算对角锥矩阵子问题的封闭解；
10：　**end for**
11：**end while**
12：**return** 结构公共子空间基 $\boldsymbol{H}$ 和对角锥矩阵集 $\left\{\boldsymbol{B}^{(m)}\right\}_{m=1}^{M}$

多网络用户对齐算法利用多网络账号的结构近似矩阵，为每个账号生成一个独一无二的 r 维表示向量，通过选择合适的用户相似度计算方法进行用户对齐。整个算法的核心包括两部分：第一部分是对结构公共子空间基 $\boldsymbol{H}$ 的优化；第二部分是对对角锥矩阵 $\boldsymbol{B}$ 的优化。算法的流程参见算法 8-1。下面分别分析每个子问题的时间复杂度。

对于结构公共子空间基 $\boldsymbol{H}$ 子问题，主要的计算耗时是目标函数梯度 $\nabla\mathcal{J}\left(\boldsymbol{H}_l\right)$ 的计算。定义 r 代表结构公共子空间基 $\boldsymbol{H}$ 的秩，通过算法 8-1 的 4～7 行可以发现，更新结构公共子空间基 $\boldsymbol{H}$ 的时间复杂度可以表示为 $O\left(K_1M\cdot n^2r\right)$，其中 K_1 为更新 $\boldsymbol{H}$ 子问题时的迭代次数，$n=\max\left\{N^{(m)}\right\}$ 代表所有网络中节点数的最大值。需要注意的是，$r<<n$ 并且 K_1 是一个比较小的常数，这是因为，在结构公共子空间基 $\boldsymbol{H}$ 子问题优化的过程中，由于自变量 $\boldsymbol{H}$ 的一阶导满足 Lipschitz 连续，所以 $\boldsymbol{H}$ 子问题优化的收敛速率的时间复杂度可表示为 $O\left(\frac{1}{K_1^{\ 2}}\right)$。

对于对角锥矩阵 $\boldsymbol{B}$ 子问题，本节将其等价转换为秩一矩阵的组合，从而进行并行化处理。并将每个网络的对角锥矩阵子问题等价为一个含有不等式约束的凸二次规划问题，所以对角锥矩阵子问题的优化时间复杂度为 $O\left(M\cdot n^2r\right)$，其中 M 便是多网络的个数。

综上所述，该联合优化算法的整体时间复杂度约为 $O\left(n^2\right)$，这是因为，结构公共子空间基 $\boldsymbol{H}$ 的秩 r、社交网络的个数 M 以及迭代次数 K_1 相对于 n 来说都很小。

8.4　实验与分析

8.4.1　数据集

现实世界的数据集中一般有噪声，而且存在不完整和不一致的问题。随着数据挖掘技术的提升，对数据质量的要求也越来越高。一个高质量的数据能够满足其应用的要求，然而数据质量受多种因素的影响，包括准确率、完整性、一致性、时效性、可信性和可解释性。本节主要从以下两个部分介绍：一是本实验所用的数据集以及数据集的清洗；二是本实验为了提高多网络实验的可信度，在随机的情况下，对现有数据集进行的扩充。

1. 数据清洗

为了充分证明本实验所提方法的有效性，从现有的数据集中选取了两组可信度较高的实验数据集进行实验，如微博-豆瓣数据集和 Twitter-Foursquare 数据集，这两个数据集被多个团队用于社交网络研究[10-13]。数据集最初有 5167 个 Twitter 账号和 5240 个 Foursquare 账号，其中有 2858 个公共账号，即有 2858 个用户同时拥有两个平台的账号。由于 8.2 节主要研究基于结构的无监督学习社交网络用户对齐框架，所以本实验对于网络结构的处理至关重要。对于 Twitter 用户，数据集包含他们发布的推文、一些关系和基本的个人信息（如姓名、位置和教育等），但 8.2 节只选择了结构信息，并且因为孤立点携带的信息较少，故对于 Twitter 数据集，本节随机删除了部分度为 0 的账号，并对剩下的 5025 个账号进行随机编码。另外，度是一种对网络节点的结构性质进行度量的方式，本节指一个账号的好友数。与此同时，对于 Foursquare 数据集，也进行类似的处理，最后对剩下的 5098 个 Foursquare 账号进行重新编码。为了验证方法的普适性，本节采用了一组公开的微博-豆瓣数据集，该数据集包括 5234 个微博账号和 5234 个豆瓣账号，其中有 3088 个公共账号。类似于对 Twitter 和 Foursquare 数据集的处理方式，本节随机删除了微博-豆瓣数据集中度为 0 的账号，最后剩下 5023 个微博账号和 5023 个豆瓣账号，其中有 2998 个公共账号。需要注意的是，本章提供的算法要求各网络之间满足用户数相同，所以需要对网络进行一定的扩充，例如对于 Twitter-Foursquare 数据集，本实验为 Twitter 数据集补充了 73 个孤立点，所补充的孤立点仅仅是为了运算的方便，对结果没有影响。具体的数据集统计见表 8-2。

表 8-2 社交网络数据集统计

社交网络	节点数	边数	公共节点数
Twitter	5025	164 660	2755
Foursquare	5098	76 972	
微博	5023	102 556	2998
豆瓣	5023	238 235	

2. 多网络扩充

随着互联网的快速发展，人们加入了越来越多的社交网络，然而，不同社交网络之间的用户隐私做得很好，业界可用的多网络数据集寥寥无几。本实验对现有的数据集进行了一定的扩充，主要有以下 3 点原因：第一，为了证明本章提出的社交网络用户对齐算法的高效性；第二，数据集扩充对于提升训练样本数据量、改善模型稳定性和鲁棒性、提高对真实世界的适应性和泛化性具有重要的作用；第三，在有限数据的情况下进行数据集扩充，除了能提高模型表现，还能节省数据成本。例如，Twitter-Foursquare 数据集被扩充为 Twitter1-Twitter2-Foursquare1-Foursquare2 数据集，数据扩充通常可被应用到深度学习处理图片的问题中，主要的方法有：旋转、平移和颜色变换等。借助上面的扩充思想，本节采用的扩充思路主要有以下两种（以 Twitter-Foursquare 数据集为例进行简单的介绍）。第一种是保持原有的 Twitter-Foursquare 数据集，并以原有的数据集为模板，从中选取部分节点重新组成新的网络。例如，Twitter 数据集原有的节点数为 5025，边数为 164 660，扩充时将其重新命名为 Twitter1 数据集，至于 Twitter2 数据集的选取，本节采用随机不放回抽样的算法，从中抽取 3000 个节点。同样的方法应用于基于 Foursquare1 数据集形成包含 3000 个节点的 Foursquare2 数据集。虽然这样的扩充方式并不会破坏原有的结构属性，但却带来了一个很大的问题，即各数据集之间的规模差距过大，严重影响了对齐的精度。所以便有了第二种方案，该方案根据原有的 Twitter-Foursquare 数据集，先找到 1800 个公共节点，然后对两个数据集分别采用随机抽取的算法，从原有的数据集中逐个抽取新的节点，这样既保持了原有的结构属性，又保证了各数据集之间的规模差距较小。表 8-3 记录了扩充后的数据集。

表 8-3 扩充后的社交网络数据集统计

社交网络	节点数	边数	公共节点数
Twitter1	3000	108 568	1998
Twitter2	3000	105 636	
Foursquare1	3000	48 216	
Foursquare2	3000	49 975	
微博 1	3000	64 762	2112
微博 2	3000	61 578	
豆瓣 1	3000	164 581	
豆瓣 2	3000	175 684	

8.4.2 评价指标

为了评测用户对齐算法的性能，本实验采取 Top-K 方法作为度量标准。在给定社交网络 $G^{(m)}\left(V^{(m)},E^{(m)}\right)$ 以及算法返回的用户对齐结果 M 的情况下，需要注意的是，Top-K 是在准确率的基础上进行的合理扩充。本节利用全部对齐结果进行检验，具体定义如下。

定义 8-10（准确率）：准确率是指所有对齐结果中正确的对齐比例：

$$\text{Precision} = \frac{|M \cap M_t|}{|M|} \tag{8-44}$$

定义 8-11（Top-*K*）：在对齐结果中，Top-*K* 准确率的计算公式为

$$\text{Precision}@K = \frac{1}{N}\sum_{i=1}^{N}\Pi_i\{\text{success}@K\} \tag{8-45}$$

其中，$\Pi_i\{\text{success}@K\}$ 表示前 K 个对齐结果是否与正确的对齐结果 M_t 存在交集。这两个评价指标的范围都为 0～1。当 Top-*K* 趋近于 1 时，意味着算法此时取得了较好的性能。

8.4.3 对比方法

为了评估 MC2 模型，本节选择了几种最先进的方法进行对比。需要注意的是，对比方法包括无监督、半监督和有监督的方法。现简要总结如下。

KNN（K-Nearest Neighbor）：本节使用 KNN 算法作为无监督用户对齐基线算法，这是相关工作中经常采用的经典算法。对于源网络中的给定用户，根据与源用户的结构相似性对目标网络中的用户进行排序。本实验使用欧氏距离作为 KNN 的度量，并选择目标网络中 K 个最近的用户作为对齐候选。

UUILgan[14]（Unsupervised User Identity Linkage a Generative adversarial network based model）：这是一种基于最小化两个社交网络中用户身份分布之间距离的无监督方法。它利用 WGAN[15]（Wasserstein Generative Adversarial Network）将嵌入表示迁移到同一个域中执行无监督的两个网络对齐。需要注意的是，它需要以成对的方式将多个社交网络连接起来。

MASTER[16]：这是一个半监督的用户对齐模型。它构建了多个社交网络的公共子空间，通过单一嵌入和联合嵌入，包括属性和结构特征。注意，本节只考虑用于公平比较的结构特征信息。

PALE[17]：这是一个有监督的用户对齐模型。该方法以观测到的锚链为监督信息，采用网络嵌入的方法来获取结构的规则性，并进一步学习稳定的跨网络映射进行用户对齐。

DeepLink[18]：这是一个有监督的用户对齐模型。该方法利用对偶学习改进公共子空间结构，通过提出的神经网络框架进行对齐。

8.4.4 参数设置

本小节将详细介绍实验环境，主要包括两部分：一是系统框架，详细介绍了系统的整个工作流程；二是实验的软硬件环境，主要包括实验过程中用到的语言以及设备参数等。

1. 系统框架

图 8-4 展示了以 MC2 模型为核心的用户对齐系统框架，主要由两部分组成：第一部分是数据预处理模块，需要根据用户的邻接矩阵得到更高阶的结构相似矩阵；第二部分是 MC2 模块，主要包含 3 个模块，子空间优化模块负责挖掘结构公共子空间，对角锥优化模块将多网络节点映射到结构公共子空间中，相似度计算模块选择合适的相似度计算方法进行用户对齐。

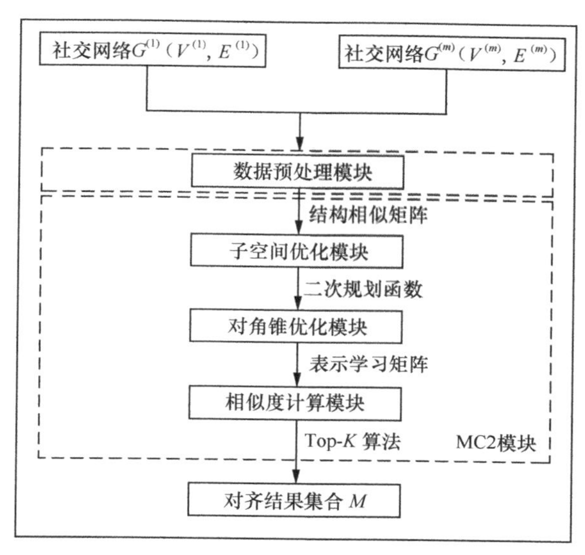

图 8-4　以 MC2 模型为核心的用户对齐系统框架

2. 软硬件环境

实验所需的硬件设备见表 8-4。

表 8-4　硬件设备

硬件单元	说明
处理器	24 Intel Xeon CPU
内存	128GB
硬盘	2TB
操作系统	CentOS 6.4

实验所需的软件环境见表 8-5。

表 8-5　软件环境

软件名称	说明
MATLAB	实现对齐算法，作图
Java	数据预处理

8.4.5 结果和分析

本节将每个实验重复 10 次，利用 95%的置信区间取平均值，表 8-6 列出了所有对比方法的主要结果。实验对比环节通过对比对齐效果来考察算法的性能，将所有基线算法分为有监督算法和无监督算法两组，然后分别进行比较。此外，现实生活中，各个网络之间的用户重叠率各不相同，这对实验结果会有很大的影响，因此本实验研究不同的用户重叠率对对齐结果的影响。本实验通过随机删除部分网络中的用户节点和边，从而达到控制不同的用户重叠率的目的。分别利用微博-豆瓣数据集和 Twitter-Foursquare 数据集进行实验，如图 8-5 和图 8-6 所示。最后考虑敏感度分析，例如探索表示向量的维度对对齐效率的影响。

表 8-6 实验结果

单位：%

数据集	网络数	KNN	UUILgan	MASTER	PALE	DeepLink	MC2
Twitter-Foursquare	两个网络	20.52±0.08	23.00±0.04	25.60±0.06	29.74±0.05	30.19±0.06	35.70±0.03
	多个网络	13.50±0.09	15.79±0.05	17.70±0.05	17.69±0.06	21.80±0.04	23.50±0.02
微博-豆瓣	两个网络	30.50±0.08	32.83±0.04	34.82±0.05	38.90±0.06	39.82±0.05	48.20±0.04
	多个网络	23.50±0.07	25.80±0.03	28.92±0.04	27.06±0.03	29.83±0.05	33.50±0.03

1. 无监督算法对比

本实验首先将 MC2 模型与采用无监督算法的对照组进行比较。为了证明算法的鲁棒性，评估了不同设置下的性能。通过观察图 8-5 和图 8-6 可以发现，无论是微博-豆瓣数据集，还是 Twitter-Foursquare 数据集，本节所提出的 MC2 算法在准确率上均优于其他对比算法。如图 8-5（a）、图 8-5（c）、图 8-6（a）和图 8-6（c）所示，对于两个网络对齐和多个网络对齐，固定 $K=20$，即当对齐结果在 Top-K 范围内即为对齐成功，重叠率设置为 10%～30%。对于这两组数据集，重叠率 $\lambda=\dfrac{2A}{X+Y}$，其中，A 是需要对齐的用户对的数量，X 和 Y 分别是两个社交网络需要对齐的用户数，并且本实验通过随机删除用户生成重叠数据集。同理，对于多个网络，采用同样的处理方式。通常精度随着重叠率的增加而提高。另外，本实验固定重叠率 λ=30%，控制 Precision@K 的范围从@5 到@25，如图 8-5（b）、图 8-5（d）、图 8-6（b）和图 8-6（d）所示。作为对比组，KNN 在所有的数据集中精度是最低的，原因在于，假设输入向量独立分布，KNN 不能有效地利用网络中的关系数据进行社交网络用户对齐。当 Precision@20、重叠率为 20%时，MC2 模型的准确率是 KNN 的 1.7 倍。有趣的是，在多个网络的情况下，MC2 模型与对比算法的差距比两个网络情况下更大，其背后的原因是，MC2 模型有效地解决了多个社交网络的用户对齐问题，并且它是按照一种统一的表示学习算法处理，而不是将多个网络按照两个网络组合的形式处理。显然，MC2 模型具有明显的优越性，原因在于，它挖掘出了一个公共子空间，在该空间中，多网络账号可以自然而然地对齐，这是一种全局的比较。而其他无监督对比算法只是进行局部比较，所以准确率较低。

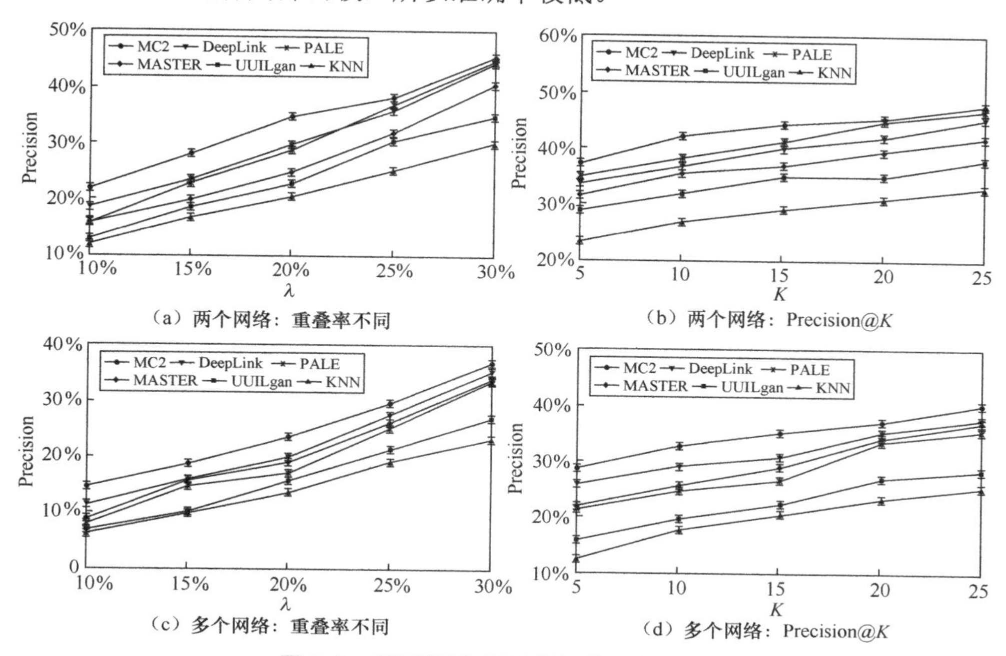

（a）两个网络：重叠率不同　（b）两个网络：Precision@K

（c）多个网络：重叠率不同　（d）多个网络：Precision@K

图 8-5　基于微博-豆瓣数据集的实验结果

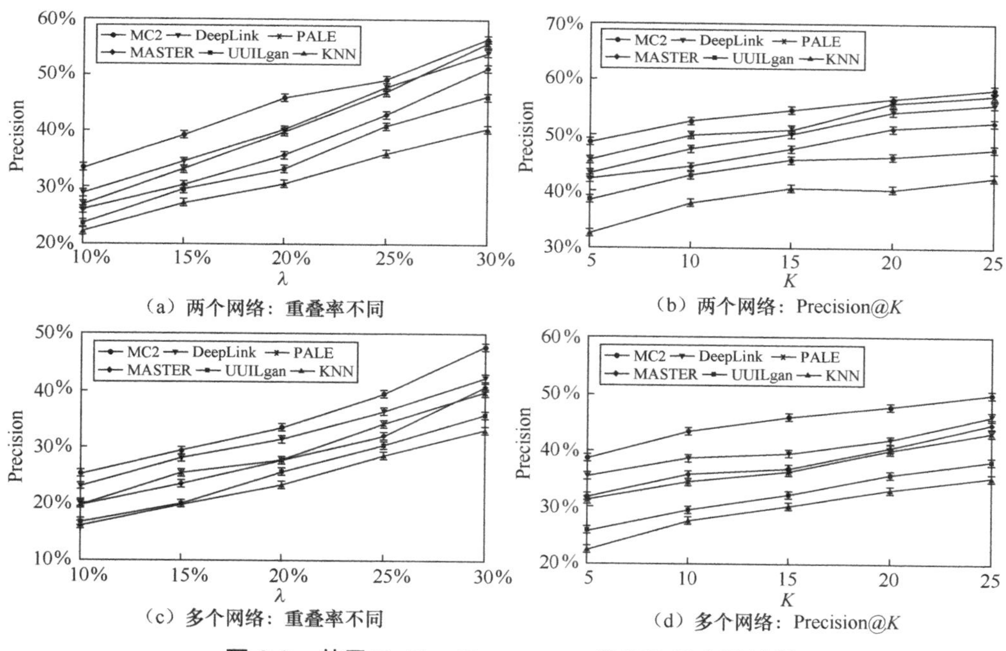

（a）两个网络：重叠率不同　（b）两个网络：Precision@K

（c）多个网络：重叠率不同　（d）多个网络：Precision@K

图 8-6　基于 Twitter-Foursquare 数据集的实验结果

2. 有监督算法对比

另外，本节将 MC2 模型与最新的有监督方法以及半监督方法进行了对比，结果如

图 8-5 和图 8-6 所示。与无监督方法类似，有监督方法（PALE 和 DeepLink）和半监督方法（MASTER[16]）的性能随重叠率的增加而提高。此外，有监督方法和半监督方法的精度高于无监督方法（KNN 和 UUILgan），其在微博-豆瓣数据集上的表现比在 Twitter-Foursquare 数据集上要好，这主要是因为前一个数据集的复杂性比后者更大。在这两个数据集上仍然可以明显地看出，MC2 模型的对齐效果优于其他所有的有监督基线方法。

3. 参数分析

本节利用表示学习的方式进行用户对齐，很显然，在一定的范围内，用户在公共子空间的维度越大，相应的时间复杂度和空间复杂度都会提高。因此，本实验给出了公共子空间维度（即嵌入维度）的参数分析。为了公平比较，在图 8-7 和图 8-8 的实验中，将嵌入维度 r 设定为 32～512，并保证 Precision@20。如图 8-7 和图 8-8 所示，当 r 较小时，MC2 模型的性能是不理想的，而随着 r 的增加，性能变得更好。但是，当 r 超过某一阈值时，精度将不再进一步提高。原因在于，当 r 较小时，嵌入趋于纠缠在一起，导致对齐错误；而当 r 达到阈值，对齐错误已经减至一定限度，作用发挥就会受限。

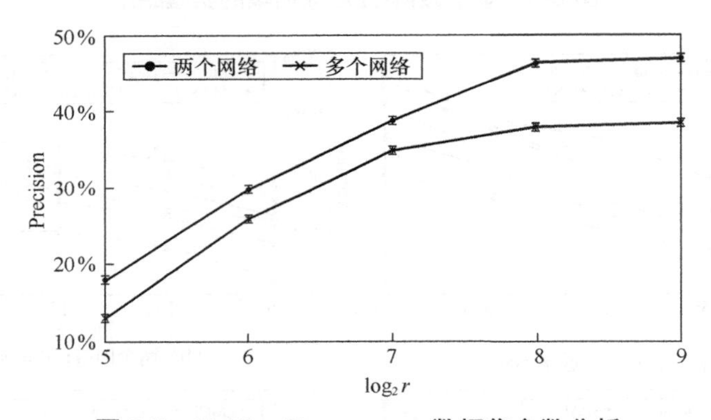

图 8-7　Twitter-Foursquare 数据集参数分析

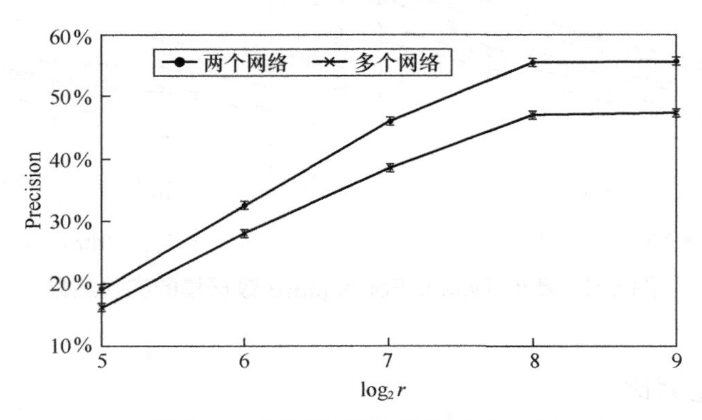

图 8-8　微博-豆瓣数据集参数分析

8.5 本章小结

本章主要研究了基于无监督学习的社交网络用户对齐模型 MC2，并提出了一种联合的快速优化算法。

首先，本章利用 MC2 模型解决了基于无监督学习的社交网络用户对齐问题。然后提出了联合优化算法，其核心是利用交替优化算法迭代求解结构公共子空间基 $\boldsymbol{H}$ 子问题和对角锥矩阵 $\boldsymbol{B}$ 子问题。对于结构公共子空间基 $\boldsymbol{H}$ 子问题，本章通过复杂的数学推导证明了该子问题的一阶导满足 Lipschitz 连续，进而利用了一种快速收敛的梯度下降算法；对于对角锥矩阵 $\boldsymbol{B}$ 子问题，本章利用等价转换的思想，将该子问题转换为含有不等式约束的凸二次规划问题，因此本章利用拉格朗日乘子法求解该问题的解析解。为了展示该算法的有效性和合理性，本章利用小规模的真实数据集进行了案例研究。最后，本章在两组公开数据集上进行了充分实验，并对实验结果进行了深入分析。实验结果表明，相较于业界已有的领先算法，本章所提出的 MC2 模型的对齐效果具有很大的提升。

参考文献

[1] ZHANG J, YU P S. PCT: partial co-alignment of social networks[C]//Association for Computing Machinery. Proceedings of the 25th International Conference on World Wide Web. New York: Association for Computing Machinery, 2016: 749-759.

[2] ZHAN Q, ZHANG J, WANG S, et al. Influence maximization across partially aligned heterogenous social networks[C]//Lecture Notes in Computer Science. Advances in Knowledge Discovery and Data Mining—19th Pacific-Asia Conference in Proceeding of the PAKDD. Ho Chi Minh City, Vietnam: Lecture Notes in Computer Science, 2015: 58-69.

[3] ZHANG Z, WEN J, SUN L, et al. Efficient incremental dynamic link prediction algorithms in social network[J]. Knowledge-Based Systems, 2017, 132: 226-235.

[4] UTZ S, TANIS M, VERMEULEN I. It is all about being popular: the effects of need for popularity on social network site use[J]. Cyberpsychology Behavior & Social Networking, 2012, 15(1): 37-42.

[5] WU S, CHIEN H, LIN K, et al. Learning the consistent behavior of common users for target node prediction across social networks[C]//Journal of Machine Learning Research. Proceedings of the 31th International Conference on Machine Learning. Cambridge, USA: MIT Press, 2014: 298-306.

[6] OUWERKERK J W, JOHNSON B K. Motives for online friending and following: the dark side of social network site connections[J]. Social Media+ Society, 2016, 2(3): 1-13.

[7] ZAFARANI K R, LIU H. Connecting users across social media sites: a behavioral-modeling approach[C]//

Association for Computing Machinery. The 19th ACM SIGKDD International Conference on Knowledge Discovery and Data Mining. New York: Association for Computing Machinery, 2013: 41-49.

[8] LEE D D, SEUNG H S. Algorithms for non-negative matrix factorization[C]//NeurIPS Foundation. Advances in Neural Information Processing Systems 13, Papers from Neural Information Processing Systems. Cambridge, USA: MIT Press, 2000: 556-562.

[9] NESTEROV Y E. A method for solving the convex programming problem with convergence rate o($1/k^2$)[J]. DOKL.AKAD.NAUK SSSR, 1983, (3): 543-547.

[10] CHU X, FAN X, YAO D, et al. Cross-network embedding for multi-network alignment[C]//Association for Computing Machinery. Proceedings of the ACM Web Conference. New York: Association for Computing Machinery, 2019: 273-284.

[11] PEROZZI B, AL-RFOU R, SKIENA S. DeepWalk: online learning of social representations[C]//Association for Computing Machinery. The 20th ACM SIGKDD International Conference on Knowledge Discovery and Data Mining. New York: Association for Computing Machinery, 2014: 701-710.

[12] LIU L, CHEUNG W K, LI X, et al. Aligning users across social networks using network embedding[C]//The Association for the Advance of Artificial Intelligence. Proceedings of the 25th International Joint Conference on Artificial Intelligence. New York: AAAI Press, 2016: 1774-1780.

[13] MAN T, SHEN H, JIN X, et al. Cross-domain recommendation: an embedding and mapping approach[C]// The Association for the Advance of Artificial Intelligence. Proceedings of the 26th International Joint Conference on Artificial Intelligence. Melbourne, Australia: AAAI Press, 2017: 2464-2470.

[14] LI C, WANG S, YU P S, et al. Distribution distance minimization for unsupervised user identity linkage[C]//Association for Computing Machinery. Proceedings of the 27th ACM International Conference on Information and Knowledge Management. New York: Association for Computing Machinery, 2018: 447-456.

[15] ARJOVSKY M, CHINTALA S, BOTTOU L. Wasserstein GAN[Z/OL]. (2022-11-20)[2023-02-14]. arXiv:1701.07875.

[16] SU S, SUN L, ZHANG Z, et al. MASTER: across multiple social networks, integrate attribute and structure embedding for reconciliation[C]//The Association for the Advance of Artificial Intelligence. Proceedings of the 27th International Joint Conference on Artificial Intelligence. Stockholm, Sweden: AAAI Press, 2018: 3863-3869.

[17] MAN T, SHEN H, LIU S, et al. Predict anchor links across social networks via an embedding approach[C]// The Association for the Advance of Artificial Intelligence. Proceedings of the 25th International Joint Conference on Artificial Intelligence. New York: AAAI Press, 2016: 1823-1829.

[18] ZHOU F, LIU L, ZHANG K, et al. DeepLink: a deep learning approach for user identity linkage[C]// Insitiute of Electrical and Electronics Engineers. Proceeding of the INFOCOM. Honolulu, USA: Insitiute of Electrical and Electronics Engineers, 2018: 1313-1321.

第 9 章　基于迁移学习的社交网络用户对齐方法

如今，社交网络在人们的日常生活中已经变得非常重要。一个人经常出于不同的目的注册多个社交网络。社交网络对齐（Social Network Alignment，SNA）旨在通过不同的社交网络来识别同一个人[1]。近年来，因为社交网络对齐是各种下游应用的基础，其引起了工业界和学术界的极大关注，如跨网络用户分析[2-5]和跨网络数据融合[6-11]。

现有的 SNA 方法可以分为 3 类：有监督的[12-15]、半监督的[16-20]和无监督的[21-25]。然而，对于有监督的和半监督的方法，获得监督是昂贵且耗时的；对于无监督的方法，由于缺乏监督，其性能会达到一个瓶颈。能否利用两个具有大量标签用户对的已对齐社交网络的知识来促进两个具有少量甚至没有标签用户对的未对齐社交网络的对齐呢？受迁移学习的启发，本章将从迁移学习的角度研究 SNA 问题。具体来说，将两个具有大量标签用户对的社交网络作为源域，并将另两个具有少量甚至没有标签用户对的社交网络作为目标域，本章方法的目的是利用源域的知识来促进目标域的学习。

例如，如图 9-1 所示，网络 A 和网络 B 组成了源域，网络 C 和网络 D 组成了目标域。对于源域，在网络 A 中，根据用户 a_4 的社交圈可以发现，用户 a_4 对美国的景点感兴趣；同样地，在网络 B 中，可以发现，用户 b_4 对美国的文化感兴趣。由于用户 a_4 和用户 b_4 是已知的同一个人，可以得知，对景点感兴趣的用户有可能和对文化感兴趣的用户是同一个人。对于目标域，在网络 C 中，可以发现，用户 c_4 对中国的景点感兴趣；在网络 D 中，可以发现，用户 d_4 对中国的文化感兴趣。因此，通过利用在源域学习到的模式可以推断出，用户 c_4 和用户 d_4 可能是同一个人。

本章旨在解决基于迁移学习的社交网络用户对齐问题。解决思路为：在源域中训练一个 SNA 模型，并将该模型迁移到目标域中。然而，它面临以下两个挑战。

首先，如何为同一领域的两个社交网络设计一个可迁移的 SNA 模型？一个可迁移的 SNA 模型应该能够在社交网络之间学习不变的排列模式。然而，一个用户的社交圈通常是复杂的，因为它有不同的邻居和邻居之间的复杂关系。因此，很难准确地将用户画像归档并学习不变的对齐模式。

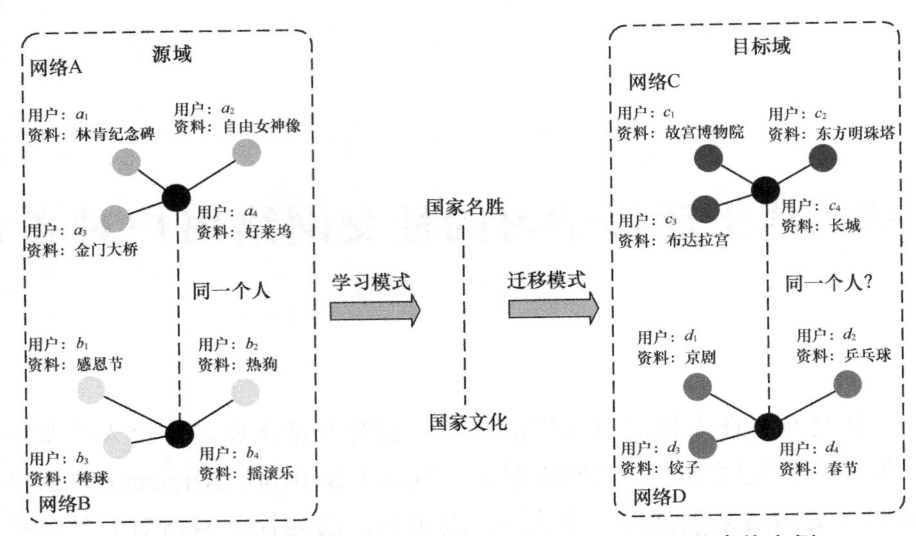

图 9-1　一个基于迁移学习的社交网络用户对齐问题的虚构实例

其次，如何将 SNA 模型从源域迁移到目标域？不同领域社交网络功能的差异带来了领域差异的问题[26]，这将阻碍模型所学习的知识的迁移。因此，在源域中训练的 SNA 模型不能直接迁移到目标域中。

为了解决第一个挑战，对于同一领域的两个社交网络，我们设计了一个可迁移的 SNA 模型，即 Ego-Transformer。为了解决第二个挑战，对于不同领域的两个社交网络，我们改进了 WGAN 模型[27-28]，设计了一个加权的 WGAN，称为 WWGAN（Weighted WGAN），以消除领域差异。为了将 Ego-Transformer 和 WWGAN 结合起来，对于源域和目标域的 4 个社交网络，我们设计了一个统一的基于迁移学习的社交网络对齐（tRansfer lEarning Based sOcial netwoRk aligNment，REBORN）框架。REBORN 框架用生成器合并了编码部分和解码部分，以同时实现两个目标：社交网络对齐和领域差异消除。

9.1　问题定义

9.1.1　符号与概念

将社交网络定义为 $G=\{V,R,H\}$，其中 V 表示用户的集合，R 表示用户之间的关系集合，H 表示用户的 d 维属性集合。

对于用户 $v_a \in V$，定义其自我网络为 $E_a=\{V_a,R_a,H_a\}$，其中集合 V_a 由 v_a 及其邻居组成，集合 R_a 由 V_a 中用户之间的关系组成，集合 H_a 由 V_a 中用户的 d 维属性组成。

存在一个源域 $\Omega_s=\{G_A,G_B\}$（由社交网络 G_A 和 G_B 组成）和一个目标域 $\Omega_t=\{G_C,G_D\}$（由社交网络 G_C 和 G_D 组成）。源域中的标签用户对定义为 $P_s=\{(v_a,v_b)|v_a \in G_A, v_b \in G_B\}$，目标域中的标签用户对定义为 $P_t=\{(v_c,v_d)|v_c \in G_C, v_d \in G_D\}$。需要注意的是，目标域可以是

部分标签的，甚至是完全没有标签的，本章提出的框架在上述两种情况下都可以很好地工作。

本章的主要符号与定义总结在表 9-1 中。

表 9-1　主要符号与定义

符号	定义
G	社交网络
V	用户集
R	用户关系集
H	用户属性集
E_{a}	v_{a} 的自我网络
Ω_{s}	源域
Ω_{t}	目标域
P_{s}	Ω_{s} 中的标签用户对
P_{t}	Ω_{t} 中的标签用户对

9.1.2　问题描述

本章的问题定义如下。

问题定义 9-1（基于迁移学习的社交网络用户对齐问题）：给定带有标签的用户对 P_{s} 的社交网络 $G_{\mathrm{A}},G_{\mathrm{B}}\in\Omega_{\mathrm{s}}$，以及带有标签的用户对 P_{t} 的社交网络 $G_{\mathrm{C}},G_{\mathrm{D}}\in\Omega_{\mathrm{t}}$，REBORN 框架旨在首先学习 G_{A} 和 G_{B} 之间的映射 Φ，然后利用 Φ 来促进学习 G_{C} 和 G_{D} 之间的映射 Φ'，使得当且仅当 v_{c} 和 v_{d} 属于同一个人时，$\Phi'(v_{\mathrm{c}})=v_{\mathrm{d}}\left(v_{\mathrm{c}}\in G_{\mathrm{C}},v_{\mathrm{d}}\in G_{\mathrm{D}}\right)$ 成立。

9.2　REBORN 框架

本节将介绍 REBORN 框架。首先介绍 Ego-Transformer，该模型用于对齐同一领域的两个社交网络。随后介绍 WWGAN，该模型用于消除不同领域的两个社交网络之间的领域差异。最后介绍设计的 REBORN 是一个统一的框架，它巧妙地将 Ego-Transformer 和 WWGAN 结合起来，以解决源域和目标域中 4 个社交网络的基于迁移学习的用户对齐问题。

9.2.1　Ego-Transformer：社交网络对齐

对于同一领域的两个社交网络，目标是设计一个可迁移的 SNA 模型，它可以学习社交圈之间的模式。使用自我网络来表示用户，因为它可以反映用户的社交圈[29]。其核心思想是将一个自我网络转化为另一个自我网络。以 $G_{\mathrm{A}},G_{\mathrm{B}}\in\Omega_{\mathrm{s}}$ 为例，假设 $v_{\mathrm{a}}\in V_{\mathrm{A}}$ 与

$v_b \in V_B$ 构成了想要发现的用户对。首先，得到 v_a 的自我网络 E_a；然后，将 E_a 从 G_A 迁移至 G_B 中，得到 E_b；最后，E_b 中的用户 v_b 即为 v_a 的对应用户。

Transformer[30]是一个基于编码器-解码器的模型，其在解决序列到序列的任务方面取得了巨大的成功。由于自我网络可以被认为是一个用户序列，可利用 Transformer 来对齐同一领域的两个社交网络。然而，在将 Transformer 用于 SNA 时，存在两个问题：一是自我网络包含丰富的关系信息，而 Transformer 不能利用它们；二是 Transformer 不能从自我网络中识别出自我。

为了解决上述问题，图 9-2 展示了一个可迁移的 SNA 模型，称为 Ego-Transformer。为了解决 Transformer 存在的第一个问题，本节引入了一个新的自我网络注意力层，以替代原来 Transformer 中的自我注意力层。在新的自我网络注意力层，首先引入 n 阶距离来评估自我网络中用户之间的社交相似性，其中包含了关系信息；然后，通过考虑用户的 n 阶距离来定义一个用户对另一个用户的重要性；最后，通过利用重要性和属性信息来计算用户的注意力值。为了解决 Transformer 存在的第二个问题，本节引入了两个损失函数，第一个损失函数的目的是识别自我网络 E_b，第二个损失函数旨在从自我网络 E_b 中识别用户 v_b（即 v_a 的对应用户）。

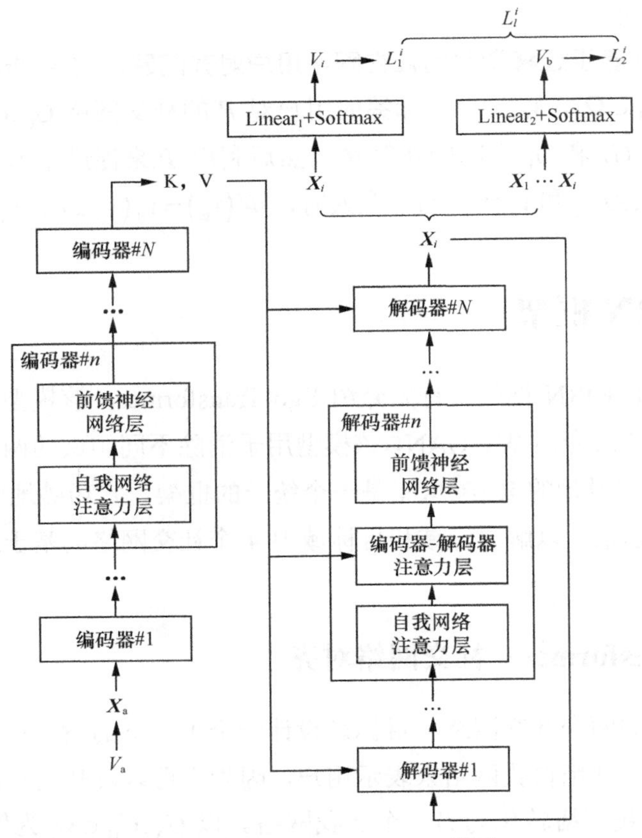

图 9-2　Ego-Transformer 模型

1. 编码组件

编码部分由 N 个结构相同的编码器组成，一个编码器的输出将被视为下一个编码器的输入。如图 9-2 所示，每个编码器由一个自我网络注意力层和一个前馈神经网络层组成。

对于 $v_{\mathrm{a}} \in V_{\mathrm{A}}$，首先获得其自我网络 E_{a}，然后构建属性矩阵 $\boldsymbol{H}_{\mathrm{a}} \in \mathbb{R}^{|V_{\mathrm{a}}| \times d}$，矩阵的第一行表示自我（$v_{\mathrm{a}}$）的属性，其余 $|V_a|-1$ 行表示替代者（v_{a} 的邻居）的属性。替代者按照与自我的余弦相似度降序排序，该关系如式（9-1）所示：

$$\left(\cos\left([\boldsymbol{H}_{\mathrm{a}}]_i, [\boldsymbol{H}_{\mathrm{a}}]_1\right) - \cos\left([\boldsymbol{H}_{\mathrm{a}}]_j, [\boldsymbol{H}_{\mathrm{a}}]_1\right)\right) \times (i-j) \leqslant 0 \tag{9-1}$$

其中，$[\boldsymbol{H}_{\mathrm{a}}]_i$ 和 $[\boldsymbol{H}_{\mathrm{a}}]_j$ 分别表示 $\boldsymbol{H}_{\mathrm{a}}$ 的第 i 行和第 j 行。最后，初始化嵌入矩阵 $\boldsymbol{X}_{\mathrm{a}}$ 与属性矩阵 $\boldsymbol{H}_{\mathrm{a}}$，即 $\boldsymbol{X}_{\mathrm{a}} = \boldsymbol{H}_{\mathrm{a}}$，并将 $\boldsymbol{X}_{\mathrm{a}}$ 送入编码组件。

在每个编码器中，$\boldsymbol{X}_{\mathrm{a}}$ 首先经过自我网络注意力层。与原有的 Transformer 模型中的自我注意力层相比，Ego-Transformer 模型中的自我网络注意力层可以捕捉到丰富的关系信息。对 Ego-Transformer 模型中的自我网络注意力层的机制进行如下说明。

首先，定义用户 $v_i \in V_{\mathrm{a}}$ 与用户 $v_j \in V_{\mathrm{a}}$ 之间的 n 阶距离：

$$\mathrm{Dist}_n\left(v_i, v_j\right) = \begin{cases} \beta_0, & i = j \\ \displaystyle\sum_{k=1}^{n} \frac{\beta_k}{\left|\mathrm{Path}_k\left(v_i, v_j\right)\right|}, & i \neq j \end{cases} \tag{9-2}$$

其中，n 是一个超参数，表示考虑的阶数，β_0 和 β_k 是系数，$\mathrm{Path}_k\left(v_i, v_j\right)$ 表示从 v_i 到 v_j 的 k 阶路径集合。例如，在图 9-3 中，对于 v_1 和 v_2，一阶路径的集合是 $\mathrm{Path}_1(v_1, v_2) = \{(v_1, v_2)\}$，二阶路径的集合是 $\mathrm{Path}_2(v_1, v_2) = \{(v_1, v_3, v_2), (v_1, v_4, v_2)\}$。$n$ 阶距离小的用户可能具有较高的社交相似性。

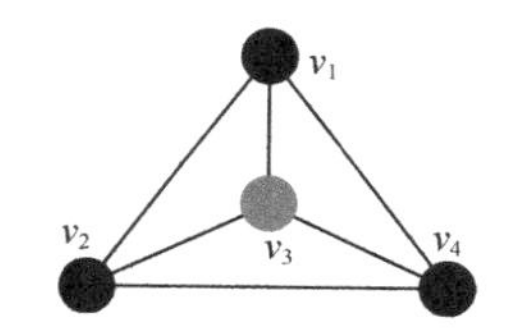

图 9-3　路径的示意

然后，计算 α_{ij}，即 V_{a} 中用户的成对重要性。在原有的 Transformer 模型中，v_j 对 v_i 的重要性被定义为

$$\alpha_{ij} = \mathrm{Softmax}\left(\frac{\boldsymbol{q}_i \boldsymbol{k}_j^{\mathrm{T}}}{\sqrt{d}}\right) = \frac{\exp\left(\dfrac{\boldsymbol{q}_i \boldsymbol{k}_j^{\mathrm{T}}}{\sqrt{d}}\right)}{\displaystyle\sum_{v_m \in V_i} \exp\left(\dfrac{\boldsymbol{q}_i \boldsymbol{k}_m^{\mathrm{T}}}{\sqrt{d}}\right)} \tag{9-3}$$

其中，$\boldsymbol{q}_i = \boldsymbol{x}_i \boldsymbol{W}^{\mathrm{Q}}$ 表示查询向量，$\boldsymbol{k}_j = \boldsymbol{x}_j \boldsymbol{W}^{\mathrm{K}}$ 表示关键向量，$\boldsymbol{W}^{\mathrm{Q}}, \boldsymbol{W}^{\mathrm{K}} \in \mathbb{R}^{d \times d}$ 表示参数矩阵，V_i 表示 v_i 的自我网络中的用户集合。在 Ego-Transformer 模型中，引入用户间的 n 阶距离，并假设 α_{ij} 服从指数距离衰减：$\alpha_{ij} \propto \lambda \exp\left(-\lambda \mathrm{Dist}_n\left(v_i, v_j\right)\right)$，其中 λ 是一个系数。

因此，在 Ego-Transformer 模型中，v_j 对 v_i 的重要性被重新定义为

$$\begin{aligned}
\alpha_{ij} &= \frac{\lambda \exp\left(-\lambda \mathrm{Dist}_n\left(v_i, v_j\right)\right) \cdot \mathrm{Softmax}\left(\frac{\boldsymbol{q}_i \boldsymbol{k}_j^{\mathrm{T}}}{\sqrt{d}}\right)}{\sum_{v_m \in V_i}\left(\lambda \exp\left(-\lambda \mathrm{Dist}_n\left(v_i, v_m\right)\right) \cdot \mathrm{Softmax}\left(\frac{\boldsymbol{q}_i \boldsymbol{k}_m^{\mathrm{T}}}{\sqrt{d}}\right)\right)} \\
&= \frac{\exp\left(-\lambda \mathrm{Dist}_n\left(v_i, v_j\right)\right) \cdot \exp\left(\frac{\boldsymbol{q}_i \boldsymbol{k}_j^{\mathrm{T}}}{\sqrt{d}}\right)}{\sum_{v_m \in V_i}\left(\exp\left(-\lambda \mathrm{Dist}_n\left(v_i, v_m\right)\right) \cdot \exp\left(\frac{\boldsymbol{q}_i \boldsymbol{k}_m^{\mathrm{T}}}{\sqrt{d}}\right)\right)} \\
&= \frac{\exp\left(-\lambda \mathrm{Dist}_n\left(v_i, v_j\right) + \frac{\boldsymbol{q}_i \boldsymbol{k}_j^{\mathrm{T}}}{\sqrt{d}}\right)}{\sum_{v_m \in V_i}\left(\exp\left(-\lambda \mathrm{Dist}_n\left(v_i, v_m\right) + \frac{\boldsymbol{q}_i \boldsymbol{k}_m^{\mathrm{T}}}{\sqrt{d}}\right)\right)} \\
&= \mathrm{Softmax}\left(-\lambda \mathrm{Dist}_n\left(v_i, v_j\right) + \frac{\boldsymbol{q}_i \boldsymbol{k}_j^{\mathrm{T}}}{\sqrt{d}}\right)
\end{aligned} \tag{9-4}$$

计算 α_{ij} 时，式（9-3）只考虑了 v_i 和 v_j 的嵌入。相比之下，式（9-4）不仅考虑了 v_i 和 v_j 的嵌入，还考虑了 v_i 和 v_j 之间的距离 $\mathrm{Dist}_n\left(v_i, v_j\right)$。因此，与式（9-3）相比，式（9-4）更适用于结构化数据，如社交网络。

接着，通过使用 $\alpha_{ij}\left(1 \leqslant i, j \leqslant \left|V_{\mathrm{a}}\right|\right)$ 来计算 $\boldsymbol{X}_{\mathrm{a}}$ 的注意力矩阵。在注意力矩阵中，用户被更精确地描述，因为每个节点的嵌入整合了其邻居的信息。为了保证学习过程的稳定性，采用多头注意力机制[30]。对于第 k 个头，$\boldsymbol{X}_{\mathrm{a}}$ 的注意力度为

$$\mathrm{Attention}_k\left(\boldsymbol{X}_{\mathrm{a}}\right) = \begin{bmatrix} \alpha_{11} & \cdots & \alpha_{1|V_{\mathrm{a}}|} \\ \vdots & \ddots & \vdots \\ \alpha_{|V_{\mathrm{a}}|1} & \cdots & \alpha_{|V_{\mathrm{a}}||V_{\mathrm{a}}|} \end{bmatrix} \boldsymbol{V}_k = \mathrm{Softmax}\left(-\lambda \boldsymbol{D}_n + \frac{\boldsymbol{Q}_k \boldsymbol{K}_k^{\mathrm{T}}}{\sqrt{d}}\right) \boldsymbol{V}_k \tag{9-5}$$

其中，$\boldsymbol{D}_n \in \mathbb{R}^{|V_{\mathrm{a}}| \times |V_{\mathrm{a}}|}$ 表示 n 阶距离矩阵且 $\left[\boldsymbol{D}_n\right]_{ij} = \mathrm{Dist}_n\left(v_i, v_j\right)$，$\boldsymbol{Q}_k = \boldsymbol{X}_{\mathrm{a}} \boldsymbol{W}_k^{\mathrm{Q}}$ 表示查询矩阵。$\boldsymbol{K}_k = \boldsymbol{X}_{\mathrm{a}} \boldsymbol{W}_k^{\mathrm{K}}$ 表示关键矩阵，$\boldsymbol{V}_k = \boldsymbol{X}_{\mathrm{a}} \boldsymbol{W}_k^{\mathrm{V}}$ 表示值矩阵，$\boldsymbol{W}_k^{\mathrm{Q}}$、$\boldsymbol{W}_k^{\mathrm{K}}$、$\boldsymbol{W}_k^{\mathrm{V}}$ 表示第 k 个头的参数矩阵。

最后，通过使用所有头的注意力矩阵来更新 $\boldsymbol{X}_{\mathrm{a}}$ 的值，这将被视为自我网络注意力层的输出。多头注意力机制弥补了单头注意力造成的误差，使用户能够获得更好的嵌入。

$$\boldsymbol{X}_{\mathrm{a}} = \left(\Vert_{k=1}^{h} \mathrm{Attention}_k\left(\boldsymbol{X}_{\mathrm{a}}\right)\right) \boldsymbol{W}^0 \tag{9-6}$$

其中，$\Vert$表示拼接操作，h 表示头的数量，$\boldsymbol{W}^0 \in \mathbb{R}^{(h \times d) \times d}$ 表示参数矩阵。

在自我网络注意力层之后，$\boldsymbol{X}_{\mathrm{a}}$ 将通过前馈神经网络层。为了避免出现梯度消失和梯度爆炸问题，在每一层中，算法采用残差连接[31]和规范化层[32]。因此，每一层的输出是 $\mathrm{LayerNorm}\left(\boldsymbol{X}_{\mathrm{a}}+\mathrm{Layer}\left(\boldsymbol{X}_{\mathrm{a}}\right)\right)$，其中 $\mathrm{Layer}(\cdot)$ 表示当前层实现的函数。

2. 解码组件

解码部分由 N 个结构相同的解码器组成，一个解码器的输出将被看作下一个解码器的输入。与编码部分不同的是，解码部分是重复的，当前步骤中顶层解码器的输出将被送入下一步骤的底层解码器作为输入。如图 9-2 所示，每个解码器由一个自我网络注意力层、一个编码器-解码器注意力层和一个前馈神经网络层组成。编码器-解码器注意力层创建查询矩阵，并从编码部分接收关键矩阵和值矩阵。需要注意的是，编码器-解码器注意力层可以实现同一个人的两个社交圈之间视角的迁移。

Ego-Transformer 模型的目标是首先获得自我网络 E_{b}，然后利用 E_{b} 来识别 v_{b}，其中 v_{b} 是 v_{a} 的对应用户。在第 i 步中，顶层解码器将输出一个嵌入 $\boldsymbol{x}_i$，表示 V_{b} 中的第 i 个用户，即 $v_i \in V_{\mathrm{b}}$。首先利用每个 $\boldsymbol{x}_i$ 来识别 v_i（E_{b} 中的第 i 个用户），然后利用 $\{\boldsymbol{x}_1,\cdots,\boldsymbol{x}_i\}$（$E_{\mathrm{b}}$ 中用户的嵌入）来识别用户 v_{b}。

首先，嵌入 $\boldsymbol{x}_i$ 应能够识别用户 v_i。使用线性（Linear）和 Softmax 层将 $\boldsymbol{x}_i$ 投射到一个 $|V_{\mathrm{B}}|$ 维的概率分布 $\hat{\boldsymbol{y}}_i$。$\hat{\boldsymbol{y}}_i$ 中的每个元素都被认为是用户 v_i 的概率，具有最大概率的用户将被视为 v_i。概率分布和识别 v_i 的损失函数如下：

$$\hat{\boldsymbol{y}}_i=\mathrm{Softmax}\left(\mathrm{Linear}_1\left(\boldsymbol{x}_i\right)\right) \tag{9-7}$$

$$\mathcal{L}_1^i=D_{\mathrm{KL}}(\boldsymbol{y}_i\|\hat{\boldsymbol{y}}_i)=\sum_{j=1}^{|V_{\mathrm{B}}|}\left[\boldsymbol{y}_i\right]_j\cdot\log\frac{\left[\boldsymbol{y}_i\right]_j}{\left[\hat{\boldsymbol{y}}_i\right]_j} \tag{9-8}$$

其中，$D_{\mathrm{KL}}(\cdot)$ 表示 Kullback-Leibler 散度[27]，$\hat{\boldsymbol{y}}_i$ 表示预测的概率分布，$\boldsymbol{y}_i$ 表示真实的概率分布，且其中只有一个非零元素 $\left[\boldsymbol{y}_i\right]_i=1$。

然后，嵌入 $\{\boldsymbol{x}_1,\cdots,\boldsymbol{x}_i\}$ 应能够共同识别用户 v_{b}。使用线性和 Softmax 层将 $\{\boldsymbol{x}_1,\cdots,\boldsymbol{x}_i\}$ 投射到一个 $|V_{\mathrm{B}}|$ 维的概率分布 $\hat{\boldsymbol{y}}_{\mathrm{b}}$。具有最大概率的用户将被视为 v_{b}。概率分布和识别 v_{b} 的损失函数如下：

$$\hat{\boldsymbol{y}}_{\mathrm{b}}=\mathrm{Softmax}\left(\mathrm{Linear}_2\left(\sum_{j=1}^{i}\boldsymbol{x}_j\right)\right) \tag{9-9}$$

$$\mathcal{L}_2^i=D_{\mathrm{KL}}(\boldsymbol{y}_{\mathrm{b}}\|\hat{\boldsymbol{y}}_{\mathrm{b}})=\sum_{j=1}^{|V_{\mathrm{B}}|}\left[\boldsymbol{y}_{\mathrm{b}}\right]_j\cdot\log\frac{\left[\boldsymbol{y}_{\mathrm{b}}\right]_j}{\left[\hat{\boldsymbol{y}}_{\mathrm{b}}\right]_j} \tag{9-10}$$

其中，$\hat{\boldsymbol{y}}_{\mathrm{b}}$ 表示预测的概率分布，$\boldsymbol{y}_{\mathrm{b}}$ 表示真实的概率分布，且其中只有一个非零元素 $\left[\boldsymbol{y}_{\mathrm{b}}\right]_{\mathrm{b}}=1$。

最后，第 i 步的总损失函数为

$$\mathcal{L}_l^i = \mathcal{L}_1^i + \zeta \mathcal{L}_2^i \tag{9-11}$$

其中，ζ 是一个系数。

9.2.2 WWGAN：领域差异消除

对于不同领域的两个社交网络，算法的目标是设计一个领域差异的消除模型。根据研究[33-35]，消除领域差异的最有效方法之一是学习源域和目标域的联合分布。生成式对抗网络（Generative Adversarial Network，GAN）已经成为学习两组样本联合分布的有效方法[36]。它由生成器和判别器组成，生成器用于生成无差别的样本，而判别器则用于识别样本来自哪一组。生成器和判别器将进行一场最小-最大博弈，直到生成器完全"捉弄"判别器，这样就可以学到两个样本集的联合分布。WGAN 方法[27-28]可以使学习过程稳定，因此建议利用 WGAN 来学习不同领域中两个社交网络的联合分布。

然而，在利用 WGAN 学习联合分布时，存在一个问题：WGAN 没有区分用户权重的机制。在每个社交网络中，存在两类用户，即有标签的用户和无标签的用户。在 Ego-Transformer 模型中，只有有标签的用户可以作为自我，而无标签的用户只能作为替代者。换句话说，只有有标签的用户的自我网络可以用于 Ego-Transformer 模型的训练。因此，与无标签的用户相比，有标签的用户对 SNA 任务做出了更多的贡献，在学习联合分布时应该被赋予更大的权重，但 WGAN 却没有区分用户权重的机制。

为了解决这个问题，设计了 WWGAN，其引入了一种新的加权机制来区分有标签的用户和无标签的用户的权重。具体来说，首先使用生成器，通过最小化两个社交网络之间的 Wasserstein-1 距离[27]来生成用户嵌入；然后，使用判别器通过调整 1-Lipschitz 函数[37]来最大化 Wasserstein-1 距离；最后，基于分析器和判别器进行最小-最大博弈，学习不同领域的两个社交网络的联合分布。

1. 生成器：在每个网络中生成用户嵌入

以 $G_{\mathrm{A}} \in \Omega_{\mathrm{s}}$ 和 $G_{\mathrm{C}} \in \Omega_{\mathrm{t}}$ 为例。采用生成器 Gen，将 G_{A} 的分布 Q_{A} 投影到 P_{A}，并将 G_{C} 的分布 Q_{C} 投射到 P_{C}。Gen 的目标是通过调整投影函数使 P_{A} 和 P_{C} 之间的 Wasserstein-1 距离最小。为了使计算可行，Wasserstein-1 距离是通过利用 Lipschitz 连续性[37]来计算的。在 WWGAN 中，设计了一种新颖的加权机制，以区分有标签和无标签的用户的权重，并将其用于计算 Wasserstein-1 距离。P_{A} 和 P_{C} 之间的 Wasserstein-1 距离被定义为

$$\mathrm{Wass}\left(P_{\mathrm{A}}, P_{\mathrm{C}}\right) = E_{\boldsymbol{x}_{\mathrm{a}} \sim P_{\mathrm{A}}}\left[m_{\tau(\boldsymbol{x}_{\mathrm{a}})} \cdot f\left(\boldsymbol{x}_{\mathrm{a}}\right)\right] - E_{\boldsymbol{x}_{\mathrm{c}} \sim P_{\mathrm{C}}}\left[m_{\tau(\boldsymbol{x}_{\mathrm{c}})} \cdot f\left(\boldsymbol{x}_{\mathrm{c}}\right)\right] \tag{9-12}$$

其中，$\boldsymbol{x}_{\mathrm{a}} = \mathrm{Gen}\left(\boldsymbol{h}_{\mathrm{a}}\right)$ 和 $\boldsymbol{x}_{\mathrm{c}} = \mathrm{Gen}\left(\boldsymbol{h}_{\mathrm{c}}\right)$ 表示由用户属性产生的用户嵌入，$f(\cdot)$ 表示具有 1-Lipschitz 连续性约束 $\|f\|_L \leqslant 1$ 的 Lipschitz 函数，$m_{\tau(\boldsymbol{x}_i)}$ 表示具有类型 $\tau\left(\boldsymbol{x}_i\right)$ 的 $\boldsymbol{x}_i$ 的权重

且 $\tau(\cdot)$ 表示用户类型，即有标签或无标签。由于加权机制旨在表示用户的相对权重，$m_{\tau(\boldsymbol{x}_i)}$ 应该被归一化为 $E_{\boldsymbol{x}_i \sim P_i} m_{\tau(\boldsymbol{x}_i)} = 1$。基于 Wasserstein-1 距离，生成器 Gen 的目标如下：

$$\min_{\text{Gen}} \left\{ L_{\text{g}} = \text{Wass}\left(P_{\text{A}}, P_{\text{C}}\right) \right\} \tag{9-13}$$

其中，L_{g} 是生成器 Gen 的损失函数。

2. 判别器：辨别网络间用户嵌入的分布情况

判别器 Dis 是一个具有 Sigmoid 激活函数的前馈神经网络，它被用来近似 Lipschitz 函数 $f(\cdot)$。根据研究[28]，为了使学习过程更加稳定，Dis 的最后一层被移除。判别器的目标是通过调整 Lipschitz 函数使 $\text{Wass}\left(P_{\text{A}}, P_{\text{C}}\right)$ 最大化。为了保证 1-Lipschitz 连续性约束，采用了梯度惩罚项[28]。在梯度惩罚项中，也采用了本节设计的加权机制，梯度惩罚项的损失函数如下：

$$L_{\text{gp}} = E_{\hat{\boldsymbol{x}} \sim P_{\hat{\boldsymbol{x}}}} \left[\left\| \nabla_{\hat{\boldsymbol{x}}} \hat{m} \cdot f\left(\hat{\boldsymbol{x}}\right) \right\|_2 - 1 \right]^2 \tag{9-14}$$

其中，$\hat{\boldsymbol{x}} = \epsilon \boldsymbol{x}_{\text{a}} + (1-\epsilon) \boldsymbol{x}_{\text{c}}$ 表示均匀采样的嵌入，即 $\epsilon \sim \text{Uniform}(0,1)$，沿着 $\boldsymbol{x}_{\text{a}} \sim P_{\text{A}}$ 和 $\boldsymbol{x}_{\text{c}} \sim P_{\text{C}}$ 之间的直线，$\hat{m} = \epsilon m_{\tau(\boldsymbol{x}_{\text{a}})} + (1-\epsilon) m_{\tau(\boldsymbol{x}_{\text{c}})}$ 表示 $\hat{\boldsymbol{x}}$ 的权重。有了 L_{gp}，判别器 Dis 的目标如下：

$$\max_{\text{Dis}} \left\{ -L_{\text{d}} = \left(\text{Wass}\left(P_{\text{A}}, P_{\text{C}}\right) - \mu L_{\text{gp}} \right) \right\} \tag{9-15}$$

其中，L_{d} 是判别器 Dis 的损失函数，μ 是一个系数。

最后，生成器 Gen 和判别器 Dis 进行最小-最大博弈，通过学习两个社交网络在不同领域的联合分布来消除领域差异：

$$\min_{\text{Gen}} \max_{\text{Dis}} \left\{ \text{Wass}\left(P_{\text{A}}, P_{\text{C}}\right) - \mu L_{\text{gp}} \right\} \tag{9-16}$$

尽管判别器在结构上与 Siamese 网络[38]相似，但由于它们的目标不同，因此本质上是不同的。具体来说，判别器的目标是通过最小化它们的分布距离来学习两个社交网络的联合分布。换句话说，判别器的重点在分布层面。相比之下，Siamese 网络的目标是通过比较嵌入域中样本的相似性来学习两个集合中样本的对应关系。简单来说，Siamese 网络的重点在样本层面。

9.2.3 REBORN：统一框架

对于 4 个社交网络 $G_{\text{A}}, G_{\text{B}} \in \Omega_{\text{s}}$ 和 $G_{\text{C}}, G_{\text{D}} \in \Omega_{\text{t}}$，本小节旨在设计一个统一的框架，将 Ego- Transformer 模型和 WWGAN 结合起来。Ego-Transformer 模型的编码组件和解码组件可以扮演 WWGAN 中生成器的角色，以同时实现两个目标：社交网络对齐与领域差异消除。因此，将编码组件和解码组件与生成器合并，设计了 REBORN 框架。如图 9-4 所示，在 REBORN 框架中，将 G_{A} 和 G_{C} 融合为一个编码器 Gen_1，它不仅是领域差异消除的生成器，也是 SNA 的编码部件。同样，Gen_2 被用于 G_B 和 G_D 中。Dis_1 被用于 G_A 和 G_C 中作为判别器，Dis_2 被用于 G_B 和 G_D 中。

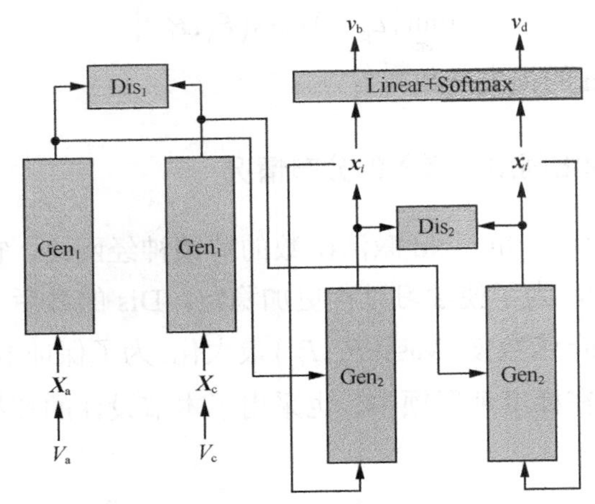

图 9-4　REBORN 框架（Gen_1 扮演生成器和编码组件的角色，Gen_2 扮演生成器和解码组件的角色）

为了保证可重复性，算法 9-1 总结了 REBORN 框架的训练过程。第 3～16 行消除了不同领域的两个社交网络之间的领域差异。具体来说，第 4～9 行训练 Dis_1 和 Dis_2，其中 L_d^1 是 Dis_1 的损失函数，L_d^2 是 Dis_2 的损失函数。第 10～15 行训练 Gen_1 和 Gen_2，其中 L_g^1 是 Gen_1 的损失函数，L_g^2 是 Gen_2 的损失函数。第 17～28 行将同一领域的两个社交网络对齐。具体来说，该算法是为了训练 Gen_1、Gen_2 和线性层。经过迭代，该算法最终将收敛[28]。

算法 9-1　REBORN 的训练

输入：包含标签用户对 P_s 的源域 $\Omega_s = \{G_A, G_B\}$，包含标签用户对 P_t 的目标域 $\Omega_t = \{G_C, G_D\}$，判别器训练次数 n_{dt}，批处理大小 n_{bs}

输出：训练后的参数集

1：初始化 Dis_1 与 Dis_2 的参数 θ_d^1、θ_d^2，Gen_1 与 Gen_2 的参数 θ_g^1、θ_g^2，线性层参数 θ_l；

2：　**while** 未收敛 **do**

// 消除领域差异

3：　　**for** i=1, …, n_{dt} **do**

4：　　　**for** j=1, …, n_{bs} **do**

5：　　　　生成用户嵌入；

6：　　　　采样 $\boldsymbol{x}_a$、$\boldsymbol{x}_c$、ϵ 获得 L_d^1；

7：　　　　采样 $\boldsymbol{x}_b$、$\boldsymbol{x}_d$、ϵ 获得 L_d^2；

8：　　　　通过 L_d^1 更新 θ_d^1，通过 L_d^2 更新 θ_d^2；

9: end for
10: for j=1, ⋯, n_{bs} do
11: 生成用户嵌入;
12: 采样 $\boldsymbol{x}_a$、$\boldsymbol{x}_c$ 获得 L_g^1;
13: 采样 $\boldsymbol{x}_b$、$\boldsymbol{x}_d$ 获得 L_g^2;
14: 通过 L_g^1 更新 θ_g^1，通过 L_g^2 更新 θ_g^2;
15: end for
16: end for
// 社交网络对齐
17: for j=1, ⋯, n_{bs} do
18: 采样 $(v_a, v_b) \in P_s$;
19: for i=1, ⋯, $|V_b|$ do
20: 生成 $\boldsymbol{x}_i$、$\boldsymbol{x}_c$、ϵ 获得 L_d^1;
21: 通过 L_d^i 更新 θ_g^1、θ_g^2、θ_l;
22: 采样 $(v_c, v_d) \in P_t$;
23: end for
24: for i=1, ⋯, $|V_d|$ do
25: 生成 $\boldsymbol{x}_i$、$\boldsymbol{x}_d$ 以获得 L_l^i;
26: 通过 L_l^i 更新 θ_g^1、θ_g^2、θ_l;
27: end for
28: end for
29: end while
30: return $\theta_d^1, \theta_d^2, \theta_g^2$ 和 θ_l

在每次迭代中，计算复杂度主要由生成器、判别器和线性层组成。生成器由自我网络注意力层和前馈神经网络层组成。在每次迭代中，自我网络注意力层的复杂度为 $O\left(|V_a|^2 \cdot d\right)$，其中 $|V_a|$ 是 v_a 的自我网络的大小，d 是维数。根据邓巴数字[39]，一个人能够保持稳定的社交关系的人数不超过 150 人。因此，在 REBORN 框架中，设定 $|V_a| \leqslant 150$，自我网络注意力层的复杂度可以被认为是常数项，前馈神经网络层的复杂度也是常数。判别器也是复杂度为常数的前馈神经网络的一种。在线性层，需要从概率分布中找出概率最大的用户，其复杂度为 $O\left(\max\left(|V_B|, |V_D|\right)\right)$。因此，每次迭代的总体复杂度为 $O\left(\max\left(|V_B|, |V_D|\right)\right)$。假设算法经过 K 次迭代以达到收敛，则线性层的总复杂度为 $O\left(K \cdot \max\left(|V_B|, |V_D|\right)\right)$。

9.3 实验与分析

9.3.1 数据集

本实验使用曹雪智等人[40]公布的真实社交网络的开源数据集，这些数据集包括两个美国的社交网络（脸书和推特），以及两个我国的社交网络（微博和豆瓣）。脸书和推特之间的用户对以及微博和豆瓣之间的用户对被称为基本事实。出于隐私方面的考虑，曹雪智等人[40]没有提供数据集的生成过程，只提供了用户资料脱敏后的嵌入，包括用户名、推文、转发、点赞和评论等。本实验只是将用户资料中项目的嵌入拼接起来，并使用多层感知将拼接的内容投影到一个 d 维向量作为用户的属性。数据集的统计数据见表 9-2。

表 9-2 数据集的统计数据

数据集	用户数	关系数	用户对数
脸书	422 291	3 710 789	328 224
推特	669 198	12 749 257	
微博	459 826	6 280 561	141 614
豆瓣	541 152	2 700 602	

9.3.2 评价指标

REBORN 框架的目标是预测 G_C 和 G_D 之间的用户对。因此，对于每个用户 $v_c \in V_C$，构建一个候选列表，其中包括 V_D 中前 K 个可能的对应用户。候选列表中的用户按其可能性降序排列。根据大多数现有的研究[1,16,18]，使用两个标准评价指标 Precision@K 和 MAP@K 来评估预测性能，数值越高，性能越好。Precision@K 表示为

$$\text{Precision}@K = \frac{1}{n}\sum_{i=1}^{n}\mathcal{L}_i\{\text{Success}@K\} \tag{9-17}$$

其中，$\mathcal{L}_i\{\text{Success}@K\}$ 表示对应方是否存在于候选列表中，n 是测试用户数。SNA 问题只注意已有标签用户的预测，因此 Precision@K 等于 Recall@K 和 F1@K[18]。对于 v_c 的正确对应者，它们在候选列表中应具有较高的排名。因此，可以采用 MAP@K 来评估排名性能：

$$\text{MAP}@K = \frac{1}{n}\sum_{i=1}^{n}\frac{1}{\text{Rank}_i}, 1 \leqslant \text{Rank}_i \leqslant K \tag{9-18}$$

其中，Rank_i 是 v_c 对应的 Top-K 候选列表中的排名。如果 v_c 未正确对齐，则将 $\frac{1}{\text{Rank}_i}$ 设为零。

9.3.3 对比方法

将 REBORN 框架与 8 种最先进的 SNA 方法进行对比。在这些方法中，有 5 种是半

监督的，一种是有监督的，还有两种是无监督的。在相同的训练数据下，半监督方法可以获得比有监督方法和无监督方法更好的性能。对比方法的详细说明如下。

（1）SNNA[16]（Social Network aligNment based on Adversarial learning）：一种半监督的 SNA 方法，从分布层面进行社交网络对齐。具体来说，SNNA 方法学习一个投影函数，该函数不仅可以最小化两个社交网络中用户身份分布之间的距离，而且还可以将现有的注释作为学习指导。

（2）MSUIL[17]（semi-supervised User Identity Linkage across Multiple Social networks）：一种半监督的 SNA 方法，利用对抗性学习与部分共享的生成器，在多个社交网络中形成用户身份的联系。具体来说，MSUIL 方法学习最优的投影函数（生成器），该函数不仅使平台中任意一对的用户身份分布之间的距离最小，而且还将可用的标签作为学习依据。

（3）BRIGHT[41]（Bridging Algorithm for Network Alignment）：一种半监督的 SNA 方法，解决了 SNA 限制性传播和空间不对等的问题。具体来说，BRIGHT 方法通过构建一个带重启的随机游走（Random Walk with Restart，RWR）空间来处理普通网络和属性网络，其基础是锚节点的 one-hot 编码向量，然后是一个共享的线性层。

（4）DeepLink[18]：一种半监督的 SNA 方法，通过捕捉局部和全局的网络结构来嵌入网络节点，并使用梯度策略法更新链接。具体来说，DeepLink 方法对网络进行采样，并通过学习将网络节点编码为矢量进行表示，以捕捉局部和全局的网络结构，相应地，可以通过深度神经网络来对齐锚节点。

（5）IONE[19]：一种半监督的 SNA 方法，通过提取基于嵌入的网络特征来学习用户关系。具体来说，IONE 方法在一个统一的优化框架下同时解决了网络嵌入问题和用户对齐问题。

（6）PALE[13]：一种有监督的 SNA 方法，它将网络特征和网络结构嵌入低维空间中，并应用基于用户潜在特征的投影方法。具体来说，PALE 方法采用网络嵌入，以观测到的锚链为监督信息，捕捉主要和特定的结构规律性，并通过进一步学习稳定的跨网络映射来预测锚链接。

（7）WAlign[42]（Unsupervised Graph Alignment with Wasserstein Distance Discriminator）：一种无监督的 SNA 方法，可以快速确定节点对应对的候选集，而不涉及明确的计算。具体来说，WAlign 方法利用一个新的 Wasserstein 距离判别器来确定候选节点的对应对，以更新节点嵌入。整个过程就像一个双人博弈，最终可以得到适合对齐任务的判别性嵌入。

（8）UUILgan[24]：一种无监督的 SNA 方法，通过使用 Wasserstein 距离来学习一个投影函数，以最小化两个社交网络中用户身份分布之间的差异。其理念在于，UUILgan 方法将无监督的 UIL 问题转换为学习投影函数，以最小化两个社交网络中用户身份分布之间的距离。

9.3.4 参数设置

本实验共设计了两组子实验：第一组旨在预测微博和豆瓣之间的用户对（W-D），第二组旨在预测脸书和推特之间的用户对（F-T）。

1. 训练集和测试集

（1）第一组。REBORN 框架将 F-T 作为源域，将 W-D 作为目标域。REBORN 框架的训练集包括 F-T 之间的所有基本事实（有标签的用户对），以及 W-D 之间 30%的监督信息（即标签信息）。对于对比方法，训练集包括 W-D 之间 30%的监督信息。对于 REBORN 框架和对比方法，测试集包括 W-D 之间 70%的监督信息。

（2）第二组。REBORN 框架将 W-D 作为源域，F-T 作为目标域。REBORN 框架的训练集包括 W-D 之间的所有监督信息，以及 F-T 之间 30%的监督信息。对于对比方法，训练集包括 F-T 之间 30%的监督信息。对于 REBORN 框架和对比方法，测试集包括 F-T 之间 70%的监督信息。

与 REBORN 框架不同的是，不同时使用 F-T 和 W-D 之间的监督信息来训练对比方法，因为它们没有知识迁移能力。强行将 F-T 和 W-D 同时用于对比方法的训练将导致负面的迁移问题，9.3.5 小节将详细讨论这个问题。

2. 参数设置

（1）距离阶数 n。n 的增加将提高对齐性能，但也会增加计算成本。因此，在对性能和成本进行平衡后，本实验将 n 设置为 2（详见 9.3.5 小节）。

（2）有标签用户和无标签用户的权重比 $\omega = \dfrac{m_{\tau(x_1)}}{m_{\tau(x_u)}}$。其中，$\boldsymbol{x}_1$ 表示有标签用户的嵌入，$\boldsymbol{x}_u$ 表示无标签用户的嵌入。通过实验可以观察到，随着 ω 的增加，REBORN 框架的性能先提升，然后下降。因此，本实验将性能最好时的 $\omega = 3$ 设置为参数（详见 9.3.5 小节）。

（3）候选列表长度 K。K 的增加将提高性能，但会弱化对齐效果。经典的 SNA 方法如 PALE[13]、IONE[19]和 COSNET[20]，本实验将 K 设置为最常用的 10（详见 9.3.5 小节）。

（4）用户属性维度 d。通过实验可以观察到，随着 d 的增加，REBORN 框架的性能先提升，然后保持稳定。因此，本实验找出拐点并设定 $d = 120$（详见 9.3.5 小节）。

（5）系数 β_0、β_1、β_2、λ、ζ 与 μ。首先，根据经验初始化每个系数。然后，在保持其他系数固定的情况下，在实验中修改这些值，对一个系数进行修改，并找出具有最佳对齐性能的值。接着，修改每个系数，并重复这个过程 5 次。最后，得到的系数值是：$\beta_0=1.6$，$\beta_1=0.8$，$\beta_2=0.4$，$\lambda=1$，$\zeta=15$，$\mu=10^{-3}$。

（6）编码器/解码器的数量 N，以及头的数量 h。实验遵循原有的 Transformer[30]模型，设置 $N=6$ 与 $h=8$。

（7）判别器训练次数 n_{dt}，批处理大小 n_{bs}。本实验遵循 WGAN[28]，设置 $n_{\text{dt}}=5$ 与 $n_{\text{bs}}=64$。

3. 统计学意义

为了保证统计学意义，每个实验将重复 10 次，并得到带有 95%置信区间的平均值。每次重复时，训练集和测试集都是以给定的比例随机选择的。

9.3.5 结果和分析

对于长度不同的候选列表，REBORN 框架总是表现得最好。如表 9-3 所示，在第一组中，与对比方法相比，REBORN 框架平均可以达到 18.5%的 Precision@K 和 30.4%的 MAP@K。在第二组中，与对比方法相比，REBORN 框架平均可以达到 21.6%的 Precision@K 和 16.0%的 MAP@K。需要注意的是，由于使用的数据集和评估指标不同，对比方法的性能指标可能与原有论文中的性能指标略有不同。在对比方法中，UUILgan 和 WAlign 的性能相对不理想，因为它们是无监督的方法，无法利用监督。PALE 的性能相较上述两种方法略有提高，因为它是有监督的，能够利用监督。SNNA、MSUIL、BRIGHT、DeepLink 和 IONE 的性能更好，因为它们是半监督的，能够同时利用有标签的数据和无标签的数据。然而，所有的对比方法都不能利用两个对齐的社交网络的知识来促进两个未对齐的社交网络的对齐，而 REBORN 框架却可以。因此，REBORN 框架可以在这些方法中实现最优的性能。

REBORN 框架可以有效处理目标域中标签稀少，甚至没有标签的情况。在第一组中，修改了 W-D 之间的训练比例 η_{wd}，而在第二组中，修改了 F-T 之间的训练比例 η_{ft}。如图 9-5 所示，随着 η_{wd} 和 η_{ft} 的减少，REBORN 框架的性能可以大致保持在同一水平，而对比方法（除 WAlign 和 UUILgan 外）的性能受到明显影响。当目标域完全没有标签，即训练比例为 0 时，REBORN 框架可以达到大约 60%的 Precision@10 和 45%的 MAP@10，而对比方法甚至都不能达到 40%的 Precision@10 和 30%的 MAP@10，原因是 REBORN 框架已经从源域获得了足够的知识。因此，减少在目标领域的训练比例并不会明显影响 REBORN 框架的性能。然而，对比方法（除 WAlign 和 UUILgan 外）在很大程度上依赖监督信息，如果训练比例降低，它们的性能将受到明显影响。WAlign 和 UUILgan 的性能保持不变，因为它们是无监督的方法。

表 9-3　不同候选列表长度 K 下的 Precision@K 与 MAP@K　　单位：%

组	第一组：在 W-D 上预测用户对						第二组：在 F-T 上预测用户对					
评价指标	Precision@K			MAP@K			Precision@K			MAP@K		
K	K=5	K=10	K=15	K=5	K=10	K=15	K=5	K=10	K=15	K=5	K=10	K=15
SNNA	47.7	53.5	56.9	33.2	37.2	39.1	49.6	54.1	56.4	35.6	39.5	41.3
MSUIL	43.8	49.6	51.1	30.6	34.2	35.8	42.2	53.6	55	31.3	36	38.7
BRIGHT	45.8	48.4	52.9	29.9	33.6	37.9	44.8	51.5	55.4	33.6	37.2	40.7
DeepLink	43.2	50.7	52	31.5	35.8	36.4	46.2	51.3	56.2	29.1	35.9	36.8
IONE	40.4	46.7	49.1	29.3	33.8	35.5	40.1	43.5	44.4	28.6	34.4	35.5
PALE	35.1	40.5	42.5	25.7	29.9	31	35.5	40.8	41.7	27.8	31.4	34.1
WAlign	31.5	36.2	39.7	26.1	28.4	29.9	29.6	34.8	38.5	25.3	28	31.4
UUILgan	27.6	31.4	32.9	23.8	26.5	27.6	26.2	29.8	30.1	23.9	25.8	28.2
REBORN	**57.8**	**63.2**	**65.6**	**43.3**	**47.9**	**50.1**	**62.8**	**65.9**	**67.4**	**44.6**	**50**	**52.3**

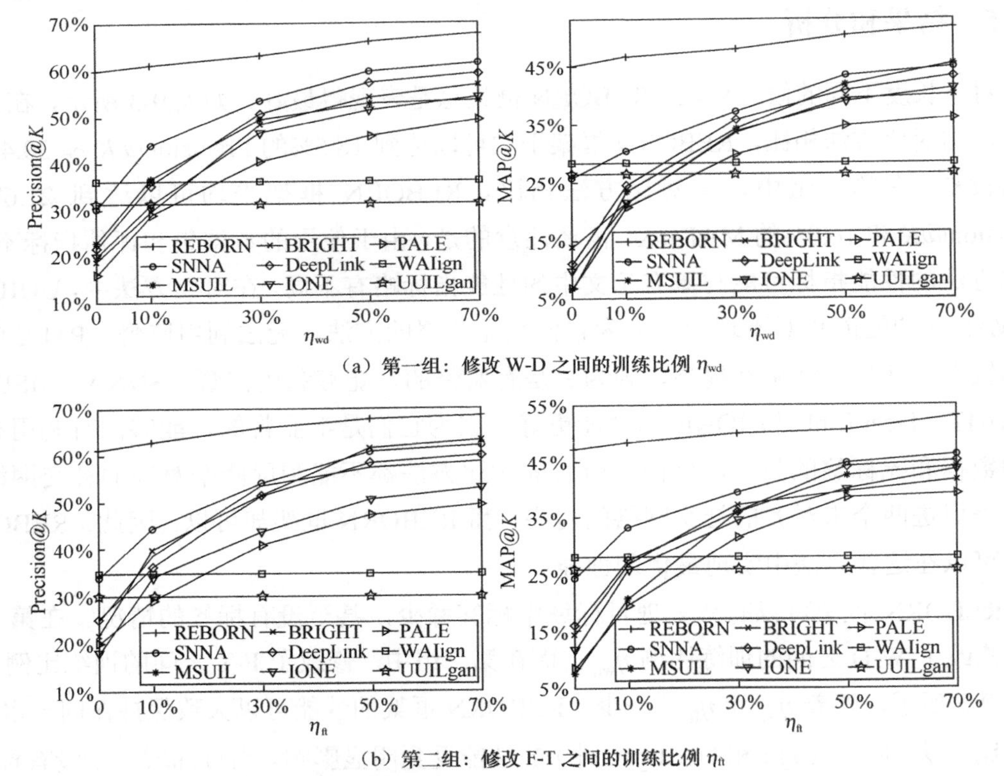

(a) 第一组：修改 W-D 之间的训练比例 η_{wd}

(b) 第二组：修改 F-T 之间的训练比例 η_{ft}

图 9-5　目标域中不同训练比例下的 Precision@K 与 MAP@K

Ego-Transformer 和 WWGAN 分别比 Transformer 和 WGAN 表现得更好。为了证明 Ego-Transformer 和 WWGAN 的优越性，先介绍 REBORN 框架的两个降级版本：一个是 REBORN-Transformer，用 Transformer 取代 Ego-Transformer；另一个是 REBORN-WGAN，用 WGAN 取代 WWGAN。

我们对 REBORN、REBORN-Transformer 和 REBORN-WGAN 进行了两组实验。如图 9-6 所示，REBORN 框架的性能明显优于 REBORN-Transformer 和 REBORN-WGAN。

原因是，与原来的 Transformer 相比，Ego-Transformer 引入了自我网络注意力层来捕捉丰富的关系信息，这使得它更适合学习两个社交网络之间的对齐模式。与原来的 WGAN 相比，WWGAN 引入了一个加权机制来区分有标签的用户和无标签的用户的权重。

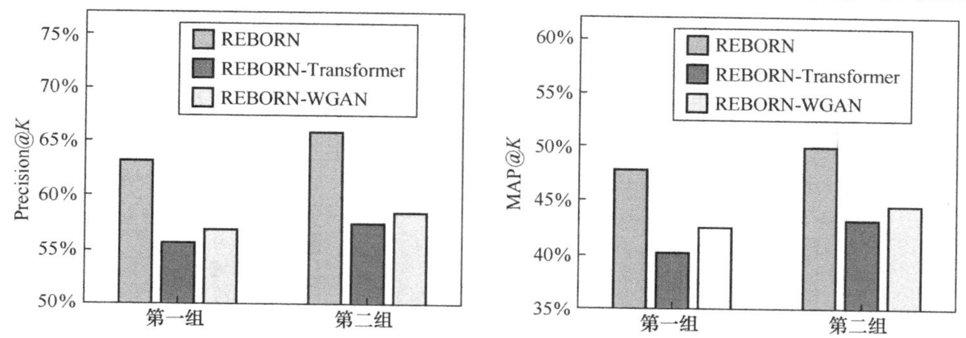

图 9-6　REBORN、REBORN-Transformer 与 REBORN-WGAN 的 Precision@K 与 MAP@K

数据集的顺序对 REBORN 框架的性能影响不大。由于 REBORN 框架不是对称的，改变数据集的顺序会得到不同的结果。关于这个问题，本节设置了一个实验，并在表 9-4 中列出了结果。可以看到，当数据集的顺序改变时，REBORN 框架的性能可以保持在同一水平。这个实验表明 REBORN 框架具有鲁棒性强的特性。

表 9-4　REBORN 框架在不同数据集顺序下的 Precision@K 与 MAP@K

G_A	G_B	G_C	G_D	Precision@K	MAP@K
F	T	W	D	63.2%	47.9%
T	F	W	D	60.8%	46.5%
F	T	D	W	61.4%	47.2%
T	F	D	W	59.8%	45.6%
W	D	F	T	65.9%	50%
D	W	F	T	60.3%	45.7%
W	D	T	F	63.4%	47.7%
D	W	T	F	61.5%	46.8%

消融实验可以用来说明迁移学习的必要性，具体设计了如下 3 个案例。

迁移学习。通过使用源域的数据来训练模型，然后通过消除域的差异将在源域学到的知识迁移到目标域，以方便在目标域进行模型训练。需要注意的是，这种情况只适用于 REBORN。

仅目标域。排除源域数据，只用目标域数据来训练模型。

直接训练。使用源域数据和目标域数据直接训练模型，而不消除域的差异。

如图 9-7 所示，可以看到，迁移学习是绝对有必要的，因为它可以利用源域的数据显著提高目标域的对齐性能。相比之下，“仅目标域”的案例忽略了源域中的大量知识，这将降低对齐性能。对于“直接训练”的案例，对齐性能会进一步降低。原因是，当存在领域差异时，源域的知识不能有效地迁移到目标领域。这种现象被定义为负迁移问题[26]，即源域的数据损害了目标域的学习。

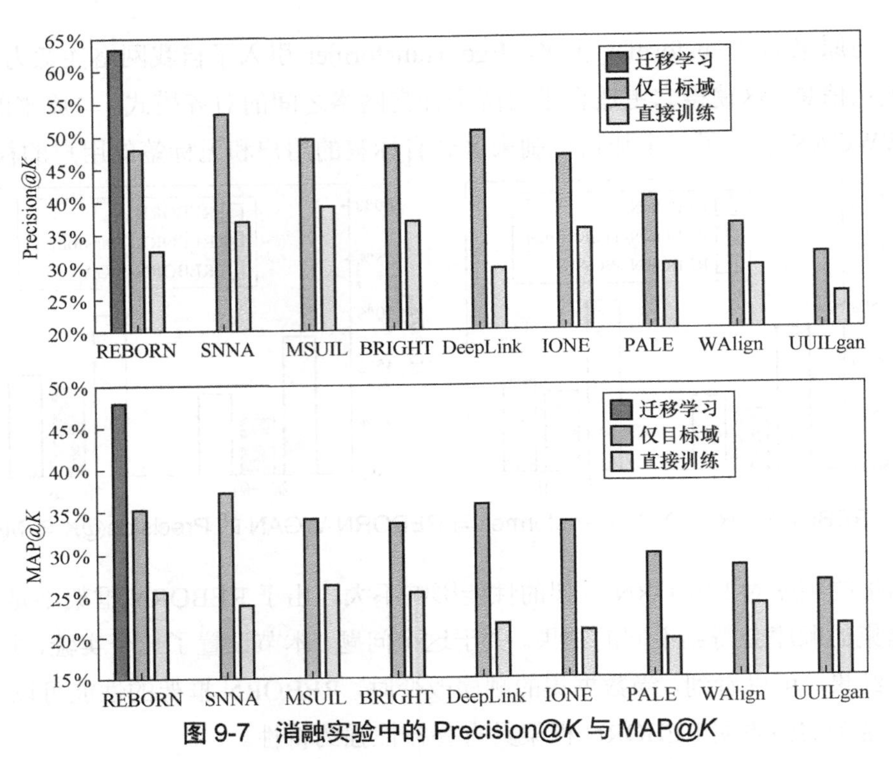

图 9-7 消融实验中的 Precision@K 与 MAP@K

继续分析 REBORN 框架对以下 4 个超参数的敏感性：n 阶距离的 n，有标签和无标签用户的权重比 $\omega = m_{\tau(x_l)} / m_{\tau(x_u)}$，候选列表长度 K 和用户属性维度 d。对第一组和第二组进行了参数敏感性分析，结果如图 9-8 所示。

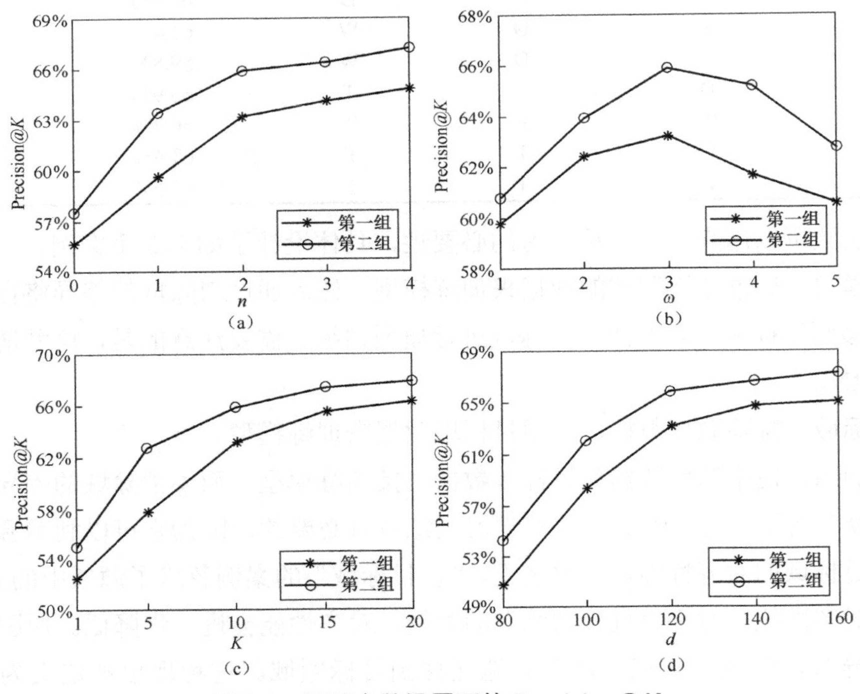

图 9-8 不同参数设置下的 Precision@K

n 阶距离的 n 从 0 变化到 4。从图 9-8（a）可以看出，REBORN 框架的性能先提升，然后保持稳定。原因是，当 n 增加时，n 阶路径将为 n 阶距离提供很少的关系信息。在将 REBORN 框架与其他方法进行对比的实验中，设定 $n=2$ 。

有标签和无标签用户的权重比 ω 从 1 变化到 5。从图 9-8（b）可以看出，REBORN 框架的性能先提升，然后下降。结果表明，ω 最合适的值是 3。

候选列表长度 K 从 1 变化到 20。从图 9-8（c）可以看出，REBORN 框架的性能先提升，然后保持稳定。结果表明，增加 K 肯定会对性能有利。然而，大的 K 值会削弱对齐的效果，因此在将 REBORN 框架与其他方法进行对比的实验中，设定 K=10。

用户属性维度 d 从 80 变化到 160。从图 9-8（d）可以看出，随着 d 的增加，REBORN 框架的性能先提升，然后保持稳定。结果表明，较大的 d 将具有更强的用户表示能力。然而，当 d 过大时，性能将达到一个瓶颈。此外，大的 d 值会减慢训练速度，因此在将 REBORN 框架与其他方法进行对比的实验中，设定 $d=120$ 。

9.4 本章小结

本章从迁移学习的角度研究社交网络用户问题。可以观察到，源域的对齐模式可以迁移到目标域，并进一步改善目标域的对齐。为此，本章设计了一个新颖的基于迁移学习的社交网络对齐框架，称为 REBORN，它利用两个具有大量带标签用户对的对齐社交网络的知识来促进两个具有稀少甚至没有标签用户对的未对齐社交网络的对齐。REBORN 框架结合了两个新的模型：用于对齐同一领域两个社交网络的 Ego-Transformer 以及用于消除不同领域两个社交网络之间领域差异的 WWGAN。具体来说，首先利用 Ego- Transformer 提取源域中的对齐知识，然后利用 WWGAN 将对齐知识从源域迁移到目标域。本章在脸书-推特和微博-豆瓣的数据集上进行了广泛的实验，并将 REBORN 框架与 8 种最先进的 SNA 方法进行了比较，结果表明，在 Precision@K 与 MAP@K 上，REBORN 框架的性能比这些方法平均高出 20.02%和 23.23%。在未来的研究工作中，可以将本方法扩展到动态社交网络，即用户关系和属性在时间上是变化的。本章只考虑了静态的社交网络，但是社交网络通常是随着时间的推移而演变的。如果在后续研究中考虑社交网络的动态性，将增强迁移学习的有效性，并进一步提高目标领域的对齐性能。

参考文献

[1] SHU K, WANG S, TANG J, et al. User identity linkage across online social networks: a review[J]. SIGKDD Explorations. 2016, 18(2): 5-17.

[2] LI C, WANG S, HE L, et al. SSDMV: semi-supervised deep social spammer detection by multi-view data fusion[C]//Institute of Electrical and Electronics Engineers. IEEE International Conference on Data Mining. Singapore: Institute of Electrical and Electronics Engineers, 2018: 247-256.

[3] XU J, HUANG F, ZHANG X, et al. Visual-textual sentiment classification with bi-directional multi-level attention networks[J]. Knowledge Based Systems, 2019, 178: 61-73.

[4] XU J, LI Z, HUANG F, et al. Social image sentiment analysis by exploiting multimodal content and heterogeneous relations[J]. IEEE Transactions on Industrial Informatics, 2021, 17(4): 2974-2982.

[5] WEN X, PENG Z, HUANG S, et al. MISS: a multi-user identification network for shared-account session-aware recommendation[C]//Lecture Notes in Computer Science. Database Systems for Advanced Applications-26th International Conference. Taipei, China: Lecture Notes in Computer Science, 2021: 228-243.

[6] JIANG M, CUI P, CHEN X, et al. Social recommendation with cross-domain transferable knowledge[J]. IEEE Transactions on Knowledge and Data Engineering, 2015, 27(11): 3084-3097.

[7] ZHANG J, CHEN J, ZHI S, et al. Link prediction across aligned networks with sparse and low rank matrix estimation[C]//Institute of Electrical and Electronics Engineers. Proceedings of the 33rd International Conference on Data Engineering. Los Angeles: Institute of Electrical and Electronics Engineers, 2017: 971-982.

[8] LI C, WANG S, YANG D, et al. Adversarial learning for multi-view network embedding on incomplete graphs[J]. Knowledge Based Systems, 2019, 180: 91-103.

[9] LI C, ZHENG L, WANG S, et al. Multi-hot compact network embedding[C]//Association for Computing Machinery. Proceedings of the 28th ACM International Conference on Information and Knowledge Management. New York: Association for Computing Machinery, 2019: 459-468.

[10] LI Z, LI C, YANG L, et al. Mixture distribution modeling for scalable graph-based semi-supervised learning[J]. Knowledge-Based Systems, 2020, 200: 1-18.

[11] WANG J, CAO J, LI W, et al. CANE: community-aware network embedding via adversarial training[J]. Knowledge and Information Systems, 2021, 63(2): 411-438.

[12] ZHANG J, CHEN B, WANG X, et al. Mego2vec: embedding matched ego networks for user alignment across social networks[C]//Association for Computing Machinery. Proceedings of the 27th ACM International Conference on Information and Knowledge Management. New York: Association for Computing Machinery, 2018: 327-336.

[13] MAN T, SHEN H, LIU S, et al. Predict anchor links across social networks via an embedding approach[C]// The Association for the Advance of Artificial Intelligence. Proceedings of the 25th International Joint Conference on Artificial Intelligence. New York: AAAI Press, 2016: 1823-1829.

[14] MU X, ZHU F, LIM E, et al. User identity linkage by latent user space modelling[C]//Association for Computing Machinery. Proceedings of the 22nd ACM SIGKDD International Conference on Knowledge

Discovery and Data Mining. New York: Association for Computing Machinery, 2016: 1775-1784.

[15] ZAFARANI R, LIU H. Connecting users across social media sites: a behavioral-modeling approach[C]//Association for Computing Machinery. The 19th ACM SIGKDD Conference on Knowledge Discovery and Data Mining. New York: Association for Computing Machinery, 2013: 41-49.

[16] LI C, WANG S, WANG Y, et al. Adversarial learning for weakly-supervised social network alignment[C]//The Association for the Advance of Artificial Intelligence. The 33rd AAAI Conference on Artificial Intelligence. Honolulu, USA: AAAI Press, 2019: 996-1003.

[17] LI C, WANG S, WANG H, et al. Partially shared adversarial learning for semi-supervised multi-platform user identity linkage[C]//Association for Computing Machinery. Proceedings of the 28th ACM International Conference on Information and Knowledge Management. New York: Association for Computing Machinery, 2019: 249-258.

[18] ZHOU F, LIU L, ZHANG K, et al. DeepLink: a deep learning approach for user identity linkage[C]//Institute of Electrical and Electronics Engineers. IEEE International Conference on Computer Communications. Honolulu, USA: Institute of Electrical and Electronics Engineers, 2018: 1313-1321.

[19] LIU L, CHEUNG W K, LI X, et al. Aligning users across social networks using network embedding[C]//The Association for the Advance of Artificial Intelligence. Proceedings of the 25th International Joint Conference on Artificial Intelligence. New York: AAAI Press, 2016: 1774-1780.

[20] ZHANG Y, TANG J, YANG Z, et al. COSNET: connecting heterogeneous social networks with local and global consistency[C]//Association for Computing Machinery. The 21st ACM SIGKDD Conference on Knowledge Discovery and Data Mining. New York: Association for Computing Machinery, 2015: 1485-1494.

[21] DU X, YAN J, ZHA H. Joint link prediction and network alignment via cross-graph embedding[C]//The Association for the Advance of Artificial Intelligence. Proceedings of the 28th International Joint Conference on Artificial Intelligence. Macau, China: AAAI Press, 2019: 2251-2257.

[22] DERR T, KARIMI H, LIU X, et al. Deep adversarial network alignment[C]//Association for Computing Machinery. Proceedings of the 30th ACM International Conference on Information and Knowledge Management. New York: Association for Computing Machinery, 2021: 352-361.

[23] ZHONG Z, CAO Y, GUO M, et al. CoLink: an unsupervised framework for user identity linkage[C]//The Association for the Advance of Artificial Intelligence. The 32nd AAAI Conference on Artificial Intelligence. Lousiana, USA: AAAI Press, 2018: 5714-5721.

[24] LI C, WANG S, YU P S, et al. Distribution distance minimization for unsupervised user identity linkage[C]//Association for Computing Machinery. Proceedings of the 27th ACM International Conference on Information and Knowledge Management. New York: Association for Computing Machinery, 2018: 447-456.

[25] LIU J, ZHANG F, SONG X, et al. What's in a name?: an unsupervised approach to link users across communities[C]//Association for Computing Machinery. The 6th ACM International Conference on Web Search and Data Mining. New York: Association for Computing Machinery, 2013: 495-504.

[26] PAN S J, YANG Q. A survey on transfer learning[J]. IEEE Transactions on Knowledge and Data Engineering, 2010, 22(10): 1345-1359.

[27] ARJOVSKY M, CHINTALA S, BOTTOU L. Wasserstein GAN[Z/OL]. (2022-11-20)[2023-2-14]. arXiv: 1701.07875.

[28] GULRAJANI I, AHMED F, ARJOVSKY M, et al. Improved training of Wasserstein GANs[C]//NeurIPS Foundation. Advances in Neural Information Processing Systems 30: Annual Conference on Neural Information Processing Systems. Cambridge, USA: MIT Press, 2017: 5767-5777.

[29] FREEMAN L C. Centered graphs and the structure of ego networks[J]. Mathematical Social Sciences, 1982, 3: 291-304.

[30] VASWANI A, SHAZEER N, PARMAR N, et al. Attention is all you need[C]//NeurIPS Foundation. Advances in Neural Information Processing Systems 30: Annual Conference on Neural Information Processing Systems. Cambridge, USA: MIT Press, 2017: 5998-6008.

[31] HE K, ZHANG X, REN S, et al. Deep residual learning for image recognition[C]//Institute of Electrical and Electronics Engineers. IEEE Conference on Computer Vision and Pattern Recognition (CVPR). Las Vegas, USA: Institute of Electrical and Electronics Engineers, 2016: 770-778.

[32] BA L J, KIROS J R, HINTON G E. Layer normalization[Z/OL]. (2016-07-21)[2023-2-14]. arXiv: 1607.06450.

[33] PAN S J, TSANG I W, KWOK J T, et al. Domain adaptation via transfer component analysis[J]. IEEE Transactions on Neural Networks and Learning Systems, 2011, 22(2): 199-210.

[34] LONG M, WANG J, DING G, et al. Transfer feature learning with joint distribution adaptation[C]//Institute of Electrical and Electronics Engineers. International Conference on Computer Vision. Sydney, Australia: Institute of Electrical and Electronics Engineers, 2013: 2200-2207.

[35] WANG J, CHEN Y, YU H, et al. Easy transfer learning by exploiting intra-domain structures[C]//Institute of Electrical and Electronics Engineers. IEEE International Conference on Multimedia and Expo. Shanghai: Institute of Electrical and Electronics Engineers, 2019: 1210-1215.

[36] GOODFELLOW I J, POUGET-ABADIE J, MIRZA M, et al. Generative adversarial nets[C]//NeurIPS Foundation. Advances in Neural Information Processing Systems 27: Annual Conference on Neural Information Processing Systems. Cambridge, USA: MIT Press, 2014: 2672-2680.

[37] VILLANI C. Optimal transport: old and new[M]. Berlin: Springer, 2009.

[38] BROMLEY J, BENTZ J W, BOTTOU L, et al. Signature verification using a siamese time delay neural network[J]. International Journal of Pattern Recognition and Artificial Intelligence (IJPRAI), 1993, 7(4):

669-688.

[39] DUNBAR R I. Neocortex size as a constraint on group size in primates[J]. Journal of Human Evolution, 1992, 22: 469-493.

[40] CAO X, YU Y. Asnets: a benchmark dataset of aligned social networks for cross-platform user modeling[C]//Association for Computing Machinery. Proceedings of the 25th ACM International Conference on Information and Knowledge Management. New York: Association for Computing Machinery, 2016: 1881-1884.

[41] YAN Y, ZHANG S, TONG H. BRIGHT: a bridging algorithm for network alignment[C]//Association for Computing Machinery. Proceedings of the 30th International Conference on World Wide Web. New York: Association for Computing Machinery, 2021: 3907-3917.

[42] GAO J, HUANG X, LI J. Unsupervised graph alignment with Wasserstein distance discriminator[C]//Association for Computing Machinery. The 27th ACM SIGKDD Conference on Knowledge Discovery and Data Mining. New York: Association for Computing Machinery, 2021: 426-435.

第10章 基于双曲空间的社交网络社区对齐方法

在社交网络中，用户通常会由于相似的背景或共同的朋友等原因自然地组织形成社区。如前文所述，用户对齐为更加立体的用户挖掘奠定了基础；而社区对齐同样具有重要意义，其集中体现在下述两个方面。一是辅助用户对齐：用户对齐需要基于用户间大量的公共信息，而现实的社交网络并不一定能满足这一要求。在这种情况下，社交网络中的社区结构恰好可以提供关键的补充信息。二是完善群体画像：通过社区对齐，可挖掘现实世界中的群体在不同社交网络中多方面、多角度的信息，进而分析该群体的行为模式和普遍偏好，为下游的数据挖掘任务奠定基础，这是本研究的主要目的。现有文献已经从准确率和效率等多个方面系统讨论了社交网络间的用户对齐问题，而鲜有对社区对齐问题的探索。因此，本章提出社交网络间的社区对齐问题（Community-level Alignment across Social Networks），即发现社交网络间社区的对应关系，判断不同社交网络中的社区是否属于同一群体。解决本问题面临如下三大挑战。

一是表示空间选择。精准对齐一般以准确的数据表示为前提。数据表示将数据对象表示为表示空间中的一个向量，绝大多数已有工作将这一表示空间假定为一个欧氏空间，而忽视了数据本身具有的结构。近来有文献指出，社交网络具有潜在的非欧结构[1-2]，在欧氏空间中，社交网络表示可能存在数据失真的问题。那么，对于本问题，探究比欧氏空间更为合理的表示空间，是解决本问题的首要挑战。

二是社区对齐建模。绝大多数现有文献默认在欧氏空间中分析和挖掘社区。然而，这些方法能否在给定的表示空间中表示社区尚不确定，若不可以，如何在一个有效的表示空间中表示和对齐社区，也是解决本问题的一个核心挑战。

三是对齐模型求解。复杂的现实问题通常需要高级的数学工具来求解。绝大多数已有文献在欧氏空间中进行模型求解，那么，在本问题的给定表示空间中基于欧氏空间的求解方法若不适用，如何在该空间中求解模型，是解决本问题的又一关键挑战。

为解决上述挑战，本章将双曲空间引入社交网络社区对齐的研究，提出了一种基于双曲空间的社区嵌入和对齐联合（a unified hyPERbolic embedding approach For Embedding and aligning CommuniTy，PERFECT）方法。

10.1　问题定义

10.1.1　符号与概念

在本章中，凡重要概念皆列出其英文，以避免歧义。令社交网络为二元组 $G=(V,E)$，其中，V 为节点集 $\{v_i\}$，其基数（Cardinality）$|V|$ 为 N；E 为边集 $\{(v_i,v_j)\}$，本章将 E 的边元素称为网内边（Intra-network Link），以避免混淆。在社交网络中，社区为用户集 V 的子集，记作集合 C，其元素用户均被赋予了相同的社区标签（Community Label）。在本章中，任意两社区集不相交，全体社区集的并集为 V。现有两社交网络（即源网络 G^{S} 和目标网络 G^{T}），给出其符号说明，以上标 S 和 T 来区分两个网络，以下标 i、j、k 及 n 来区分用户，并以下标 p 和 q 来区分社区。

同一个自然人通常参与到多个社交网络中，其在不同的社交网络中行为相近，抑或各有侧重。本章以锚用户的概念为基础，将其推广到社区中，从而定义锚社区。

定义 10-1（锚社区，Anchor Community）：若社区 C_p 和 C_q 分别为源网络 G^{S} 和目标网络 G^{T} 的社区，则当且仅当二集合原像中锚用户的比例超过对齐阈值 τ 时，社区 C_p 和社区 C_q 为**锚社区**。社区对齐阈值 τ 的计算方法如下：

$$\tau=\frac{2|A_{pq}|}{|C_p|+|C_q|} \tag{10-1}$$

其中，A_{pq} 为社区 C_p 和社区 C_q 原像的交集中锚用户的全体，其为锚用户集 A 的一个真子集。$|\cdot|$ 为集合的基数，即集合中元素的个数。

10.1.2　问题描述

下面给出社交网络社区对齐问题的定义。

问题定义 10-1（社交网络社区对齐问题，The Problem of Community-level Alignment across Social Networks）：已知源网络 G^{s} 和目标网络 G^{t} 及其锚用户集 A，求源网络与目标网络间的锚社区。形式化地，给出一个对应法则 $\Phi(\cdot)$，使得下述等式成立：

$$\Phi(C^{\mathrm{s}})=\Phi(C^{\mathrm{t}}) \tag{10-2}$$

即该法则使物理世界中的同一群体在不同的社交网络中满足社区互相对齐。

10.2　基于双曲空间的社区对齐模型

为解决社交网络社区对齐问题，本节提出了一个基于双曲空间的社区对齐模型——PERFECT[18]。

为解决挑战一——表示空间选择，本节分析了社交网络社区对齐问题的有效表示空间。近期的文献表明，在经典的欧氏空间之外，双曲空间为社交网络的表示提供了新的可能。针对社交网络社区对齐问题，从两个方面对比两种空间的优劣。一是是否匹配社交网络数据的内在结构。为此，本节引入了著名的量化指标——δ-双曲性（δ-hyperbolicity）[3]，并验证了在该指标下，双曲空间作为社交网络社区对齐的表示空间，较欧氏空间更优。二是是否有利于社交网络的社区刻画。为此，首先举例观察，将经典的空手道俱乐部网络分别嵌入欧氏空间和双曲空间中，可观察到：在欧氏空间中，各个社区互相混叠；而在双曲空间中，各个社区的内聚性更强，互相分离。显而易见，互相混叠的社区不利于对齐任务的开展。进一步地，对此进行理论分析。出现上述现象的原因是双曲空间具有自聚集性（Self-clustering）。由此可知，双曲空间可更好地表示社区，为社区对齐奠定基础。综上所述，本章将在双曲空间中探索社交网络社区对齐的有效方法。

为解决挑战二——社区对齐建模，本章提出了一个基于双曲空间的最优化模型。其基本思想与求解用户对齐的思想相仿，即在各社交网络的双曲公共子空间中表示社区并对齐。显然，实现上述对齐面临的难点有如下两个：一是如何在双曲空间中表示社区，二是如何构建双曲公共子空间。为解决难点一，首先将社交网络嵌入双曲空间中，得到用户的双曲表示向量。在此基础上，本章提出了一个混合双曲聚类模型以进行社区发现，进而推断社区的双曲表示向量。为解决难点二，利用已知的锚用户，以表示迁移的方式对齐各社交网络的双曲表示空间，以此对齐的表示空间为公共子空间，在此公共子空间中进行社交网络的社区对齐。最终，本节将上述模型形式化为一个双曲空间下的满足正定约束的最优化问题。

10.2.1 表示空间选择

本节先从几何的角度直观讨论网络数据的内在特征，然后以该特征选择表示空间。为给出几何直观，本节对图 10-1（a）中的 Zachary 空手道俱乐部网络进行可视化分析。将该网络分别嵌入二维双曲空间和欧氏空间中，即图 10-1（b）和图 10-1（c）。可以观察到，在双曲空间中，高中心度的节点更接近圆心，用户潜在的层次化结构（hierarchies）得以体现；用户的分簇也因而展现得更为清晰，未出现社区互相混叠的现象。

文献[2]指出，潜在的层次化结构在真实世界的网络中普遍存在。层次化结构对于社区的发现与表示具有重要意义[4]。因此，本节引入格罗莫夫 δ -双曲性（Gromov δ-hyperbolicity）对真实数据集展开定量的实验观察和理论分析。δ-双曲性是几何群论中的一个重要概念，δ-双曲性的数值越高，层次化结构越强。下面介绍各数据集。

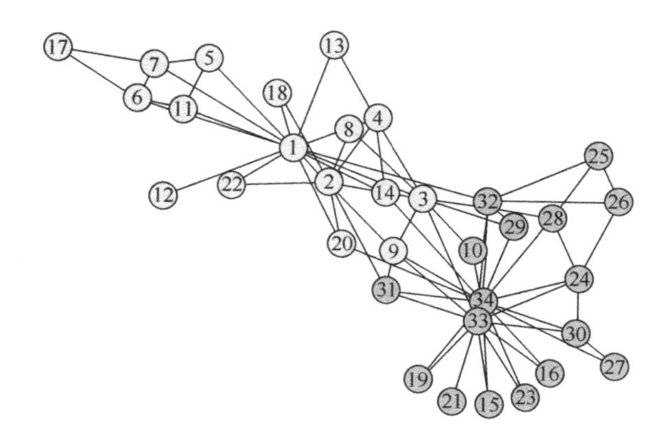

（a）空手道俱乐部网络

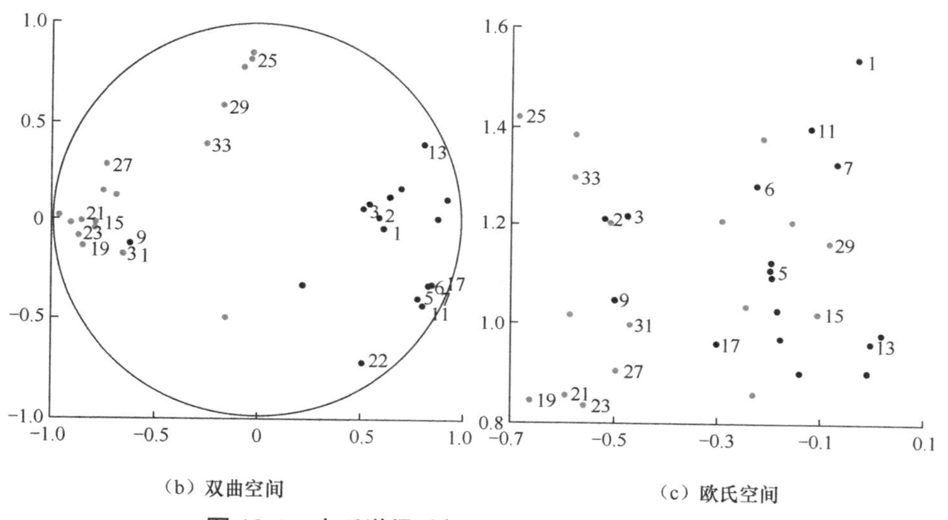

（b）双曲空间　　　　（c）欧氏空间

图 10-1　空手道俱乐部网络在不同空间中的可视化

Zachary 空手道俱乐部社交网络：该网络共有 32 个节点、2 个社区，本节将其简称为 Z 网络。

Twitter-Quora 网络组：Twitter 和 Quora 为两个典型的好友社交网络，本节将用户的所属单位（affiliation）作为社区标签，将其简称为 TQ 网络组。

DBLP-AMiner 网络组：在 DBLP 数据集和 AMiner 数据集中分别选取 12 个计算机研究领域，对于每一研究领域，选取其主要会议的学术论文，如：以 KDD、WSDM、ICDM、SDM 等会议为代表的数据挖掘领域；以 CVPR、ICCV、ECCV 等会议为代表的计算机视觉领域；以 ACL、EMNLP、COLING、NAACL 等会议为代表的自然语言处理领域。本节构建两学者合作网络，以发表论文最多的领域作为作者的社区标签，将其简称为 DA 网络组。

表 10-1 给出了各数据集的数据统计与 δ-双曲性。那么，是否存在一个表示空间，其内在特征与网络中潜在的层次化结构是相联系的？文献[5]指出，双曲空间具备这种能力。给出一个层次化结构的极限示例，即树状结构。树的 δ 值为 0，双曲空间以庞加莱

球模型（见 10.2.2 小节）为例，δ 值为 $\log\left(1+\sqrt{2}\right)$，欧氏空间的 δ 值为正无穷，其中对数的底为 2。易知，双曲空间关于 δ 更为契合。此外，如文献[6]所述，树嵌入二维双曲空间中的重建误差可小于任一给定值，然而，其嵌入欧氏空间时，即使其维度可以任意大，重建误差仍无界。易知，双曲空间与网络中潜在的层次化结构存在本质上的同一性。

表 10-1　数据集及其 δ-双曲性

网络	节点数	社区数	链接数	锚用户数	δ
Zachary	32	2	78	—	1
Twitter	19 438	60	201 063	10 232	3.5
Quora	10 638	60	46 969		4
DBLP	13 211	12	46 278	12 213	2.5
AMiner	13 213	12	46 189		3

因此，本节提出将双曲空间作为求解社交网络社区对齐问题的表示空间。

10.2.2　双曲空间与庞加莱球模型

下面介绍双曲空间[7]的基本概念。双曲空间是微分几何和拓扑学的重要研究对象，亦是狭义相对论的数学基础。双曲空间是一种各向同性（isotropic）的负常曲率空间。各向同性即在空间内结构特性处处相同，这类空间的曲率亦处处相同，称为**常曲率空间**（Constant Curvature Space）。有 3 类典型的常曲率空间，分别为负常曲率的双曲空间、零常曲率的欧氏空间和正常曲率的超球空间。其中，欧氏空间较为大众所熟知。因此，本节通过与欧氏空间的对比，简单介绍双曲空间的基本性质。

（1）平行公理：在欧氏空间中，过直线外一点有且只有一条直线与之平行；在双曲空间中，过直线外一点有无穷多条直线与之平行。

（2）三角形内角和定理：在二维欧氏空间中，三角形的内角和等于 π；在二维双曲空间中，三角形的内角和小于 π。

（3）圆的周长与面积公式：在二维欧氏空间中，一个半径为 r 的圆的周长为 $2\pi r$，面积为 πr^2；在二维双曲空间中，若双曲空间的曲率为 $-c$，一个半径为 r 的圆的周长为 $2\pi\sinh\sqrt{c}r$，面积为 $2\pi\left(\cosh\sqrt{c}r-1\right)$。其中，$c$ 为一正常数，sinh 为双曲正弦函数，cosh 为双曲余弦函数。

显而易见，双曲空间与欧氏空间的结构特点完全不同，欧氏空间中的性质、定理和运算律在双曲空间中都不再适用。以二维空间为例，欧氏空间以多项式（平方）速率向外扩张，双曲空间以指数速率向外扩张。为此，数学家提出双曲空间模型以研究其数与形。主要的双曲空间模型有庞加莱（Poincaré）球模型、庞加莱半平面模型、克莱因（Klein）模型、半球模型和洛伦兹（Lorentz）模型。这些双曲空间模型相互等价。其中，庞加莱球模型的优点包括：具有保角性（conformal）、解析结构相对完备、易于参数化，因此本节采用庞加莱球模型。一般地，双曲空间的曲率为任一负常数（$-c$）。不同曲率的双曲空间本质上相同，因此本节采用标准曲率，即 $c=1$。

下面具体介绍标准庞加莱球模型中的基本概念和公式。通过上文可知，庞加莱球模型被一个流形及其黎曼度量所定义，具体的定义如下。

定义 10-2（庞加莱球模型）：若一个流形为一个维度为 d 的光滑的单位开球（unit open ball），$B^d=\left\{\boldsymbol{x}\in\mathbb{R}^d \,\middle|\, \|\boldsymbol{x}\|<1\right\}$，且其黎曼度量 $\boldsymbol{g}^B$ 定义为

$$\boldsymbol{g}^B(\boldsymbol{x})=\left(\frac{2}{1-\|\boldsymbol{x}\|^2}\right)^2\boldsymbol{g}^E=(\lambda_x)^2\boldsymbol{g}^E \tag{10-3}$$

其中，λ_x 为保角因子，$\boldsymbol{g}^E$ 为 $\mathbb{R}^d$ 空间中笛卡尔正交基下的标准二阶正定度量张量，即单位矩阵，称该流形为维度为 d 的庞加莱球。

在庞加莱球模型中，角度的求解与欧氏空间一致，将该特性称为保角性（conformal）；距离的求解与欧氏空间不同。下面给出庞加莱球模型下的双曲距离公式。若 $\boldsymbol{x}$ 和 $\boldsymbol{y}$ 为庞加莱球中的两点，则两点间的双曲距离为

$$d(\boldsymbol{x},\boldsymbol{y})=\cosh^{-1}\left(1+\frac{2\|\boldsymbol{x}-\boldsymbol{y}\|^2}{\left(1-\|\boldsymbol{x}\|^2\right)\left(1-\|\boldsymbol{y}\|^2\right)}\right) \tag{10-4}$$

进一步给出双曲距离公式的导函数：

$$\frac{\partial d(\boldsymbol{x},\boldsymbol{y})}{\partial \boldsymbol{y}}=\frac{4}{\beta\sqrt{\gamma^2-1}}\left(\frac{\|\boldsymbol{y}\|^2-2\langle \boldsymbol{y},\boldsymbol{x}\rangle+1}{\alpha^2}\boldsymbol{y}-\frac{\boldsymbol{x}}{\alpha}\right) \tag{10-5}$$

其中，$\alpha=1-\|\boldsymbol{y}\|^2,\beta=1-\|\boldsymbol{x}\|^2$ 且

$$\gamma=1+\frac{2}{\alpha\beta}\|\boldsymbol{y}-\boldsymbol{x}\|^2 \tag{10-6}$$

10.2.3　社交网络的双曲空间嵌入

本节将社交网络嵌入双曲空间中，学习各节点的双曲表示向量 $\boldsymbol{\theta}$。其核心思想是通过双曲距离刻画节点间的亲密度。下述各小节中的双曲空间即为庞加莱球 B^d，不再特别说明。

首先，在社交网络上随机游走（Random walk）以捕捉节点间的亲密度。在一游走序列（A walk）中，给定节点前后的几个相邻节点称为上下文（Context）节点。那么，节点 v_i 有两重身份：当其作为中心节点（自身）时，对应于双曲表示向量 $\boldsymbol{\theta}_i$；当其作为其他节点的上下文时，对应于上下文向量 $\boldsymbol{\theta}'_i$。

然后，通过双曲距离刻画节点亲密度。具体地，本小节以双曲距离定义节点 v_j 出现在节点 v_i 的上下文中的概率：

$$\Pr\left(v_j^x \mid v_i^x\right)=\sigma\left[-d\left(\theta_j^{x'},\theta_i^x\right)\right] \tag{10-7}$$

其中，$d(\cdot,\cdot)$ 为式（10-4）中的双曲距离函数，$\sigma(x)$ 为 Sigmoid 函数。表示向量可以通过最优化下述对数似然函数学习得到：

$$\mathcal{O}_{\text{user}}=-\sum_{x\in\{s,t\}}\sum_{v_i^x\in\mathcal{V}^x}\sum_{v_j^x\in\mathcal{N}_i^x}\log\Pr\left(v_j^x\middle|v_i^x\right) \tag{10-8}$$

易知，节点在上下文中共现次数越多，亲密度越高，双曲距离越小。

10.2.4 混合双曲聚类模型

以节点的双曲表示为基础，本节提出了一个混合双曲聚类模型以发现和表示社区。不失一般性，设社交网络 G^x 中的社区数为 $C^x, x=\{\mathrm{S},\mathrm{T}\}$，将第 p 个社区的社区表示记作 $\boldsymbol{\mu}_{p^x}$。

在混合双曲聚类模型中，节点表示由一个双曲空间中的混合分布生成。该混合分布中的每一个分量均对应一个社区。若给定节点表示 $\left\{\boldsymbol{\theta}_{(\cdot)}\right\}$，则出现该现象（观测值）的似然为

$$\prod_{i=1}^{N^x}\sum_{p=1}^{C^x}\boldsymbol{Z}_{ip}\Pr\left(\theta_i^x\middle|\psi_p^x\right) \tag{10-9}$$

其中，$\boldsymbol{Z}_{ip}$ 为节点 i 隶属于社区 C_p 的概率。自然地，隶属度矩阵 $\boldsymbol{Z}$ 中，各行元素之和为 1。

本节使用广义双曲分布（Generalized Hyperbolic Distribution，GHD）[8]对社区建模，其概率密度函数为

$$\Pr_{\mathcal{H}}(\boldsymbol{\theta};\boldsymbol{\mu},\boldsymbol{\Delta},\boldsymbol{\beta},r,\omega)=\frac{\mathrm{e}^{-\boldsymbol{\beta}^{\mathrm{T}}\boldsymbol{\Delta}^{-1}(\theta-\mu)}}{(2\pi)^{\frac{d}{2}}/\boldsymbol{\Delta}/^{\frac{1}{2}}}\left(\frac{\omega+\delta_\theta}{\omega+\boldsymbol{\beta}^{\mathrm{T}}\boldsymbol{\Delta}^{-1}\boldsymbol{\beta}}\right)^{\frac{r-d/2}{2}}\frac{K_{r-\frac{d}{2}}\left(\sqrt{\left(\omega+\boldsymbol{\beta}^{\mathrm{T}}\boldsymbol{\Delta}^{-1}\boldsymbol{\beta}\right)\left(\omega+\delta_\theta\right)}\right)}{K_r(\omega)} \tag{10-10}$$

其中，$\delta_{\boldsymbol{\theta}}=(\boldsymbol{\theta}-\boldsymbol{\mu})^{\mathrm{T}}\boldsymbol{\Delta}^{-1}(\boldsymbol{\theta}-\boldsymbol{\mu})$。$\boldsymbol{\beta}$ 和 $\boldsymbol{\mu}$ 分别为扭曲（skewness）和位置（location）向量。ω 为聚集因子（concentration factor）。$\boldsymbol{\Delta}$ 为散度矩阵，该矩阵为一 d 维正定矩阵，用以刻画黎曼度量，$|\boldsymbol{\Delta}|$ 为其行列式。$K_r(\cdot)$ 为 r 阶修正的贝塞尔函数（Bessel function），其关于阶数 r 和变元皆可导。将参数组 $(\boldsymbol{\mu},\boldsymbol{\Delta},\boldsymbol{\beta},r,\omega)$ 记作 $\boldsymbol{\psi}$，称为双曲参数。由于社区与双曲参数一一对应，下文中的社区亦称作双曲社区，其中，位置向量 $\boldsymbol{\mu}$ 为社区的双曲表示向量。因此，给定节点表示并将其作为观测值，优化下述对数似然函数：

$$\mathcal{O}_{\text{community}}=-\sum_{x\in\{\mathrm{S},\mathrm{T}\}}\sum_{v_i^x\in\mathcal{V}^x}\log\sum_{p=1}^{C^x}\boldsymbol{Z}_{ip}^x\Pr_{\mathcal{H}}\left(\theta_i^x;\psi_p^x\right) \tag{10-11}$$

优化上述目标可同时学习社区隶属度矩阵和双曲社区。

10.2.5 社区对齐的最优化问题

本小节拟构建双曲公共子空间，在该子空间中对齐社区。在本问题中，锚社区为求

解对象，部分锚用户已知。因此，本小节提出了一种采用锚用户表示迁移的方法来构建双曲公共子空间。在公共子空间中，两个社交网络在锚用户上对齐，则锚用户的表示可以通过锚链接迁移。形式化地，其对应的损失值为

$$\mathcal{O}_{\text{align}}=-\sum_{\left(V_i^{\text{s}},V_k^{\text{t}}\right)\in\mathcal{A}}\left(\sum_{v_j^{\text{s}}\in\mathcal{N}_i^{\text{s}}}\log\Pr\left(v_j^{\text{s}}\middle|v_k^{\text{t}}\right)+\sum_{v_j^{\text{t}}\in\mathcal{N}_k^{\text{t}}}\log\Pr\left(v_j^{\text{t}}\middle|v_i^{\text{s}}\right)\right)\tag{10-12}$$

若 $\left(v_i^{\text{s}},v_k^{\text{t}}\right)$ 为一锚链接，则节点 v_i^{s} 的表示可以用于推断 v_k^{t} 的上下文，反之亦然。

为提高学习效率，本小节以**负采样**（Negative Sampling，NS）[9]的方式重构优化目标。具体地，以式（10-13）的右端项替换 $\mathcal{O}_{\text{user}}$ 和 $\mathcal{O}_{\text{align}}$ 两个目标中的 log 项：

$$\log\Pr\left(v_j^{\text{t}}\middle|v_j^{\text{s}}\right)\propto\log\sigma\left[-d\left(\theta_j^{\text{t}'},\theta_i^{\text{s}}\right)\right]+\sum_{v_n\in\text{NS}_i^K}\mathbb{E}_{v_n}\left[\log\sigma\left[d\left(\theta_n^{\text{t}'},\theta_i^{\text{s}}\right)\right]\right]\tag{10-13}$$

若节点 v_j 和节点 v_i 的上标相同，则式（10-13）仍成立。当且仅当两节点间无边相连时，节点 v_n 称作节点 v_i 的负样本。对于节点 v_i，随机选取 K 个负样本 v_n，将负样本集记作 NS_i^K。其中，负样本 v_n 被选择的概率与文献[9]中相同。

以负采样的方式联合上述网络嵌入 $\mathcal{O}_{\text{user}}$、社区表示 $\mathcal{O}_{\text{community}}$ 和子空间构造 $\mathcal{O}_{\text{align}}$ 的优化目标，得到以下最优化问题：

$$\begin{aligned}&\min_{\theta,\theta',\psi,\boldsymbol{Z}}\ \mathcal{J}_0=\mathcal{O}_{\text{user}}^{\text{NS}}+\alpha_1\mathcal{O}_{\text{community}}+\alpha_2\mathcal{O}_{\text{align}}^{\text{NS}}\\&\text{s.t.}\quad \boldsymbol{\Delta}_p^x\succeq 0,p=1,2,\cdots,C^x;\sum_{n=1}^{C^x}\boldsymbol{Z}_{ip}^x=1,\forall x\in\{\text{s},\text{t}\}\end{aligned}\tag{10-14}$$

其中，α_1 和 α_2 为权重因子。易知，上述优化目标旨在能在公共庞加莱球中表示和对齐社区。

10.3 基于黎曼几何的交替优化算法

为求解上述最优化问题（即挑战了对齐模型求解），本节提出了一种基于黎曼几何的交替优化算法。本节首先概述该最优化算法的基本思路，然后逐一阐述具体模块的求解与证明方法。由于上述模型基于双曲空间，基于欧氏空间的最优化算法不再适用。

本节提出的基于黎曼几何的交替优化算法的基本思想是，将原最优解问题分解为两个子问题，迭代地交替优化最优化子问题，进而有效地实现原最小化目标，这两个子问题为社区表示最优化子问题和公共子空间最优化子问题。对于社区表示最优化子问题，本算法首先引入一个逆高斯辅助变量对原子问题进行恒等变换。对于该等价问题，使用期望最大（Expectation Maximization）算法进行求解。进一步地，本节证明其规度矩阵正定，即保证了该求解算法的正确性。对于公共子空间最优化子问题，本节在微分几何的框架下采用黎曼随机梯度方法进行优化，即用双曲空间的黎曼梯度（Riemannian

Gradient）替代欧氏梯度，用指数映射（Exponential Map）替代欧氏变换。本节证明了此双曲空间嵌入方法关于其潜在双曲社区的可识别性（Identifiability），有力支持了本方法的合理性。在迭代优化的过程中，社区的表示和对齐也在不断地相互促进。当本节提出的交替优化算法终止时，即可得到社区对齐结果。

10.3.1 算法概述

本节提出的基于黎曼几何的交替优化算法的基本思想是，将原最优解问题分解为两个子问题，即关于双曲社区参数的社区表示子问题和关于节点双曲表示的公共子空间子问题。本算法迭代地交替优化其子问题，进而有效得到原最小化目标。这一求解过程总结在算法 10-1 中。对于社区表示最优化子问题（见 10.3.2 小节），本算法给出了一种基于期望最大（Expectation Maximization）的求解方法，并证明所求解的规度矩阵正定；对于公共子空间最优化子问题（见 10.3.3 小节），本算法给出了一种基于黎曼随机梯度的求解方法，并证明双曲社区的可识别性（Identifiability）。

算法 10-1 基于黎曼几何的交替优化算法

输入：源网络与目标网络组 G^s 和 G^t，锚用户集 A，社区数 C^s 和 C^t，负样本数 K，表示空间的维度 d

输出：用户表示 $\boldsymbol{\theta}$，社区表示 $\boldsymbol{\mu}$，社区隶属度矩阵 $\boldsymbol{Z}$

```
// 初始化用户表示向量
1： for each 社交网络 G do
2：    随机游走，构建随机游走集合；
3：    求解 O_user 的最小值，得到初始用户表示向量；
4： end for
// 交替优化子问题
5： while 未收敛 do
6：    for each 社交网络 G do
// 社区表示最优化子问题
7：        for each 社区 C do
// EM：Expectation 期望
8：            根据式（10-15）计算各期望值；
9：            更新社区隶属度矩阵 Z；
// EM：Maximization 最大
10：           根据式（10-17）更新双曲社区参数组；
11：       end for
// 公共子空间最优化子问题
12：       for each 网络节点 v do
13：           根据式（10-26）至式（10-29）更新节点表示向量；
14：           根据式（10-30）至式（10-32）更新节点上下文向量；
15：       end for
16：   end for
```

17: **end while**
18: **return** 用户表示 $\boldsymbol{\theta}$，社区表示 $\boldsymbol{\mu}$，社区隶属度矩阵 $\boldsymbol{Z}$

在算法 10-1 中，随机游走的计算复杂度为 $O(Nhl)$，其中，$N=\max\{N^{\mathrm{s}},N^{\mathrm{t}}\}$，$h$ 为每节点启动游走的次数，l 为游走长度。社区表示最优化子问题的计算复杂度为 $O(C^2d^2)$，其中，$C=\max\{C^{\mathrm{s}},C^{\mathrm{t}}\}$。公共子空间最优化子问题的计算复杂度为 $O(Nhl(\varepsilon Kd+Cd^2))$，其中，$\varepsilon$ 为游走序列友邻窗口的长度。则算法 10-1 的计算复杂度为 $O(Nhl+C^2d^2+Nhl(\varepsilon Kd+Cd^2))\sim O(N)$。在迭代优化的过程中，社区的表示和对齐（公共子空间学习）也在不断地相互促进。在此交替优化算法终止时，即可得到社区对齐结果。

10.3.2 社区表示最优化子问题

固定节点表示向量，求解社区表示最优化子问题。首先构建等价问题，引入下述辅助随机变量：逆高斯标量 $W\sim \boldsymbol{I}(\omega,1,r)$ 和高斯向量 $\boldsymbol{g}\sim N(0,\boldsymbol{\Delta})$。由文献[8]可知，在双曲参数 $\psi=(\boldsymbol{\mu},\boldsymbol{\Delta},\boldsymbol{\beta},r,\omega)$ 下的随机变量与随机组合 $\boldsymbol{\mu}+W\boldsymbol{\beta}+W^{\frac{1}{2}}\boldsymbol{g}$ 相等。替换变量可以得到等价问题。

下面以期望最大（Expectation Maximization）法求解等价问题的隶属度矩阵 $\boldsymbol{Z}$ 和双曲参数 ψ。以 G^{S} 为例给出更新法则。在期望环节（E-Step），计算下述 4 项期望：

$$
\begin{aligned}
z_{ip}^{\mathrm{s}} &= \mathbb{E}\left[\boldsymbol{Z}_{ip}^{\mathrm{s}} \middle| \theta_i^x\right] = \frac{\boldsymbol{Z}_p^{\mathrm{s}}\mathrm{Pr}_{\mathcal{H}}\left(\theta_i^x \middle| \psi_p^{\mathrm{s}}\right)}{\sum_{p=1}^{C^{\mathrm{s}}}\boldsymbol{Z}_p^{\mathrm{s}}\mathrm{Pr}_{\mathcal{H}}\left(\theta_i^x \middle| \psi_p^{\mathrm{s}}\right)} \\
a_{ip}^{\mathrm{s}} &= \mathbb{E}\left[W_{ip}^{\mathrm{s}} \middle| \theta_i^{\mathrm{s}},\boldsymbol{Z}_{ip}^{\mathrm{s}}=1\right] = \frac{K_{r_p^{\mathrm{s}}+1}\left(\omega_p^{\mathrm{s}}\right)}{K_{r_p^{\mathrm{s}}}\left(\omega_p^{\mathrm{s}}\right)} - \frac{2r_p^d}{\omega_p^{\mathrm{s}}} \\
b_{ip}^{\mathrm{s}} &= \mathbb{E}\left[1/W_{ip}^{\mathrm{s}} \middle| \theta_i^{\mathrm{s}},\boldsymbol{Z}_{ip}^{\mathrm{s}}=1\right] = \frac{K_{r_p^{\mathrm{s}}+1}\left(\omega_p^{\mathrm{s}}\right)}{K_{r_p^{\mathrm{s}}}\left(\omega_p^{\mathrm{s}}\right)} \\
c_{ip}^{\mathrm{s}} &= \mathbb{E}\left[\log\left(W_{ip}^{\mathrm{s}}\right) \middle| \theta_i^{\mathrm{s}},\boldsymbol{Z}_{ip}^{\mathrm{s}}=1\right] = \frac{1}{K_{r_p^{\mathrm{s}}}\left(\omega_p^{\mathrm{s}}\right)}\frac{\partial K_{r_p^{\mathrm{s}}}\left(\omega_p^{\mathrm{s}}\right)}{\partial r_p^{\mathrm{s}}}
\end{aligned}
\tag{10-15}
$$

其中，矩阵 $\boldsymbol{Z}_{ip}^{\mathrm{s}}$ 为节点 i 隶属于社区 p 的概率矩阵。定义下述求和项：

$$
\begin{aligned}
n_{ip}^{\mathrm{s}} &= \sum_{i=1}^{N^{\mathrm{s}}}\boldsymbol{Z}_{ip}^{\mathrm{s}}, \qquad & \overline{a}_p^{\mathrm{s}} &= \frac{1}{C^{\mathrm{s}}}\sum_{i=1}^{N^{\mathrm{s}}}\boldsymbol{Z}_{ip}^{\mathrm{s}}a_{ip}^{\mathrm{s}} \\
\overline{b}_p^{\mathrm{s}} &= \frac{1}{C^{\mathrm{s}}}\sum_{i=1}^{N^{\mathrm{s}}}\boldsymbol{Z}_{ip}^{\mathrm{s}}b_{ip}^{\mathrm{s}}, \qquad & \overline{c}_p^{\mathrm{s}} &= \frac{1}{C^{\mathrm{s}}}\sum_{i=1}^{N^{\mathrm{s}}}\boldsymbol{Z}_{ip}^{\mathrm{s}}c_{ip}^{\mathrm{s}}
\end{aligned}
\tag{10-16}
$$

在最大环节（M-Step），以下述公式更新双曲参数：

$$
\begin{aligned}
\boldsymbol{\mu}_p^{s} &= \frac{\sum_{i=1}^{N^s} \boldsymbol{Z}_{ip}^{s}\theta_i^{s}\left(\overline{a}_p^{s}b_{ip}^{s}-1\right)}{\sum_{i=1}^{N^s} \boldsymbol{Z}_{ip}^{s}\left(\overline{a}_p^{s}b_{ip}^{s}-1\right)} \\
\boldsymbol{\beta}_p^{s} &= \frac{\sum_{i=1}^{N^s} \boldsymbol{Z}_{ip}^{s}\theta_i^{s}\left(\overline{b}_p^{s}-b_{ip}^{s}\right)}{\sum_{i=1}^{N^s} \boldsymbol{Z}_{ip}^{s}\left(\overline{a}_p^{s}b_{ip}^{s}-1\right)} \\
\boldsymbol{\Delta}_p^{s} &= -\boldsymbol{\beta}_p^{s}\left(\overline{\theta}_p^{s}-\boldsymbol{\mu}_p^{s}\right)^{\mathrm{T}}-\left(\overline{\theta}_p^{s}-\boldsymbol{\mu}_p^{s}\right)\boldsymbol{\beta}_p^{s\mathrm{T}}+\overline{a}_p^{s}\boldsymbol{\beta}_p^{s}\boldsymbol{\beta}_p^{s\mathrm{T}} \\
&\quad +\frac{1}{C^{s}}\sum_{i=1}^{N^s} Z_{ip}^{s}b_{ip}^{s}\left(\theta_i^{s}-\boldsymbol{\mu}_p^{s}\right)\left(\theta_i^{s}-\boldsymbol{\mu}_p^{s}\right)^{\mathrm{T}}
\end{aligned} \tag{10-17}
$$

其中，

$$
\overline{\theta}_p^{s}=\frac{1}{C^{s}}\sum_{i=1}^{N^s}\boldsymbol{Z}_{ip}^{s}\theta_i^{s} \tag{10-18}
$$

本节使用文献[10]中的方法更新参数$\left(r^{s},\omega^{s}\right)$，此处不再赘述。上述双曲社区参数的更新规则考虑了规度矩阵$\boldsymbol{\Delta}$正定的内在要求。为此，给出如下定理。

定理 10-1（正定性，Positive Definiteness）：在更新法则式（10-15）至式（10-18）下，广义双曲分布的规度矩阵$\boldsymbol{\Delta}$正定。

证明：下面以$\boldsymbol{\Delta}_p^{s}$为例阐述证明方法。为证明其正定性，构建下述辅助矩阵：

$$
\tilde{\boldsymbol{\Delta}}_p^{s}=\frac{1}{n_p}\sum_{i=1}^{N^s}\boldsymbol{z}_{ip}^{s}b_{ip}^{s}\left(\theta_i^{s}-\boldsymbol{\mu}_p^{s}-\frac{\boldsymbol{\beta}_p^{s}}{b_{ip}^{s}}\right)\left(\theta_i^{s}-\boldsymbol{\mu}_p^{s}-\frac{\boldsymbol{\beta}_p^{s}}{c_{ip}^{s}}\right)^{\mathrm{T}} \tag{10-19}
$$

其中，a_{ip}^{s}和b_{ip}^{s}分别为给定θ_i^{s}且$\boldsymbol{Z}_{ip}^{s}=1$时$W_{ip}^{s}$和$\frac{1}{W_{ip}^{s}}$的期望。由琴生不等式（Jensen inequality）可得，W_{ip}^{s}期望的倒数不大于$\frac{1}{W_{ip}^{s}}$的期望对于所有的i恒成立，即a_{ip}^{s}的倒数不大于b_{ip}^{s}。因此，

$$
\overline{a}_p^{s}=\frac{1}{\boldsymbol{Z}_p^{s}}\sum_{i=1}^{N^s}\boldsymbol{Z}_{ip}^{s}a_{ip}^{s}\geqslant\frac{1}{\boldsymbol{Z}_p^{s}}\sum_{i=1}^{N^s}\frac{\boldsymbol{Z}_{ip}^{s}}{b_{ip}^{s}} \tag{10-20}
$$

有下述等式恒成立：

$$
\boldsymbol{\Delta}_p^{s}=\tilde{\boldsymbol{\Delta}}_p^{s}+\left(\overline{a}_p^{s}-\frac{1}{\boldsymbol{Z}_p^{s}}\sum_{i=1}^{N^s}\frac{\boldsymbol{Z}_{ip}^{s}}{b_{ip}^{s}}\right)\boldsymbol{\beta}_p^{s}\boldsymbol{\beta}_p^{s\mathrm{T}} \tag{10-21}
$$

对于任意实列向量$\boldsymbol{x}$，恒有$\boldsymbol{x}\boldsymbol{x}^{\mathrm{T}}$正定。同时，由于正定矩阵之和正定，则有规度矩阵$\boldsymbol{\Delta}$正定。

证毕。

10.3.3 公共子空间最优化子问题

固定社区表示，求解公共子空间最优化子问题。公共子空间为双曲空间（即庞加莱球模型）。由于双曲空间与欧氏空间本质上的不同，基于欧氏空间的优化方法不再适用。为此，本小节给出基于黎曼几何的求解方法。下面以 G^{s} 为例阐述其更新法则。

本方法以黎曼梯度作为庞加莱球中的下降方向，通过指数映射沿测地线下降目标。由于庞加莱球的保角性，其黎曼梯度（上标为R）与欧氏梯度（上标为E）存在如下关系：

$$\nabla_{\theta}^{\mathrm{R}}\mathcal{J}=\left(\frac{1}{\lambda_{\theta}}\right)^{2}\nabla_{\theta}^{\mathrm{E}}\mathcal{J} \tag{10-22}$$

庞加莱球中指数映射的解析形式如下：

$$\exp_{\theta}(\boldsymbol{a})=\frac{\lambda_{\theta}\left(\cosh\left(\lambda_{\theta}\|\boldsymbol{a}\|\right)+\left\langle\theta,\frac{\boldsymbol{a}}{\|\boldsymbol{a}\|}\right\rangle\sinh\left(\lambda_{\theta}\|\boldsymbol{a}\|\right)\right)+\frac{\boldsymbol{a}}{\|\boldsymbol{a}\|}\sinh\left(\lambda_{\theta}\|\boldsymbol{a}\|\right)}{1+\left(\lambda_{\theta}-1\right)\cosh\left(\lambda_{\theta}\|\boldsymbol{a}\|\right)+\lambda_{\theta}\left\langle\theta,\frac{\boldsymbol{a}}{\|\boldsymbol{a}\|}\right\rangle\sinh\left(\lambda_{\theta}\|\boldsymbol{a}\|\right)} \tag{10-23}$$

由上述分析可知，本黎曼优化的基础是原目标函数的欧氏梯度。然而，对数中的求和项会给梯度推导带来障碍。为此，给出 $\mathcal{O}_{\text{community}}$ 的上确界函数：

$$\mathcal{O}_{\text{community}}^{\text{UP}}=-\sum_{x\in\{\mathrm{S},\mathrm{T}\}}\sum_{v_i^x\in\mathcal{V}^x}\sum_{p=1}^{C^x}\boldsymbol{Z}_{ip}^{x}\log\Pr_{\mathcal{H}}\left(\theta_p^x;\psi_p^x\right) \tag{10-24}$$

简要证明其为一上确界函数。由对数凹凸性（log-concavity）易知，

$$\log\sum_{p=1}^{C^x}\boldsymbol{Z}_{ip}\Pr_{\mathcal{H}}\left(\theta_p^x;\psi_p^x\right)\geqslant\sum_{p=1}^{C^x}\boldsymbol{Z}_{ip}\log\Pr_{\mathcal{H}}\left(\theta_p^x;\psi_p^x\right) \tag{10-25}$$

以 $\mathcal{O}_{\text{community}}^{\text{up}}$ 替换 $\mathcal{O}_{\text{community}}$，得到目标函数的上确界函数。该函数关于节点的双曲表示向量 $\boldsymbol{\theta}_i^{\mathrm{s}}$ 的偏导为

$$\frac{\partial}{\partial\theta_i^{\mathrm{s}}}\mathcal{J}_1=\frac{\partial\mathcal{O}_{\text{user}}^{\text{NS}}}{\partial\theta_i^{\mathrm{s}}}+\alpha_1\frac{\partial\mathcal{O}_{\text{community}}^{\text{UP}}}{\partial\theta_i^{\mathrm{s}}}+\alpha_2\prod_{\left(v_i^{\mathrm{s}},v_k^{\mathrm{t}}\right)\in\mathcal{A}}\frac{\partial\mathcal{O}_{\text{align}}^{\text{NS}}}{\partial\theta_i^{\mathrm{s}}} \tag{10-26}$$

其中，各偏导项具体如下：

$$\begin{aligned}
\frac{\partial\mathcal{O}_{\text{user}}^{\text{NS}}}{\partial\theta_i^{\mathrm{s}}}&=-\sum_{v_j^{\mathrm{s}}\in\mathcal{N}_i^{\mathrm{s}}}\left(\sigma\left[d\left(\theta_j^{\mathrm{s}'},\theta_i^{\mathrm{s}}\right)\right]\frac{\partial d\left(\theta_j^{\mathrm{s}'},\theta_i^{\mathrm{s}}\right)}{\partial\theta_i^{\mathrm{s}}}-\sum_{v_n\in\mathrm{NS}_i^K}\mathbb{E}_{v_n}\left[\sigma\left[-d\left(\theta_n^{\mathrm{s}'},\theta_i^{\mathrm{s}}\right)\right]\frac{\partial d\left(\theta_n^{\mathrm{s}'},\theta_i^{\mathrm{s}}\right)}{\partial\theta_i^{\mathrm{s}}}\right]\right)\\
\frac{\partial\mathcal{O}_{\text{community}}^{\text{UP}}}{\partial\theta_i^{\mathrm{s}}}&=-\sum_{p=1}^{C^{\mathrm{s}}}\boldsymbol{\pi}_p^{\mathrm{s}}\left(\left(\boldsymbol{\Delta}_p^{\mathrm{s}}\right)^{-1}\left(\boldsymbol{\beta}_p^{\mathrm{s}}+\frac{\zeta_p^{\mathrm{s}}\tilde{\theta}_i^{\mathrm{s}}}{\tilde{\delta}_{\theta_i^{\mathrm{s}}}}\right)+\frac{\partial\log K_{\zeta_p^{\mathrm{s}}}\left(\sqrt{v_p^{\mathrm{s}}\tilde{\delta}_{\theta_i^{\mathrm{s}}}}\right)}{\partial\theta_i^{\mathrm{s}}}\right)\\
\frac{\partial\mathcal{O}_{\text{align}}^{\text{NS}}}{\partial\theta_i^{\mathrm{s}}}&=-\sum_{v_j^{\mathrm{T}}\in\mathcal{N}_k^{\mathrm{T}}}\left(\sigma\left[d\left(\theta_j^{\mathrm{t}'},\theta_i^{\mathrm{s}}\right)\right]\frac{\partial d\left(\theta_j^{\mathrm{t}'},\theta_i^{\mathrm{s}}\right)}{\partial\theta_i^{\mathrm{s}}}-\sum_{v_n\in\mathrm{NS}_i^K}\mathbb{E}_{v_n}\left[\sigma\left[-d\left(\theta_n^{\mathrm{s}'},\theta_i^{\mathrm{s}}\right)\right]\frac{\partial d\left(\theta_n^{\mathrm{t}'},\theta_i^{\mathrm{s}}\right)}{\partial\theta_i^{\mathrm{s}}}\right]\right)
\end{aligned} \tag{10-27}$$

其中，$\nu_p^{\mathrm{s}}=\omega_p^{\mathrm{s}}+\boldsymbol{\beta}p^{\mathrm{sT}}\left(\Delta_p^{\mathrm{s}}\right)^{-1}\boldsymbol{\beta}p^{\mathrm{s}}$，$\zeta_p^{\mathrm{s}}=r_p^{\mathrm{s}}-\frac{d}{2}$，$\tilde{\theta}_i^{\mathrm{s}}=\theta_i^{\mathrm{s}}-\mu_p^{\mathrm{s}}$，$\tilde{\delta}_{\boldsymbol{\theta}_i^{\mathrm{s}}}=\delta_{\boldsymbol{\theta}_i^{\mathrm{s}}}+\omega_p^{\mathrm{s}}$。另有，$\sigma(x)$为Sigmoid函数。双曲距离函数的偏导已在前文给出。根据下述差分性质：

$$\frac{\partial}{\partial x}K_r(x)=-\frac{r}{x}K_r(x)-K_{r-1}(x) \tag{10-28}$$

得到下述偏导：

$$\frac{\partial\log K_{\zeta_p^{\mathrm{s}}}\left(\sqrt{\nu_p^{\mathrm{s}}\tilde{\delta}_{\theta_i^{\mathrm{s}}}}\right)}{\partial\theta_i^{\mathrm{s}}}=-\left(\frac{\zeta_p^{\mathrm{s}}}{\tilde{\delta}_{\theta_i^{\mathrm{s}}}}+\sqrt{\frac{\nu_p^{\mathrm{s}}}{\tilde{\delta}_{\theta_i^{\mathrm{s}}}}}\frac{K_{\zeta_p}\left(\sqrt{\nu_p^{\mathrm{s}}\tilde{\delta}_{\theta_i^{\mathrm{s}}}}\right)}{K_{\zeta_p-1}\left(\sqrt{\nu_p^{\mathrm{s}}\tilde{\delta}_{\theta_i^{\mathrm{s}}}}\right)}\right)\left(\boldsymbol{\Delta}_p^{\mathrm{s}}\right)^{-1}\tilde{\theta}_i^{\mathrm{s}} \tag{10-29}$$

类似地，上确界函数关于节点的上下文向量$\boldsymbol{\theta}_j^{\mathrm{s}'}$的偏导为

$$\frac{\partial\mathcal{J}_1}{\partial\theta_j^{\mathrm{s}'}}=\frac{\partial\mathcal{O}_{\mathrm{user}}^{\mathrm{NS}}}{\partial\theta_j^{\mathrm{s}'}}+\alpha_1\frac{\partial\mathcal{O}_{\mathrm{align}}^{\mathrm{NS}}}{\partial\theta_j^{\mathrm{s}}} \tag{10-30}$$

具体地，

$$\frac{\partial\mathcal{O}_{\mathrm{user}}^{\mathrm{NS}}}{\partial\theta_j^{\mathrm{s}'}}=-\sum_{v_i^{\mathrm{s}}\in\mathcal{V}^{\mathrm{s}}}\left(\Pi_{v_j^{\mathrm{s}}\in\mathcal{N}_i^{\mathrm{s}}}\sigma\left[d\left(\theta_j^{\mathrm{s}'},\theta_i^{\mathrm{s}}\right)\right]\frac{\partial d\left(\theta_j^{\mathrm{s}'},\theta_i^{\mathrm{s}}\right)}{\partial\theta_j^{\mathrm{s}'}}-\sum_{v_n\in\mathrm{NS}_i^K}\mathbb{E}_{v_n}\left[\Pi_{v_j^{\mathrm{s}}\in v_n^{\mathrm{s}}}\sigma\left[-d\left(\theta_n^{\mathrm{s}'},\theta_i^{\mathrm{s}}\right)\right]\frac{\partial d\left(\theta_n^{\mathrm{s}},\theta_i^{\mathrm{s}}\right)}{\partial\theta_n^{\mathrm{s}'}}\right]\right) \tag{10-31}$$

$$\frac{\partial\mathcal{O}_{\mathrm{align}}^{\mathrm{NS}}}{\partial\theta_j^{\mathrm{s}'}}=-\sum_{\left(v_i^{\mathrm{s}},v_k^{\mathrm{t}}\right)\in\mathcal{A}}\left(\Pi_{v_j^{\mathrm{s}}\in\mathcal{N}_i^{\mathrm{s}}}\sigma\left[d\left(\theta_j^{\mathrm{s}'},\theta_k^{\mathrm{t}}\right)\right]\frac{\partial d\left(\theta_j^{\mathrm{s}'},\theta_k^{\mathrm{t}}\right)}{\partial\theta_j^{\mathrm{s}'}}-\sum_{v_n\in\mathrm{NS}_i^K}\mathbb{E}_{v_n}\left[\Pi_{v_n^{\mathrm{s}}\in v_n^{\mathrm{s}}}\sigma\left[-d\left(\theta_n^{\mathrm{s}'},\theta_k^{\mathrm{t}}\right)\right]\frac{\partial d\left(\theta_n^{\mathrm{s}},\theta_k^{\mathrm{t}}\right)}{\partial\theta_n^{\mathrm{T}}}\right]\right) \tag{10-32}$$

在公共子空间的学习（对齐）过程中，$\mathcal{O}_{\mathrm{community}}$对节点双曲表示求偏导，令节点向其对应簇心靠近。社区表示和公共子空间学习相互促进。

10.3.4 可识别性分析

本节以混合双曲聚类模型对社区建模。可识别性是混合模型理论分析的重要内容，是一致推断和可恢复推断的前提[11]。下面给出可识别性的定义和必要知识，并进一步证明双曲社区的可识别性。

一个有限混合分布（Finite Mixture Distribution）$f(\boldsymbol{x}|\phi)$为$f_i(\boldsymbol{x}|\phi_i)$关于混合系数$\pi_i$的线性和，其中，混合系数之和为1。给出可识别性的定义如下。

定义 10-3（可识别性，Identifiability）：给定定义在维度为d的参数空间S^d上的均值-方差分布族（Mean-Variance Family）F，当且仅当不同的混合系数组对应不同的混合分布时，该分布族的一个有限混合分布具有可识别性。形式化地，若

$$\sum_{i=1}^{G}\pi_i f_i\left(\boldsymbol{x}|\phi_i\right)=\sum_{i=1}^{G}\pi_i' f_i\left(\boldsymbol{x}|\phi_i'\right) \tag{10-33}$$

则左、右两混合系数组间存在一个排列（Permutation）$p(\cdot)$，即

$$(\pi_i,\phi_i)=(\pi_{p(i)},\phi_{p(i)}) \tag{10-34}$$

文献[12]给出可识别性的充要条件为元素间的线性独立（Linear Independence）。

对于分布集 F 和 G，若 F 中的任一元素分布均不能由 G 中元素分布的线性和组成，且反之亦然，则称 F 与 G 不相交，记作 $F\cap G=\varnothing$。在此基础上给出下述定义。

定义 10-4（可识别不相交集，Identifiably Disjoint Sets）：给定 K 个分布集 $\{G_{\gamma_i}\},i=1,2,\cdots,K$，其中 γ_i 为索引（index）参数，若任一分布集皆可识别，且两两不相交，则称这 K 个分布集为可识别不相交集。

引理 10-1（可识别不相交集的可识别性，Identifiability on Identifiably Disjoint Sets）：给定一可识别不相交集 $\{\boldsymbol{G}_{\gamma,\varphi\gamma}|\varphi\gamma\in S_\gamma^d,\gamma\in K\}$，其中，$S_\gamma^d$ 为维度为 d 的参数空间，若数域 K 上存在一个全序（total ordering），则该不相交集的并集（Union）关于索引 γ 可识别。

证明：为不失一般性，设有 k 个不相交分布集，且其索引为 $\gamma_1,\gamma_2,\cdots,\gamma_k$。已知 $\boldsymbol{G}_{\gamma,\varphi\gamma}$ 互不相交，则有下述等式

$$\sum_{i=1}^{l}\xi_i g_{\gamma_p}(\boldsymbol{x}|\phi_{pi})=\sum_{j=1}^{m}\tau_j g_{\gamma_q}(\boldsymbol{x}|\phi_{qj}) \tag{10-35}$$

对任意 l、m、p 和 q 恒不成立，否则蕴含了线性相关，与题设相悖。下面考虑下述等式：

$$\sum_{i=1}^{N}\tau_i g_{\gamma_i,\eta_{\gamma_i}}(x)=\sum_{i=1}^{N}\tau_i' g_{\gamma_i',\eta_{\gamma_i}'}(x) \tag{10-36}$$

给定一数域 K 上的一个全序 $\preceq$，不妨设 $\gamma_1\preceq\gamma_2\preceq\cdots\preceq\gamma_k$。排序上述等式，得：

$$\sum_{i=1}^{k}\sum_{j=1}^{m_i}\tau_{ij}g_{\gamma_i,\theta_{ij}}(x)=\sum_{i=1}^{k}\sum_{j=1}^{m_i}\tau_{ij}' g_{\gamma_i',\theta_{ij}'}(x) \tag{10-37}$$

则存在一个排序 $p(\cdot)$ 使得 $\theta_{ij}=\theta_{ij}'$，其蕴含了一个 γ 上的排序，即该不相交集的并集可识别。

证毕。

下面给出双曲社区的可识别性定理。

定理 10-2（双曲社区的可识别性，The Identifiability of Hyperbolic Community）：在双曲空间中，给定节点的表征向量，算法 10-1 所推断的双曲社区具有可识别性。

证明：由引理 10-1 可知，算法 10-1 所得的社区为双曲社区。双曲社区的可识别性规约为双曲分布的可识别性。即，必须求证 d 维参数空间上双曲分布族的可识别性。文献[8]指出，在一一对应的参数化下，可识别性等价。10.2.5 小节所给出的概率密度函数关于任意维度 d 成立。给出下述一一对应的参数化：

$$\delta=\frac{\beta}{\sigma^2},\alpha=\frac{1}{\sigma}\times\sqrt{\omega+\frac{\beta^2}{\sigma^2}},\kappa=\sigma\sqrt{\omega} \tag{10-38}$$

得到单变量（univariate）双曲分布的密度函数如下：

$$p_{\mathcal{H}}(\theta|\psi)=\left[\frac{1+(\theta-\mu)^2/\kappa^2}{1+\delta^2/(\alpha^2-\delta^2)}\right]^{\frac{\lambda-1/2}{2}}\frac{\exp\{(\theta-\mu)\delta\}}{\sqrt{2\pi\sigma^2}}\frac{K_{\lambda-d/2}\left(\alpha\sqrt{\left[\kappa^2+(\theta-\mu)^2\right]}\right)}{K_\lambda\left(\kappa\sqrt{\alpha-\delta^2}\right)} \tag{10-39}$$

其中，$\psi=(\alpha,\delta,\kappa)$。文献[8]指出，给定一全序 $\preceq$，上述密度函数式（10-39）给出的分布集 $G_{(\alpha,\delta)}$ 关于索引 (α,δ) 可识别且互不相交。由引理 10-1 可知，该分布族可识别。

基于文献[12]的早期工作，文献[13]在其定理 1 中给出：若一单变量分布族可识别且其 d 维多变量密度存在，则该多变量分布族可识别。

证毕。

10.4 实验与分析

10.4.1 数据集

本节中所使用的数据集为 Twitter-Quora 网络组和 DBLP-AMiner 网络组。

10.4.2 评价指标

为量化社区对齐效果，本节给出两个评价指标：对齐准确率（Accuracy）和对齐质量（Quality），现具体介绍如下。

对齐准确率：该评价指标是 Hit-precision 在社区对齐任务中的自然扩展，其计算公式为

$$\frac{1}{N_C}\sum_{i=1}^{N_C}\mathrm{Success}'_\tau\left(\mathcal{C}_p^{\mathrm{s}},\mathcal{C}_q^{\mathrm{t}}\right) \tag{10-40}$$

其中，N_C 为真实数据集中锚社区的总数，C 代表社区。若锚社区在对齐阈值下被发现，则 $\mathrm{Success}_\tau(\cdot,\cdot)$ 为 1，否则为 0。

对齐质量：该评价指标通过量化锚社区在不同社交网络中社区表示的距离以评价社区对齐的质量，其计算公式为

$$2\mathbb{E}_i\left\{\sigma\left[-\mathrm{dist}\left(\mu_p^{\mathrm{s}},\mu_q^{\mathrm{t}}\right)\right]\right\} \tag{10-41}$$

其中，$\sigma(\cdot)$ 为归一化函数 Sigmoid，$\mathrm{dist}(\cdot,\cdot)$ 为社区对齐方法中对应的距离函数，μ 代表社区表示。

10.4.3 对比方法

在已有文献中，仅有的与社区对齐相关的方法将其适用范围限制为属性信息网络

（Attributed Networks），并不普遍适用于通常意义的社交网络。事实上，PERFECT 方法首次实现了社区的表示和对齐，因此本节不将该方法列入对比方法。本节的对比方法包括经典的网络表示学习方法（DeepWalk 和 LINE）和当前研究社区结构的最新方法 CommGAN[14]。下面具体介绍各对比方法。

CommGAN[14]：该方法通过一个博弈过程（Minimax game）学习节点表示，进而实现社区发现（注：本节将 Minimax Game 统一译作博弈过程，以诠释其内涵）。为实现社区对齐，本节以 CommGAN 方法学习各社交网络的用户表示并发现社区，进一步以社区内用户表示的均值作为社区表示。最后，以社区表示间的欧氏距离的大小为标准对齐社区。

DeepWalk[15]：该方法是一种经典的网络表示学习方法，其基于网络中的随机游走序列学习节点表示向量。为实现社区对齐，本节以 DeepWalk 方法学习各社交网络的用户表示，并进一步以 K-Means 方法[16]发现社区，将社区内用户表示的均值作为社区表示。最后，以社区表示间的欧氏距离的大小为标准对齐社区。

LINE（Large-scale Information Network Embedding）[9]：该方法是一种经典的网络表示学习方法，其基于节点亲密度以显式最优化目标节点的表示向量。为实现社区对齐，本节以 LINE 方法学习各社交网络的用户表示，并进一步以 K-Means 方法发现社区，将社区内用户表示的均值作为社区表示。最后，以社区表示间的欧氏距离的大小为标准对齐社区。

上述对比方法以 $\mathbb{R}^n$ 空间的标准内积、欧氏距离或矩阵的 F 范数为其度量，实际上，这些方法均将表示空间默认为欧氏空间。PERFECT 方法有效结合了双曲空间和联合优化的优点。

本小节引入消融实验（Ablation study）以进一步分析 PERFECT 方法。为此，设计了 3 种变体方法，具体介绍如下。

PERFECT–：为验证联合优化的优越性，本实验设计了一种基于两阶段优化的变体方法。具体地，第一阶段优化 $\mathcal{O}_{\text{user}}+\mathcal{O}_{\text{align}}$ 以学习双曲公共子空间，第二阶段优化 $\mathcal{O}_{\text{comm}}$ 以学习社区表示，最终在双曲公共子空间中对齐社区。

EucAlign：为验证双曲空间的优越性，本实验设计了一种基于欧氏空间的变体方法。具体地，将 PERFECT 方法中的双曲距离替换为欧氏距离，在欧氏公共子空间中对齐社区。

EucAlign–：该方法是 PERFECT–方法在欧氏空间上的变体。EucAlign–方法由一个欧氏空间中的两阶段优化实现社区对齐，即第一阶段优化 $\mathcal{O}_{\text{user}}+\mathcal{O}_{\text{align}}$，第二阶段优化 $\mathcal{O}_{\text{comm}}$。其中，各优化目标中的双曲距离被替换为欧氏距离。

10.4.4 参数设置

在本节中，如无特殊说明，各方法中表示空间（表示向量）的维度均设置为 64。在 PERFECT 方法中，社区对齐阈值 τ 设置为 60%，即若两社区间锚用户的比例超过 60%，则两社区对齐。权重因子（超参数）α_1 和 α_2 分别设置为 1 和 2。公共子空间的构建是社区对齐的基础，故在最优化模型中增大其对应的超参数 α_2 以促进公共子空间的构建。

10.4.5 结果和分析

实验将从 3 个方面展开，首先分析不同重叠率λ下社区对齐的实验结果，然后分析表示空间的维度 d 和社区对齐阈值 τ 对社区对齐的影响，最后通过案例分析展示社区对齐的效果。为了避免实验误差，并得到准确的实验结果，本节中各实验均在相同的条件下重复 10 次，报告其均值和 95%的置信区间。

1. 实验结果

首先，本节介绍各实验场景下相关参数的设置。

为分析在不同重叠率下的对齐结果，本节分别基于 DA 网络组和 TQ 网络组的重叠率λ展开实验，将λ分别设置为 20%、30%、40%、50%和 60%，将评价指标——对齐准确率和对齐质量的实验结果展示在图 10-2 中。其中，网络组间重叠率λ的计算公式为

$$\eta = \frac{2|A|}{N^{\mathrm{s}} + N^{\mathrm{t}}} \tag{10-42}$$

其中，$|A|$、N^{s} 和 N^{t} 分别为锚用户数、源网络用户数和目标网络用户数。本节通过随机删除用户的方法来生成给定重叠率λ的网络组，并将其称为λ重叠数据集。

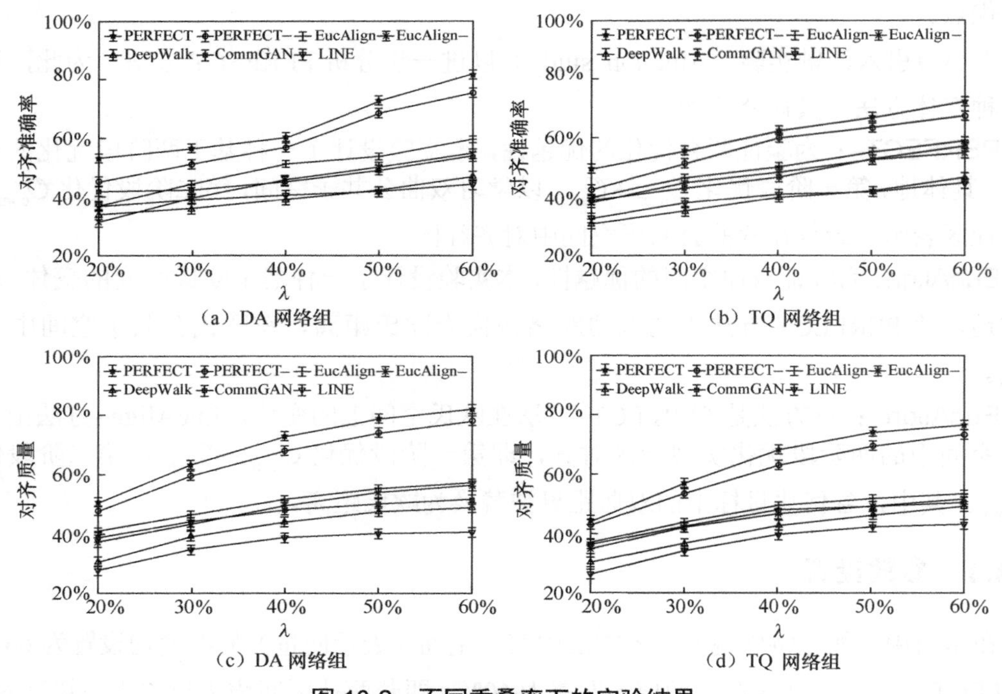

图 10-2 不同重叠率下的实验结果

为分析表示空间的维度 d 对社区对齐的影响，本小节分别基于重叠率为 60%的 DA 网络组和 TQ 网络组展开实验，将表示空间的维度 d 分别设置为 8、16、32、64 和 128，将评价指标——对齐准确率和对齐质量的实验结果展示在图 10-3 中。

为分析社区对齐阈值 τ 对社区对齐的影响，本节分别基于重叠率为 60%的 DA 网络组和 TQ 网络组展开实验，将表示空间的维度 d 固定为 64，将社区对齐阈值 τ 分别设置为 40%、45%、50%、55%和 60%，将评价指标——对齐准确率的实验结果展示在图 10-4 中。

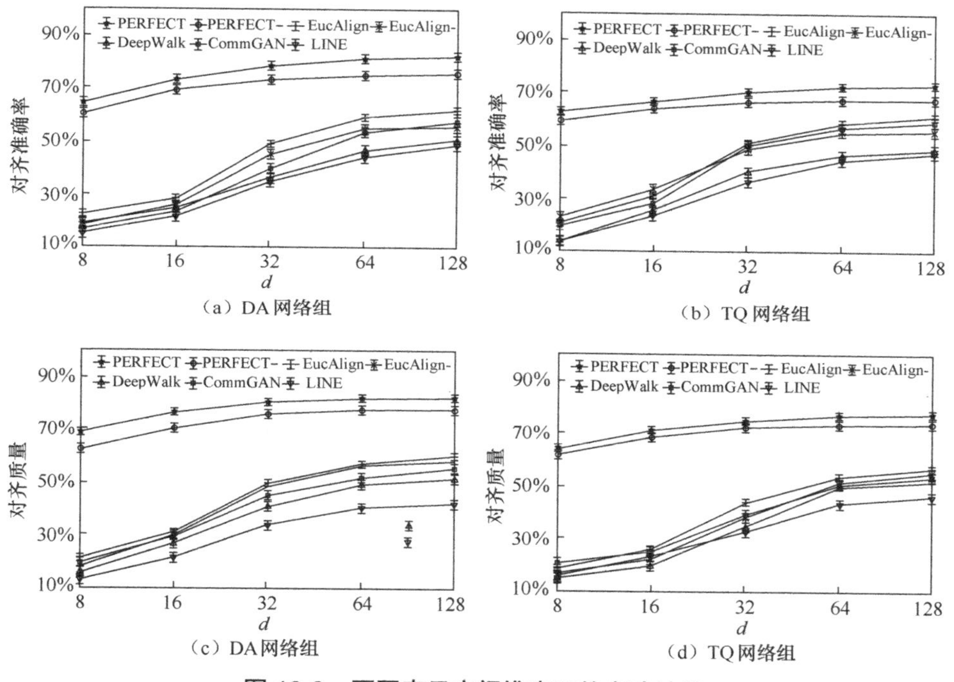

（a）DA 网络组　（b）TQ 网络组
（c）DA 网络组　（d）TQ 网络组

图 10-3　不同表示空间维度下的实验结果

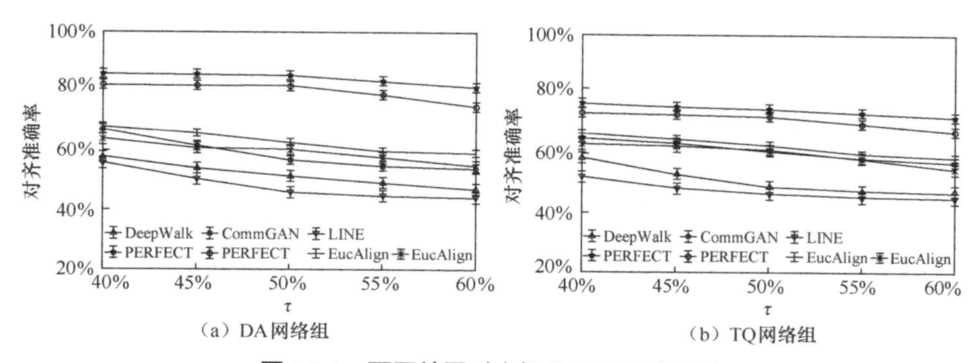

（a）DA 网络组　（b）TQ 网络组

图 10-4　不同社区对齐阈值下的实验结果

下面总结上述实验中的规律和现象，并分析讨论其原因。

在各实验场景下，PERFECT 方法的对齐效果均较其他对比方法更优。其原因在于，PERFECT 方法有机结合了双曲空间和联合优化的优点，进而实现了有效的社区表示和社区对齐。

如图 10-2 和图 10-3 所示，在各实验场景下，双曲方法较其在欧氏空间中的变体方法更优。结合前文关于数据双曲性（δ-hyperbolicity）的分析，双曲方法在双曲性较高的数据集上表现更优。原因有两个：一是与欧氏空间相比，双曲空间与数据内在的双曲结构相匹配，可以更真实地表示数据，为社区对齐提供了基本前提；二是正如文献[17]所述，双曲空间可以有效表示社区，为社区对齐奠定了更好的基础。

如图 10-2 和图 10-3 所示，在各实验场景下，联合优化方法较两阶段优化方法更优。其原因在于，在联合优化方法中，社区表示和社区对齐有机结合，协同优化；而在两阶段优化方法中，社区表示和社区对齐相互独立，不能兼顾。

如图 10-3 所示，PERFECT 方法在低维双曲空间（如 16 维双曲空间）中即可达到 EucAlign–方法在高维欧氏空间（如 128 维欧氏空间）中的社区对齐效果。其原因在于，双曲空间可以用较低的维度真实地表示具有潜在层次化结构的数据，而欧氏空间并不具备此特点。因此，欧氏空间只能通过更高的维度来实现较为有效的数据表示。

如图 10-4 所示，在各实验场景下，PERFECT 方法对社区对齐阈值 τ 的敏感度较低。其原因在于，PERFECT 方法可以有效地对齐社区。因此，即使社区对齐阈值升高（即对社区对齐的要求更高），PERFECT 方法仍具有很好的表现。

2. 案例分析

下文将通过在 DA 网络组上的案例分析展示 PERFECT 方法社区对齐的实验结果。

在本案例分析中，本节以 PERFECT 方法生成 DA 网络组的公共庞加莱球，并将其在二维平面中可视化。为此，本节将庞加莱球的维度 d 设置为 2，并将该公共庞加莱圆盘中的各用户展示在图 10-5（c）中。一般地，维度为 2 的庞加莱球称为庞加莱圆盘（Poincaré disk）。为了更清晰地展示各数据集中用户的位置，图 10-5（a）中仅展示 DBLP 网络用户在公共庞加莱球中的位置，图 10-5（b）中仅展示 AMiner 网络用户在公共庞加莱球中的位置。下面对社区标号进行说明：1～12 分别代表数据挖掘（Data Mining）、数据库（Database）、计算机基础理论（Theory）、安全（Security）、计算机网络（Network）、普适计算（Ubiquitous Computing）、多媒体（Multimedia）、计算机视觉（Computer Vision）、机器学习（Machine Learning）理论、人工智能（Artificial Intelligence）、信息检索（Information Retrieval）和自然语言处理（Natural Language Processing）这 12 个计算机学科的研究领域。

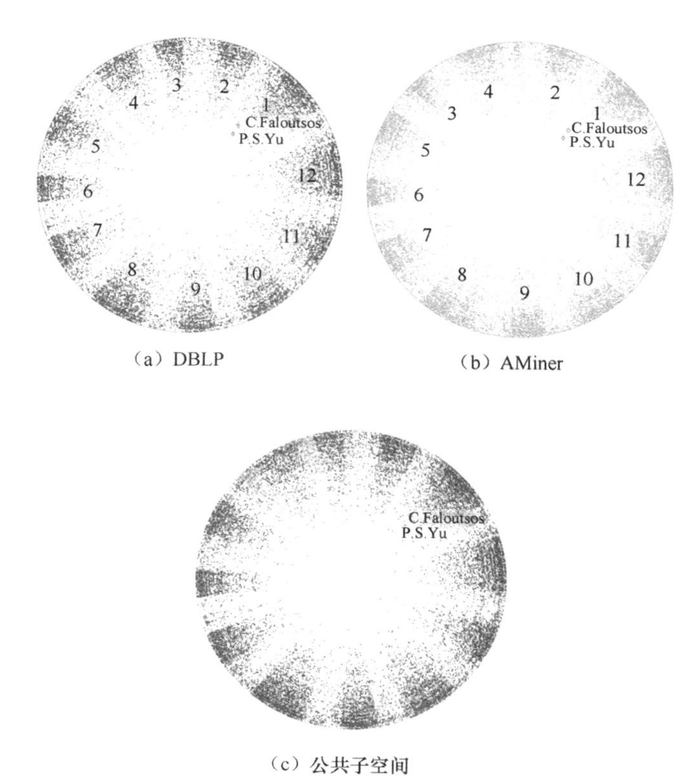

（a）DBLP （b）AMiner

（c）公共子空间

图 10-5 DA 网络组案例分析

本小节总结在该公共庞加莱圆盘中的 3 个主要发现，并分析讨论其原因。

在公共庞加莱圆盘中，双曲表示向量展现了用户之间的潜在层次化结构。在层次化结构中，影响力较大的学者在公共庞加莱圆盘中的双曲表示向量相对靠近圆心，而影响力较小的学者在公共庞加莱圆盘中的双曲表示向量相对靠近边缘。如图 10-5（a）所示，伊利诺大学计算机系特聘主任教授 Philip S. Yu（P S. Yu）和卡内基梅隆大学计算机系教授 Christos Faloutsos（C. Faloutsos）作为数据挖掘领域的主要奠基人，具有很高的影响力，其双曲表示向量相对靠近圆心。

同一用户在不同社交网络中的双曲表示向量在公共庞加莱圆盘中对齐。例如，观察数据挖掘社区可以发现，Philip S. Yu 教授在 DBLP 社交网络中的双曲表示向量的位置[如图 10-5（a）所示] 与其在 AMiner 社交网络中的双曲表示向量的位置 [如图 10-5（b）所示] 几乎相同。这说明 PERFECT 方法可以在公共庞加莱圆盘中有效地表示用户，为社区对齐奠定了基础。

同一群体在不同社交网络中的双曲社区在公共庞加莱圆盘中自然地对齐。用户的双曲表示向量在公共庞加莱圆盘中聚集为各个向心（Centripetal）扇区，分别与各个社区对应。正如文献[17]所述，这种自聚集（Self-clustering）的现象是双曲空间有效表示社区的基础。显而易见，在公共庞加莱圆盘中，同一群体在不同社交网络中的向心扇区有效地对齐。这表明，PERFECT 方法的基本思想得到了有效的实现。

10.5 本章小结

本章主要研究社交网络社区对齐问题，提出了一种基于双曲空间的社交网络社区对齐方法 PERFECT，首次实现了动态社交网络间的社区对齐。社交网络中，用户是社交网络的微观层次，用户通常组织成为社区，构建了社交网络的中观层次。社区对齐具有重要意义，而在现有的文献中，本问题尚未得到关注。现有的社交网络对齐方法显式或隐式地将欧氏空间作为表示空间，而实验表明，在欧氏空间中，社区相互混叠，与此同时，本章观察到双曲空间中的社区表现出了优良的特性。本章分析了社交网络的 δ-双曲性，从实验和理论两个方面论证了双曲空间作为社区对齐表示空间的优越性。因此，本章将双曲空间作为社交网络社区对齐的表示空间，将社交网络嵌入双曲空间。在此基础上，本章提出了一个混合双曲聚类模型以学习社区的双曲表示，通过锚用户的双曲表示迁移构建双曲公共子空间，在公共子空间中实现双曲社区的对齐。本章将此模型形式化为一个双曲空间下的最优化问题。为求解此最优化问题，本章提出了一种基于黎曼几何的交替优化算法，以期望最大（EM）方法和黎曼梯度下降的思想交替学习社区的双曲表示和双曲公共子空间。本章进一步证明了所给出的期望最大方法中双曲规度的正定性和黎曼梯度中降算法中双曲社区的可识别性。本章在大量的真实数据集上展开实验，实验结果表明，所提出的 PERFECT 方法在双曲空间中可有效对齐社交网络间的社区。

本章工作的主要创新点总结如下。

（1）本章提出了社区粒度的社交网络对齐，定义了社交网络社区对齐问题。

（2）为解决社交网络社区对齐问题，本章将双曲空间引入社交网络对齐的研究中，创新性地提出了一种基于双曲空间的社交网络社区对齐方法——PERFECT。该方法以双曲空间中的最优化问题实现社区的表示与对齐建模。

（3）为求解 PERFECT 方法中的最优化问题，本章提出了一种基于黎曼几何的交替优化算法，并进一步证明了在该算法下规度矩阵正定和双曲社区的可识别性。

（4）本章在真实数据集上展示实验，观察揭示了社交网络的双曲性，并通过可视化表明双曲空间表示的社区较欧氏空间表示的社区内聚性更强。与此同时，对比实验表明，PERFECT 方法可以有效地实现社交网络间的社区对齐。

参考文献

[1] KRIOUKOV D, PAPADOPOULOS F, KITSAK M, et al. Hyperbolic geometry of complex networks

[J]. Physical Review E, 2010, 82(3): 1-18.

[2] RAVASZ E, BARABÁSI A L. Hierarchical organization in complex networks[J]. Physical review E, 2003, 67(2): 1-7.

[3] CHEN W, FANG W, HU G, et al. On the hyperbolicity of small-world and treelike random graphs[J]. Internet Mathematics, 2013, 9(4): 434-491.

[4] ABBE E. Community detection and stochastic block models: recent developments[J]. The Journal of Machine Learning Research, 2017, 18(1): 6446-6531.

[5] NICKEL M, KIELA D. Poincaré embeddings for learning hierarchical representations[C]//NeurIPS Foundation. Advances in neural information processing Systems. Cambridge, USA: MIT Press, 2017: 6338-6347.

[6] LAW M, LIAO R, SNELL J, et al. Lorentzian distance learning for hyperbolic representations [C]//International Conference on Machine Learning. Proceedings of the 36th International Conference on Machine Learning. Los Angeles: International Conference on Machine Learning, 2019: 3672-3681.

[7] BENEDETTI R, PETRONIO C. Lectures on hyperbolic geometry[M]. Berlin: Springer Science & Business Media, 2012.

[8] BROWNE R P, MCNICHOLAS P D. A mixture of generalized hyperbolic distributions[J]. Canadian Journal of Statistics, 2015, 43(2): 176-198.

[9] TANG J, QU M, WANG M, et al. Line: large-scale information network embedding[C]//Association for Computing Machinery. Proceedings of the 24th International Conference on World Wide Web. New York: Association for Computing Machinery, 2015: 1067-1077.

[10] NAGANO Y, YAMAGUCHI S, FUJITA Y, et al. A wrapped normal distribution on hyperbolic space for gradient-based learning[C]//International Conference on Machine Learning. Proceedings of the 36th International Conference on Machine Learning. Los Angeles: International Conference on Machine Learning, 2019: 4693-4702.

[11] KENT J T. Identifiability of finite mixtures for directional data[J]. The Annals of Statistics, 1983, 11(3): 984-988.

[12] YAKOWITZ S J, SPRAGINS J D. On the identifiability of finite mixtures[J]. The Annals of Mathematical Statistics, 1968, 39(1): 209-214.

[13] HOLZMANN H, MUNK A, GNEITING T. Identifiability of finite mixtures of elliptical distributions[J]. Scandinavian journal of statistics, 2006, 33(4): 753-763.

[14] HONG M, LUO Z Q, RAZAVIYAYN M. Convergence analysis of alternating direction method of multipliers for a family of nonconvex problems[J]. SIAM Journal on Optimization, 2016, 26(1): 337-364.

[15] PEROZZI B, AL-RFOU R, SKIENA S. DeepWalk: online learning of social representations [C]//Association for Computing Machinery. The 20th ACM SIGKDD International Conference on Knowledge Discovery and

Data Mining. New York: Association for Computing Machinery, 2014: 701-710.

[16] MACQUEEN J. Some methods for classification and analysis of multivariate observations [C]//Statistical Laboratory of the University of California, Berkeley. Proceedings of the fifth Berkeley symposium on mathematical statistics and probability. Los Angeles, USA: University of California Press, 1967, 1(14): 281-297.

[17] MUSCOLONI A, THOMAS J M, CIUCCI S, et al. Machine learning meets complex networks via coalescent embedding in the hyperbolic space[J]. Nature communications, 2017, 8(1): 1-19.

[18] 孙笠. 社交网络对齐方法研究[D]. 北京：北京邮电大学，2021.

缩略语

英文缩写	英文名称	中文名称
AE	Auto-Encoder	自编码器
APE	Augmented Pre-embedding	增强预嵌入
API	Application Program Interface	应用程序接口
AUC	Area Under Curve	曲线下面积
BFC	Balance-aware Fuzzy C-Means	平衡感知的模糊 C-聚类
BFS	Breadth-First Search	广度优先搜索
CCCP	Convex-ConCave Procedure	凹凸过程
CDE	Constrained Dual Embedding	双重表示学习模型
CDE	Controlled Differential Equations	受控微分方程
CNN	Convolutional Neural Networks	卷积神经网络
DGA	Dynamic Graph Autoencoder	动态图自编码器
FFT	Fast Fourier Transform	快速傅里叶变换
FNN	Feedforward Neural Network	前馈神经网络
FT	Fourier Transform	傅里叶变换
GAN	Generative Adversarial Networks	生成式对抗网络
GAT	Graph Attention Network	图注意力网络
GCAN	Graph-aware Co-Attention Networks	图形感知协同注意力网络
GCN	Graph Convolution Network	图卷积神经网络
GFT	Graph Fourier Transform	图傅里叶变换
GHD	Generalized Hyperbolic Distribution	广义双曲分布
GNN	Graph Neural Network	图神经网络
GraphSAGE	Graph Sample and Aggregate	图采样与聚合
KGE	Knowledge Graph Embedding	知识图谱嵌入
KRL	Knowledge Representation Learning	知识表示学习
LGAE	Linear Graph Auto-Encoder	线性图自编码器
LR	Logistic Regression	逻辑回归
LSTM	Long Short-Term Memory	长短期记忆
MAP	Mean Average Precision	平均精度均值
MBGD	Mini-Batch Gradient Descent	小批量梯度下降
MB-SGD	Mini-Batch SGD	小批量随机梯度下降
MLP	Multi-Layer Perception	多层感知机
MPNN	Message Passing Neural Network	消息传递神经网络
MRR	Mean Reciprocal Rank	平均排名倒数
NLP	Natural Language Processing	自然语言处理
NS	Negative Sampling	负采样
NS- Alternating	Non-convex Splitting Alternating	非凸解耦的交替优化求解算法
NMI	Normalized Mutual Information	归一化互信息

英文缩写	英文名称	中文名称
PDF	Probability Density Function	概率密度函数
PERFECT	a unified hyPERbolic embedding approach For Embedding and aligning CommuniTy	一种基于双曲空间的社区嵌入和对齐联合方法
PMF	Probability Mass Function	概率质量函数
QSDP	Quadratic Semi-Definite Programming	二次半定规划
REBORN	tRansfer lEarning Based sOcial netwoRk aligNment framework	基于传输学习的社交网络对齐框架
ReLU	Rectified Linear Unit	整流线性单元
RNN	Recurrent Neural Network	循环神经网络
RWR	Random Walk with Restart	重启随机游走
SBM‘	Stochastic Block Model	随机块模型
SFN	Scale-Free Networks	无标度网络
SGD	Stochastic Gradient Descent	随机梯度下降
SNA	Social Networks Alignment	社交网络对齐
VAE	Variational Auto-Encoders	变分自编码器
VGAE	Variational Graph Auto-Encoders	图变分自编码器
VGG	Visual Geometry Group	视觉几何组
VGI	Volunteered Geographic Information	自发地理信息
WGAN	Wasserstein GAN	沃瑟斯坦生成式对抗网络
WWGAN	Weighted WGAN	加权沃瑟斯坦生成式对抗网络